U0197430

中国建筑史学史丛书

国家出版基金项目

中国建筑史学史丛书

刘江峰 王其亨 著

中国建筑史学的文献学传统

中国建筑工业出版社

图书在版编目（CIP）数据

中国建筑史学的文献学传统 / 刘江峰，王其亨著. —北京：中国建筑工业
出版社，2017.12
（中国建筑史学史丛书）
ISBN 978-7-112-21350-4

Ⅰ.①中…　Ⅱ.①刘…②王…　Ⅲ.①建筑史—研究—中国　Ⅳ.①TU-092

中国版本图书馆CIP数据核字（2017）第252980号

　　中国传统建筑理论蕴藏在丰富而又分散的古代文献中，文献学在建筑历史研究近百年的发展历程中，一直起着或显著或细微的作用。因此，梳理建筑史学所需文献的范围、研究状况和利用趋势，也应是建筑史学的重要研究内容。

　　本书以时间为经，文献研究和利用情况为纬，首次按照文献学的研究和利用情况，重新审视中国建筑史学的研究历程，分析造成该学科文献学研究缺失的原因。初步构建了中国建筑历史文献学的研究框架，强调了文献学在当代建筑史学研究中的基础性价值和作用，并探讨了今后可以继续深入的方向，以助力于中国建筑史学研究的纵深发展。

丛书策划
天津大学建筑学院　　王其亨
中国建筑工业出版社　　王莉慧

责任编辑：李　婧
书籍设计：付金红
责任校对：芦欣甜　李欣慰

中国建筑史学史丛书
中国建筑史学的文献学传统
刘江峰　王其亨　著
*
中国建筑工业出版社出版、发行（北京海淀三里河路9号）
各地新华书店、建筑书店经销
北京嘉泰利德公司制版
北京中科印刷有限公司印刷
*
开本：787×1092毫米　1/16　印张：13　字数：244千字
2017年12月第一版　2017年12月第一次印刷
定价：60.00元
ISBN 978-7-112-21350-4
　　（31064）

总 序

王其亨

　　史学，即历史的科学，包含了人类的一切文化知识，也是这些文化知识进一步传播的重要载体。历史是现实的一面镜子，以史为鉴，能够认识现实，预见未来。在这一前瞻性的基本功能和价值背后，史学其实还蕴涵有更本质、更深刻、更重要的核心功能或价值。典型如恩格斯在《自然辩证法》中强调指出的：

　　　　一个民族想要站在科学的最高峰，就一刻也不能没有理论思维。而理论思维从本质上讲，则正是历史的科学：理论思维作为一种天赋的才能，在后天的发展中只有向历史上已经存在的辩证思维形态学习。

　　　　熟知人的思维的历史发展过程，熟知各个不同时代所出现的关于外在世界的普遍联系的见解，这对理论科学来说是必要的。

　　　　每一个时代的理论思维，从而我们的理论思维，都是一种历史的产物，在不同的时代具有非常不同的形式，并因而具有非常不同的内容。因为，关于思维的科学，和其他任何科学一样，是一种历史的科学，关于人的思维的历史发展的科学。

这就是说，史学更本质的核心功能或价值，就在于它是促成人们发展理论思维能力，甚而站在科学高峰，前瞻未来的必由之路！

　　从这一视角出发，凡是读过《梁思成全集》有关中外建筑，尤其是城市发展史的论述，就不难理解，当初梁思成能够站在时代前沿，预见首都北京的未来，正在于他比旁人更深入地洞悉中外建筑历史，进而更深刻地认识到城市发展的必然趋势。

　　这样看来，在当下中国城市化激剧发展的大好历史际遇中，建筑史学研究的丰硕成果也理当被我国建筑界珍重为发展理论思维的重要资源，予以借鉴和发展。更进一层，重视历史，重视建筑史学，重视其前瞻功能和对发展理论思维和创新思维的价值，也无疑应当成为我国建筑界的共识，唯此，才能促成当代中国的建筑实践、理论和人才，真正光耀世界。

事实上，这一要求更直观地反映在学术成果的评价体系中。追溯前人的研究历史和思考方式，建立鉴往知来的历史意识，是学术研究的基本之功。研究是否位于学科前沿，是否熟悉既有研究成果，在此基础上，能否在方法、理论上创新，是研究需要解决的核心问题，在评审标准当中占有极大比例的权重。就建筑学科而言，这一标准实际上彰显了建筑史学的价值和意义，并且表明，建筑史学的发展，势必需要史学史的建构——揭示史学发展的进程及其规律，为后续研究提供方法论上开拓性、前瞻性的指导。如史学大师白寿彝指出：

> 从学科结构上讲，史学只是研究历史，史学史要研究人们如何研究历史，它比一般的史学工作要高一个层次，它是从总结一般史学工作而产生的。

以中国营造学社为发轫，以梁思成、刘敦桢先生为先导，中国建筑的研究和保护已经走过近一个世纪的历程，相关方法、理论渐臻完善，成果层出不穷。今日建筑史研究保护的繁荣和多元，与百年前梁、刘二公的筚路蓝缕实难相较。然而，在疾步前行中回看过去的足迹，对把握未来的发展方向无疑是极有必要的，学术史研究的价值也正在于此。然而，由于对方法论研究之意义和价值的认识不足，学界始终缺乏系统的、学术史性质的、针对研究方法和学术思想的全面分析和归纳。长此以往，建筑史学的研究方向势必漶漫不清，难于把握。因此，亟需对中国建筑史学史进行深入梳理，审视因果，探寻得失，明晰当前存在的问题和今后可以深入的方向。

　　顺应这一史学发展的必然趋势和现实需求，自1990年代以来，天津大学建筑学院建筑历史研究所的师生们，在国家自然科学基金、国家社会科学基金的支持下，对建筑遗产保护在内的建筑史学各个相关领域，持续展开了系统的调查研究。为获得丰富的历史信息，相关研究人员抢救性地走访1930年代以来就投身这一事业的学者及相关人物与机构，深入挖掘并梳理有关论著，尤其是原始档案与文献，汲取并拓展此前建筑界较零散的相关成果，在此基础上形成的体系化专题研究，系统梳理了近代以来中国建筑研究、保护在各个领域的发展历程，全面考察了各个历史时期的重要事件、理论发展、技术路线等方面，总结了不同历史阶段的发展脉络。

　　现在，奉献在读者面前的这套得到国家出版基金资助的"中国建筑史学史丛书"，就是天津大学建筑学院建筑历史研究所的师生们多年努力的部分成果，其中包括：对中国建筑史学史的整体回溯；对《营造法式》研究历史的系统考察；对中国建筑史学文献学研究和文献利用历程的细致梳理；对中国建筑遗产保护理念和实践发展脉络的总体归纳；对中国建筑遗产测绘实践与理念发展进程的全面回顾；对清代样式雷世家及其图档研究历史的系统整理，等等。

　　衷心期望"中国建筑史学史丛书"的出版有助于建筑界同仁深入了解中国建筑史学和遗产保护近百年来的非凡历程，理解和明晰数代学者对继承和保护传统建筑文化付出的心血以及未实现的理想，从而自发地关注和呵护我国建筑史学的发展。更冀望有助于建筑史学发展的后备力量——硕士、博士研究生借此选择研究课题，发现并弥补已有研究成果的缺陷、误区尤其是缺环和盲区，推进建筑历史与理论的发展，服务于中国特色的建筑创作和建筑遗产保护事业的伟大实践。同时，囿于研究者自身的局限性，难免挂一漏万，尚有待进一步完善，祈望得到阅览这套丛书的读者的批评和建议。

目 录

一、为什么要研究中国建筑史学的文献学传统

1. 独一无二的文献传统

中国古代文明被举世公认为世界上延续时间最长的古代文明之一，它的最大特征之一是重视文献的编纂、积累与传承。自巫、史等最早的"知识人"到后来涌现的专业知识分子"士"，均视其为无价的知识源头。孔子倡导"述而不作"，高度肯定这一工作对全社会的积极意义，并躬亲垂范。孔子经手的核心元典、列入儒家"六经"的《诗经》《尚书》《易经》和《春秋》均以经过汇总整理的历史文献为主体。此后，历代学者不断投身其中，将收藏善本、校勘古籍、抄撮群书作为实现人生价值的方式之一，造就了发达的文献学传统。除学者的个人行为之外，历朝统治者也清楚地认识到编订、厘正文献背后的政治意义，逐渐将其作为笼络士人、宣扬文治的重要手段，因而不时地组织大批学者协同工作，汇编古书，蔚成大观。

中国古代高度发达的文献学传统，使得在所有史学领域中，文献学研究成为不可动摇的基础。政治、经济、文化、科学、技术等研究都需要文献的支撑，没有一个领域能够离开文献学成果。

2. 亟待深挖的建筑文献

中国建筑史学的建立始于 1929 年中国营造学社的成立。营造学社初期的学术工作即以校勘整理古籍、搜集古代建筑文献为重。解读宋《营造法式》、清工部《工程做法则例》成为架构中国建筑史学的两大基石。中华人民共和国成立后，各种原因造成建筑历史文献学研究缺乏，建筑史学研究的广度和深度大受限制。30 年的学术断层使得在文献研究和利用上意识薄弱，至今仍然影响着建筑史学的研究格局。梳理建筑史学所需文献的对象、范围、研究状况、利用趋势，是建筑史学研究的重要内容。在既有研究中，文科领域普遍忽视中国古代学术思想与

日常生产生活密切的互动关系；建筑学研究则对中国传统学术本身缺乏了解，对文科的发展亦不够关注，不仅始终无法深入探寻建筑在中国古代社会及思想中的地位和意义，甚至产生了种种妄自菲薄的谬论，典型如罔顾事实地批评中国古代"道器分离"。实际上，真正面临"道器分离"问题的，正是近几十年来文、理、工科泾渭分明的学术界。在这种情形下，对古人思想本来面目的探究面临极大的困难。

相比较而言，西方学术界伴随着思考目的和方式的根本变革，关于建筑文化的研究得到不断创新。在建筑历史与理论领域，越来越多的西方学者开始重视城市建筑 - 人类行为 - 社会思潮间的互动关系，用世界各地的大量实例证明了族群心理对建筑的决定性影响。与现象学理论相呼应，诺伯格 - 舒尔茨提出强调"场所精神"的建筑现象学，第一次将关注的焦点放在了"场所的使命"上。这些学者为建筑本体论的研究作出了开创性的贡献。但几乎所有研究都基于对建筑实例的分析，严重缺乏古代文献的支撑，难以确证古人是否真如研究者所说的那样思考。

中国古代的建筑文献极为丰富，但在创作主体和形式上均与西方不同。在创作主体上，中国古代的建筑文献除少数由官方组织专业人员编修以外，主要由一代代追求"知行合一"的文人点滴积累而成。他们在日常生活中实际参与建筑活动，用文学性的方式记录心得，借此抒发自己对"建筑之道"以至"天地之道"的体悟。在文献形式上，表现为数量庞大，但缺乏纯粹、系统的建筑理论。中国古代追求由人道上升至"天道"，不主张对现实事物和知识进行严格的条块分割，学科划界模糊，文人著作往往涉猎广泛，而又以"道"为最终指向。对建筑而言，其与人的现实生活融为一体，不可能被单独剥离。在涉及建筑时，古代文人多以"构成"的方式记录具体的建筑与其所处环境的互动，以及有着特定文化背景和人生经历的个体在建筑中的身心体验。虽然欠缺系统性，但中国古代建筑文献多样、生动和深刻的程度远远超过西方。

由于以上原因，中国传统建筑理论蕴藏在丰富而又分散的文献中，这一特性决定了对"建筑之道"的发掘和提炼需要在充分了解中国古代学术、文献特质的前提下，站在古人的立场上，还原文献语境，重建和领会其内在意义。

二、中国古代建筑文献概貌

1. 先秦时期

对营造文献的整理早在古代中国就已开始。先秦的建筑、园林史料分散，仅有《尔雅·释宫》集中阐释了与建筑有关的概念。此后，成书于汉魏之间的《三辅黄图》收录了周代园林和宫室史料。魏晋南北朝以来类书的产生为古代营造文献的整理提供了重要平台。唐宋类书《艺文类聚》《初学记》《太平御览》中的"礼仪部""居处部"，以及《艺文类聚·产业部》等汇集了先秦时期的建筑、园林史料。这样的类书还包括《玉海》《事林广记》《六帖补》《群书通要》《文献通考》《说类》《古今图书集成》，等等。

近代以来，有关先秦营造文献的整理研究成果主要来自历史、考古和建筑史学领域。历史学、考古学研究者通过对甲骨文、金文、简牍的释读和研究，整理出宝贵的建筑、园林史料，成为传统文献的重要补充，如1983年出版的《殷墟卜辞研究——科学技术篇》的《手工业·建筑》篇就汇集了甲骨文中的建筑史料。这类研究还见于《殷墟甲骨文建筑词汇初步研究》（吕原，2006）、《甲骨卜辞所见之巫者的建筑巫术活动》（赵容俊，2009）等论文。此外，《中国先秦时代苑池史料集成——西周篇》（刘海宇，2013）对包括甲骨文、金文和传统古籍在内的西周园林史料进行了较为全面的整理。

建筑史学研究中，对先秦营造文献的整理首推营造学社，1932年出版的《中国营造学社汇刊》第三卷第一期《哲匠录》中，收录了大量先秦哲匠的营造事迹。中华人民共和国成立后，一系列中国古代建筑、园林文献的集成和选集相继出版，如1992年出版的辑《古今图书集成》中营造文献而成的《中国土木建筑史料汇编》、2005年出版的《中国历代园林图文精选：先秦—五代》、2008年出版的《中国古代建筑文献选读》，以及《中国古代建筑文献精选：先秦—五代》，等等。其中以《中国土木建筑史料汇编》涵盖的史料范围最广。

目前已出版的先秦营造文献的整理成果尚不足以反映先秦营造文献的全貌，其原因有三：其一，传统文献中，先秦营造史料分散，信息碎片化严重，能较完整地反映某一事迹或对象的史料只占极少部分。其二，先秦建筑史、园林史研究的推进，在一定程度上促进了先秦营造文献的整理研究，但这类工作受到研究问题的导向，难以全面反映先秦营造文献的全貌；上述文献选集受到面向建筑史教育、以典型文献反映时代特征的目标导向，也面临类似的问题。其三，已有研究对甲骨文、金文、简牍、青铜器纹饰中的建筑、园林信息重视不足，一些重要史料的专题研究有待进行。针对第三点，《东周青铜器上所表现的园林形象》（曹春平，2000），《郦道元所见早期园林：〈水经注〉园林史料举要》（王其亨，袁守愚，2013）等论文已反映出先秦园林史研究对发现新史料的要求。

2. 唐宋辽金时期

唐宋辽金是中国古代建筑文献的发展阶段，被梁思成誉为中国古代建筑两本文法书之一的《营造法式》即是这一时期建筑文献的高峰。

隋唐是营造极为活跃的一段时期，尤其突出的是建筑工程图档。如宇文恺营建新都时，绘制了大量的施工图样。除正式的施工图外，还出现了各种具有艺术表现力的图纸，如敦煌莫高窟壁画与西安出土的壁画墓中，皆有大量"宫观"山水图，反映了当时的工程技术情况、建筑样式以及各部分结构技巧。西安和洛阳的郊区出土的大量隋唐墓志，是隋唐建筑档案的又一重要来源。墓志中不仅有阴宅墓地的尺寸记录可供研究唐代墓葬建筑，也从不同角度为重现唐代两京的城市风貌提供了翔实的根据。目前还留存有相当数量的唐代建筑碑文，如魏征的《九成宫醴泉碑铭》、李邕的《嵩岳寺碑》和张嘉贞的《石桥铭序》等。另外敦煌发现的"房基帐"或"地基账"类文书，显示了房屋地基的方位与尺寸，为考察中古人们的居住状况与居室结构提供了依据。隋宇文恺的《明堂图仪》、唐杜宝的《大业杂记》、唐韦述的《两京新记》《隋书·高祖本纪》《宇文恺传》《隋书·炀帝本纪》、附于《隋书》的《唐六典》都是记载隋唐都城的重要文献。唐高僧玄奘的《大唐西域记》对当时各地宗教寺院的状况及佛教建筑作了详细的记载。唐代李昂为控制建筑规模颁布的《营缮令》，是关于唐代建筑营造的条文。另外，《全唐诗》中的大量内容涉及佛寺、都城、桥梁、塔庙等，是研究建筑史不可多得的史料。

宋代是我国工程制图发展的全盛时期，其工程图档的原件已经很少能够见到，但其中的部分内容以其他形式，主要是通过各种著作留存下来。现存著作有曾公亮《武经总要》、苏颂《新仪象法要》、吕大临《考古图》、李诫《营造法式》、王黼《宣和博古图录》、佚名《续考古图》。这一时期，我国石刻地图档案也较为丰富，保存下来的较有代表性的为城区图《平江图》和《静江府城图》等。宋代通过颁布与建筑相关的制度与规章，来制定建筑标准，规范建筑行为。涉及建筑档案的重要政书主要有南宋郑樵编著的《通志》、宋代官修的《宋会要辑稿》等。

宋、辽、金时期除遗留实物较多之外，更有《营造法式》一书，为研究中国历代建筑变迁之重要史料。我国关于营造之专门术书极少，该书是北宋官方颁布的关于建筑设计、施工的规范，是中国古籍中的第一部标准化营造专书。《营造法式》分为5部分，即释名、制度、定额、料例和图样，共34卷，357篇，3555条。因此，它不但是宋代建筑工程规范和建筑制度标准，而且是宋以前建筑技术标准的总结。民国以来，从中国营造学社成立开始，对《营造法式》的研究成为中国建筑史研究的显学。

此外，该时期的其他涉及建筑的著作也成果颇丰，如《东京梦华录》《梦溪笔谈》《木经》《筑城法式》《梓人遗制》等，都是对汉唐尤其是北宋建筑设计和施工经验的全面总结和规范。南宋则有《方舆胜览》等著作。

3. 明清时期

明清时期是中国传统建筑文献的成熟阶段，建筑遗留实物最多。工部的《工程做法则例》、民间的《营造法原》^①以及官方匠师家藏的样式雷图档是这一时期最突出的代表。

明代遗留至今的建筑档案原件较少，明代建筑制度多纳入《明会典》，另外还有一些具体规章。此外，据资料显示，明代著名建筑工匠蒯祥，参加或主持的重大工程有北京宫殿、衙署、隆福寺、紫禁城外的南内、西苑殿宇及长陵、献陵和裕陵等，其中由他设计的全套天安门工程图纸，至今仍完整地保存在中国国家图书馆。《大明一统志》《明史·地理志》和《两宫鼎建记》是关于京城规划建设，以及建材工艺，甚至建筑工程中的贪污腐败的重要记载。《天工开物》是一部百科全书式的中国古代科技著作，书中有大量建筑营造相关的技术记载。明中叶的《鲁班经》是中国古代有关民间房屋营建和家具制造的木工匠用书，它的内容只限于建筑，如一般房舍、楼阁、钟楼、宝塔、畜厩等，总结了我国古代南方民间建筑的丰富经验。《朱氏舜水谈绮》是一部建筑图籍，代表了明代的建筑图学成就。明末出现了一部重要的造园理论著作——计成的《园冶》，是研究中国古代园林的重要著作。《长物志》同样是介绍园林建筑的著作。明朝末年，记述地方历史和地理景观的著作长足发展，如《帝京景物略》《苑署杂记》《长安客话》涉及北京的风土、山水、古迹、庙坛、陵园等方面，是研究地方建筑的重要文献。

清代是中国古代建筑体系的最后一个发展阶段，此期间无论官方还是民间，建筑活动都十分频繁。在建筑活动的过程中，形成了大量的文件、图纸和规范。由于距今时间较短，留存下来的清代档案无论在数量上还是在种类上都十分丰富。清代工部主管全国的土木、水利工程等，是建筑档案的主要形成部门，现存的清代工部档案数量较多，其中包括屯田司关于各陵寝修缮工程做法的档案；虞衡司关于陵寝、庙坛等修缮工程，以及修办铁路、矿务及河工、修造战船等方面的文

---

① 《营造法原》成稿于民国初期，出版于1950年代，但作者姚承祖本身就是活跃于晚清时期的苏州大木匠师，所记录的也是清代的苏州民间做法，可视为清代民间建筑技艺的珍贵资料。

件档案；营缮司关于修缮宫殿、坛庙、城垣、衙署等工程的做法、用料、档案等。除工部外，清廷还有许多部门也形成了相当规模的建筑档案，如营造司、造办处等部门的职能都与建造有关，因此也形成了一定数量的营造档案。尤其是舆图房作为清代专门性的图样档案管理机构，隶属于内务府造办处，自然庋藏有为数不少的建筑图档。

"样式雷"是清代宫廷建筑匠师雷氏家族的誉称。雷氏家族先后有六代人在内廷样式房任掌案职务。传世的样式雷图档包括画样、烫样、工程做法等文档，是中国古代建筑文化的一项极为丰硕和珍贵的遗产。从中国营造学社开始，经过故宫博物院、清华大学和天津大学多年的不断努力，样式雷研究取得了丰硕的成果。

清代还形成了一些建筑标准方面的档案。此期间最为典型的应属清工部《工程做法则例》的刊行。作为清代官式建筑之准绳，它完全统一了官方建筑构件的规模和标准，是典型的工程标准文件档案。全书74卷，主要内容为建筑物各部分的尺寸规范和瓦石油漆等作的算料、算工、算账法，在总结中国历代传统建筑经验的基础上定出营造准绳，既规定了工匠建造房屋的标准，又为主管部门核定经费、监督施工和验收工程提供了明文依据。除此之外，清政府制定的建筑标准文件还包括《乘舆仪仗做法》《城垣做法册式》《工部军器则例》等，当时较复杂的工程，都要绘图报工部审核。

清代的《闲情偶寄》是继《园治》后又一部享誉世界造园学的名著，它反映了明清的造园思想，是我国造园学和艺术设计学遗产的宝贵文献。李渔的《一家言·屋室器玩部》对房舍构筑、窗栏图饰、墙、壁等记述详细，其中对建筑体量与人体尺度的关系的分析是其他文献不曾涉及的。清代的《日下旧闻》和《日下旧闻考》为清代北京都邑志，内容涉及宫室、苑囿、寺庙、园林、山水等。

三、中国建筑史学研究的文献利用

中国近代思想大家梁启超在《中国历史研究法》自序中称："今日史学之进步有两种特征，其一为客观的资料之整理，其二为主观的观念之革新。"[①] 可见，在史学的发展过程中，观念的革新非常重要。而史料的发现又常常给史学研究带来新貌。因此，史料也成为该领域研究的重要影响因素。在不同观念的作用下，

---

① 梁启超. 中国历史研究法. 上海：商务印书馆，1930.

对于史料的取舍、分析都会有所不同。观念和史料永远是历史研究中两个互相影响的基础。

就本书所关注的建筑史学科来说，对建筑类文献的判断和选择，也离不开主观观念的作用。相关研究对文献范围的界定，也透现出建筑史学的思想理念，反映着时代的特色。因此，建筑历史文献的研究主要涉及两个问题：其一，建筑历史文献的基础内容；其二，如何利用文献，即利用文献的观念和思路。

我国著名的建筑学家和建筑教育家吴良镛曾指出，中国建筑史研究分为三个阶段："第一阶段是中国建筑研究的先驱者，以深厚的国学根基，吸收西方现代的科学方法，深入实地调查测绘，从实物史料的收集、营造匠师的寻访到中国古代营造文献的探索，基本上初步整理出中国建筑历史之端绪，并建立了中国建筑历史研究的学术体系，此阶段时间限定于 1949 年之前；第二阶段则是以梁思成、刘敦桢等中国建筑研究的拓荒者、播种者、奠基者的学术传人和私淑者，继承先师的研究并拓展成果，并向纵深发展，逐渐由通史的研究进入到专题研究，此阶段时间跨度大致定位于 20 世纪 50 至 80 年代初期之间；而 20 世纪 90 年代以来则可视为中国建筑史学研究的第三个阶段。"[1]

简言之，中国学术有两个十分明确的高潮期，一个是 1930 年代的短暂时期，一个是 1980 年代至今的时期。[2]在建筑史学的不同研究阶段，利用文献的重点不同，对文献的使用也有一个理解由浅入深的过程，从文献记载的内容到记载的含义，再到内容的阐释，不停地循环往复，螺旋上升。

在中国建筑史学初创的 1930 年代，梁思成、刘敦桢最初展开调查的目的是为了全面查清家底，文献的研究和利用集中在查找"有什么"和解释"是什么"上。中华人民共和国成立后的 1960 年代，以建筑科学研究院建筑理论与历史研究室为建筑历史研究的核心单位，对全国范围内的历史建筑摸底调查，仍然是在解决基本的"有什么"和"是什么"的问题。虽然研究大量展开，但是古代建筑布局的基本规律等问题因受到知识结构的局限，未得到充分的阐释，只有考古学领域的学者宿白较早注意到文化影响因素，在文献利用上开始涉及民俗等方面的内容。[3]此外，建筑史学界的论文龙庆忠的《穴居杂考》、陈明达的《崖墓建筑》可说是早期中国建筑历史研究中较为独特的二例。前者意在探析原始氏族公社建筑遗址与民居类建筑遗存之间的渊源，后者辨析了崖墓建筑是本土产物还是源自

① 吴良镛.关于中国古建筑理论研究的几个问题.建筑学报，1999（4）：38–40.
② 王贵祥.方兴未艾的中国建筑史学研究.世界建筑，1997（2）：80–83.
③ 宿白.白沙宋墓.北京：文物出版社，1957：86.

古埃及、古波斯的问题。二文均利用经、史、子部文献，强调了中国古代文化的独树一帜，以及中国古代建筑是古代文化土壤之必然产物的事实。

　　1980 年代以后，随着研究不断深入、研究方法不断扩展，学者们开始利用生态文化结构研究古代建筑，注意到地理条件、居住环境、生活方式等因素对建筑的重大影响。关于建筑布局的规律性内涵（如方位、朝向、开门位置）逐渐受到关注，王其亨的《风水理论研究》[①]、何晓昕的《风水探源》[②] 等利用中国古代历史文献对古代社会观念进行追溯的著作也得以面世。

　　文化学家意识到，"物质性的东西和它相关的文献最容易被人所注重。"[③] 但事实上，任何物质文化都是在精神文化即文化价值观的控制下生成的。以园林研究为例，从童寯的《江南园林志》、刘敦桢的《苏州古典园林》到王毅的《园林与中国文化》，首先通过史料整理和实际调研获知自然状态下的历史园林，并在此基础上对园林进行设计手法和美学等方面的分析和研究。随着研究的发展，学者们逐渐认识到影响园林发展的深层因素——园林文化，进而展开了对社会文化背景和价值观的探索，对文献的选取和利用也随之变化[④]，即从注重客观对象有什么、是什么的文献深化到"能主之人"内心思想、旨趣的材料，文献利用的范围逐步由物质表象拓展到关涉社会价值观的文献，古代大量涉及意识形态的文献也因此凸显出了独特的价值。

　　从建筑史学研究的历程可见，随着研究思路的变化，从解决"有什么"、"是什么"到回答"为什么"，对文献的利用和选取范围也随之拓展。新史料的发现和新的研究方法会形成不同的认识；同时，通过对文化的研究，反过来也可以纠正先前具体研究中的一些误区。也正是得益于这样的反复发掘和探索，建筑史学界对相关文献利用的深度和广度一直在增加。

四、收获与展望

　　"辨章学术，考镜源流"是中国建筑历史文献学研究的方法和门径，梳理文献学研究和文献利用的走向，对深化建筑历史和理论研究、拓展史学研究范围具有重要的意义。本书首次以文献学研究和文献利用情况为研究对象，梳理了自营

① 王其亨主编.风水理论研究.天津：天津大学学报（社会科学版）增刊，1989.
② 何晓昕编著.风水探源.南京：东南大学出版社，1990.
③ 引自（英）马凌诺斯基著.费孝通译.文化论.北京：华夏出版社，2002：4-6.
④ 刘江峰、王其亨.《园林与中国文化》引文分析.建筑师，2006（2）：93-95.

造学社成立以来近百年的建筑历史文献学的研究历程，明晰了建筑史研究对中国古代文献的利用范围和方法，获得了诸多新的认识。[①]

笔者深信，中国古代文献中必定蕴含着传统建筑的理论，关键是要阅读原典并具有正确的研究思路和研究方法，二者互相促进。随着大量历史文献逐步数字化，成为公开易得的共享资源，对此研究的需要变得日益迫切。但是对于数量庞大的中国古代文献来说，其对于建筑史学研究的价值还需要当代学人投入更多的时间和精力进行挖掘。今后可以基于已有研究成果，展开以下三个关键历史时期的建筑文献相关的专题研究，以编年史的形式将各个时代的文献汇编成通览，以便于学者查询和利用：

1. 先秦营造文献的整理与研究

文献资料汇编：文献范围包括传统先秦文献、重要考古发现，如甲骨文、金文、简牍、石鼓、瓦当、封泥等文字资料，遗址、青铜器、彩陶等图像资料。

先秦建筑、园林性质研究：基于文献汇编，研究先秦建筑、园林概念的内涵和外延，从而检视史料搜集范围和分析视野，必要时应调整史料搜集范围和信息分类标准。

先秦建筑与园林美学思想研究：通过追踪先秦审美思想的源流，分析其对先秦建筑、园林的影响，及其在中国建筑史、园林史中的地位。

对传统先秦文献中的建筑与园林文献进行系统梳理，特别是打破学科界限，将研究视野扩展到考古学、古文字学等领域，系统收集甲骨文、金文、简牍、石鼓、瓦当、封泥等文字资料，弥补传统文献的不足；收集遗址、青铜器、彩陶等图像资料，对文字资料进行补充。

---

① 例如，以《营造法式》的修编方式为例，提出了古代文献"沟通儒匠"的独特编纂机制，是科学有效的编写工作方法。《营造法式》作为中国古代营造信息的宝库，蕴含了丰富的内容，可以从多角度进行研究。本书在对《营造法式》文献来源进行分析的基础上，明确了《营造法式》记录工匠经验和梳理历史文献并举的价值，突破了长期以来建筑学理论研究者仅关注"物"的层面、忽视"心"的层面的研究理路，同时也使建筑文化价值观和具体的营造活动融汇一体。《古今图书集成》等中国古代的类书，作为沟通经史子集的一种编辑体例，体现着中国传统学术的整体思维特点，也是"沟通儒匠"所形成的营造类文献，对建筑历史研究有特殊的应用价值。但是其重要性还未受到应有的重视。例如，类书的艺文部分被认为是文人散漫的言论，被整体甩出历史研究的视野，今后应逐步修正这种观念，加强对《古今图书集成》等类书的研究和利用；与经典的园林研究《江南园林志》《苏州古典园林》大部分依托子部文献相比，1990年代《园林与中国文化》开始大量使用集部文献，说明园林研究已经向"为什么"层次的文化生成机制方向探索。随着新的历史研究方向不断拓展，对文献需求范围也从"有什么""是什么"的史志文献着重转向蕴含"为什么"的文献。因此，集部文人文集应成为史学研究的重要内容，以利于向史学研究"为什么"层次扩展。

2. 唐宋辽金营造文献的整理与研究

从中国营造学社的研究基础出发，进行唐宋辽金时期的建筑文献梳理，选取各时代典型的营造现象为研究重点。对于唐代，以里坊制度为代表，扩展到寺庙、居住等营造案例，文献包括诗词歌赋、墓志铭、笔记小说、壁画、考古发现等唐代典型文献史料。对于宋代，以《营造法式》研究为核心，进行深描与细化的研究，由此扩展到其他相关文献；对于辽金，以重要现存实物为线索，以相应的地方志，寺志，笔记等文献为主要对象进行整理与研究，由有遗存的实例推及无遗存的实例，从而实现整个时代的营造文献汇编与研究。

以《营造法式》、传统古籍及金石文献等史料为中心，主要针对反映唐宋辽金时期城市、佛寺、宫殿、墓葬以及园林等不同建筑类型的营造文献进行整理与研究，建立并完善数据库，将为了解这一时期的城市与建筑风貌，以及探讨这一时期的建筑思想、设计方法、建造技术发展与具体营造活动提供基础材料。

3. 明清营造文献的整理与研究

针对图像文献遗存较为丰富、研究基础雄厚的现状，明清营造文献研究应以皇家建筑为核心，按照建筑类型划分为陵寝、坛庙、园林和宫殿四个部分。基于各个类型建筑的基础研究工作所涉猎的相关档案文献，结合建筑类型实物，将涉及历史沿革、建筑制度、文化艺术、样式雷图档等的大量文献进行整理、校勘和注释，并针对重要文本进行体例和内容的研究。以皇家与地方建筑相互影响为线索，将视野扩展至民间，纲举而目张，为文化遗产认定及保护提供支撑。

在多年来持续不断对明清皇家建筑进行深入研究的基础上，继续扩展文献搜集范围，编纂文献索引及史料汇编，同时对世界记忆遗产清代样式雷建筑图档展开系统整理。

此外，还可以对流散至世界各处的营造文献进行系统的整理与研究。搜寻、梳理文献的流散范围、种类及内容，并考察这些文献的国际影响力，探寻在世界范围内中国营造的地位与意义，充实和完善中国古代营造文献的覆盖面。

在文献研读和书稿的写作过程中，曾得到天津市文物局研究员程绍卿先生、中国文物研究所研究员殷力欣先生、天津大学徐苏斌教授以及国家图书馆舆图组提供的资料和指导，在此一并致谢！由于笔者精力和水平所限，书中难免存在错漏，敬请读者见谅。

第一章　中国建筑史学与文献学

世界几个主要的古老文明中，中国文明独以数千年从未中断而显其特色，这已被诸多考古发现所证实。其中尤为突出的是对历史文献的传承和研究，在考证、校勘、辨伪和辑佚等方面取得了诸多成就。

文献学是对古代文献典籍搜集、整理、研究和利用的学问。在中国建筑史学研究近百年的历程中，仅有中国营造学社对文献学进行了专门研究，其他时期对待文献多为利用，鲜有研究。在建筑史学研究的不同发展阶段，对文献利用的范围也不同。由于对文献研究不足，在文献利用方面也就鲜有突破，并存在不少问题，从而对中国古代建筑理论研究产生了不利影响。

一、文献、文献学与历史学

（一）"文献"概念流变探微

按《辞源》："文，指有关典章制度的文字资料；献指多闻熟悉掌故的人。《论语·八佾》：'夏礼吾能言之，杞不足征也；殷礼吾能言之，宋不足征也；文献不足故也，足，则吾能征之矣。'后指有历史价值的图书文物。"①

此处，"文献"是"文"和"献"并列在一起的平行结构的合成词，是"六经古训"和"前言往行"的合称，最早出现于记载孔子言论的《论语》中，反映出中国古代重视口传史料的悠久传统。宋末元初马端临撰《文献通考》，特别强调了"文"和"献"的区别，即典籍所载称为"文"，口头传说或贤人言论称为"献"，表明文献史料和口传史料既有联系又有区别。但这里的"献"，已不再专门指"贤才"，而是臣僚奏疏、诸儒评论等，其本质上也是文字材料。随着书写

---

① 商务印书馆编辑部编.辞源.北京：商务印书馆，1980：1363.

工具的改进和印刷术的广泛应用，贤者高见也容易见诸笔端，各种口头传说和议论通过书面形式逐步固定下来。口传史料在历史记录中的地位逐渐让位于典籍，"文献"一词的重点偏向了"文"。

文献在中国文化中历来受到重视，并随着文化的不断进步而愈益充备。马端临撰成从上古到宋宁宗时的典章制度的通史，全书以"文献"自名，称《文献通考》。由《明史·艺文志二》可知，当时整理著述的书籍亦多以"文献"定名。①《明史·艺文志三》在关于类书的记述中提到，《永乐大典》这部中国古代最大的类书，起初也曾以"文献"定名，称《文献大成》。据王子今的研究，在清代史籍中，"文献"已经成为通用语汇。②

清末以来，随着西方科学和文化的传入，特别是 1928 年图书馆学的引入，"文献"一词具有了更加丰富的内涵，主要包括两种含义：一种专指中国传统的古书、古籍和其他文字资料③，称"古典文献""历史文献"（philology）；另一种指现代所有学术研究的成果（documents）。当代对"文献"的定义为文本（text）（图 1-1）。对建筑史学来说，其考察对象主要是中国古代典籍以及现代的相关研究成果（图 1-2）。

图 1-1　文献概念的流变（资料来源：作者自绘）

由此可见，文献的收集、整理和分析是文科的基础内容。建筑历史文献学主要以历史文献和古典文献为研究对象。

① 如：故事类有王圻《续文献通考》254 卷，职官类有陈公相《刑部文献考》8 卷、李濂《祥符文献志》17 卷、朱睦楔（大为手）《中州文献志》40 卷、南轩《关中文献志》80 卷、徐与泰《金华文献志》22 卷、李堂《四明文献志》10 卷、李渐《三台文献志》23 卷、郑岳《莆阳文献志》75 卷、何炯《清源文献志》8 卷、张邦翼《岭南文献志》12 卷。
② 王子今. 20 世纪中国历史文献研究. 北京：清华大学出版社，2002：4.
③ 安作璋主编. 中国古代史史料学. 福州：福建人民出版社，1998：6，230.

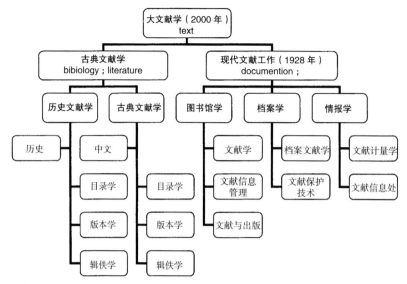

图 1-2　现代文献学的概念内涵（资料来源：作者自绘）

（二）中西"文献学"概念对比

中国自古以来就有重视文献的传统，因此中西文献学涵盖的内容和研究方法各不相同。文献学是中国传统文史哲学科中的一门基础学科，覆盖范围较广，在西方却并非独立学科，这是因为中西方产生这个语汇的环境不同。[①] 陈启云认为，"文献学"概念在中西方属于不同学理下的范畴，不可对应理解。

汉语"文献学"在西方语言中没有确切的对应词[②]，现在通行译作"philology"。陈启云认为，"philology"在英文中的本义对应的是中国传统文献学中的文字学、训诂学等，是对圣经作追本溯源的解释，是在讲经、学经过程中的训诂学，而中国传统文献学则是治学根基，这是不对等的概念。"philology"无法涵盖中国传统文献学的全部内容。

对于"文献学"一词的翻译，不同学科学者的译法也不尽相同——余英时认为应该译成"document"[③]，陈启云认为应该译作"text"，而图书馆学学者认为应

①　陈启云先生是《剑桥中国史·秦汉史》的作者，著名历史学家，南开大学历史学院客座教授。一次课余，笔者就"文献学"一词的翻译向其讨教。他认为，西方历史系用的观念是史料，对所要研究的历史有用处的都叫"史料"。关于史料的专门著作称"历史史料学"，而非"历史文献学"。当代史用的是政府的文献、档案，即"archive"，是不可复制的独一无二的公文。假如研究法律，不称作"法律史料"，而称作"文件"（document）。不同情况用不同的字。"archives"，"file"，都有文献的意思。中西方都非常重视对于史料的研究，只是分类方法不同。中国是从外形上分类，西方则是从学理上分类。"philology"研究语言、文字等在历史上的演变，基础是"linguistics"语言学。文献学译成"philology"是不确切的，似应翻译成"text"，而不是"philology"。

②　见：《中国大百科全书》之"文献学"词条. 北京：中国大百科全书出版社，1993.

③　"'Philology'相当于中国的所谓训诂、考据，就是研究一个个拉丁字的字源，从这些字源里推断出一些古代的制度来。最初是用来研究罗马史的，后来也应用到其他地域去。比如说，法国兰柯学派（Ranke）治史都是从古典罗马开始的，都具有古典的训诂学的，或者说考据学的训练，所以 philology 很像中国乾嘉以来的所谓考证，事实上中国在乾嘉以前已早有考证了。"引自余英时. 史学、史家与时代. 见：余英时. 文史传统与文化重建. 北京：生活·读书·新知三联书店，2004：115.

译作"bibliography"①,中文古典文献学学者认为应该译作"literature"②。译法的多样性也从侧面说明了文献学内涵的多义性、本土性和与时俱进的开放性。

既然"文献学"一词的译法已经有诸多可能性,那么,建筑历史文献学中的"文献学"应该如何翻译? 在中西方比较研究中,包括名词翻译在内的很多内容无法一一对应,因此,笔者认为"文献"似可译为"Wen Xian",建筑历史文献学相应地译为"Architectural Wen Xian"或者"Architectural bibliography"。

(三)历史学与文献学

历史文献是史学工作的重要基础。白寿彝认为,除了作者亲见亲闻及实物材料外,其他工作都需要以文献为基础才能进行。对于研究有文字记载以来的历史,如果离开了历史文献,很难想象工作会怎样进行。史学工作所取得的成就之大小,一般地说,要靠史学工作者的主观条件和各种社会条件,同时也要看史学工作者所掌握的文献资料是否准确、可靠和充分。素养深厚的历史学家,对于历史文献的选择和运用,总是下过很大的工夫。③ 被誉为近代中国四大发现的甲骨文、内阁大库档案、敦煌写经和汉晋简牍都是关于文献方面的内容,它们的出现改写了中国历史。甲骨在隋朝就有出土,但上面的古文字直到清代才被发现,这种发现是建立在大批的文献学家和历史学家对古代文献所作的大量去伪存真、追求本原的考证工作的基础上的。

对于文献本身的研究就是史学工作中的一部分。文献研究史,也是人类历史的一部分,包括目录、版本、校勘、辨伪和辑佚等内容。"如果不了解文献研究的历史以及发展所需的历史条件,就会连文献研究的起点都搞不清楚,也就难以做出真正有价值的研究。历史文献的研究成果如何,对历史研究的各个方向都有影响。"④

---

① 郭珉媛.对"文献学"一词英译名的商榷.津图学刊,2004(2):59-61.

《美国大百科全书》(Encyclopedia Americana)对"bibliography"的解释是:"文献学最宽泛的含义,包括所有与书籍的物理属性和内容属性相关的研究,通过这些研究我们可以了解书的历史、特定著作的情况或它们与其他著作的关系。因此,对羊皮纸和纸张、装帧、木版印刷和排版印刷、书中图表、由部分汇集成册,以及与著者、出版和发行等相关事实的研究,都与文献学有关。"

《不列颠大百科全书》(Encyclopedia Britannica)对"bibliography"的解释是:"它被用来指称书的历史和对书的系统描述。它现在通常被用为两个分支……(a)书籍目录,……(b)把书作为实体对象的研究,即对制成书籍的材料以及装订方式的研究(在此意义上,通常称作鉴定文献学)。"

② 中文系下设的古典文献学专业方向倾向于将"文献"翻译成"literature"。

③ 白寿彝.史学概论.银川:宁夏人民出版社,1983:56-65.

④ 引自白寿彝.史学概论.银川:宁夏人民出版社,1983:56-65.

余英时认为，广义的"文献"除了文字记载外，还包括风俗、习惯、法律和制度等内容。[①] 历史文献资料只是史料的一部分，考古学资料和民间口碑也都在史料中占有相当的地位。古文化遗址和历史文物中的新发现，对文献做了大量补充。古代营造系统中师徒相授、口耳相传的歌诀，则是营造学在民间传承的主要方式。"任何有助于理解的信息如图像、有形的物质文化与无形的精神文化都可以被列为研究对象（文本，text），这使得史学研究方法得到极大的拓展，更加注重把文献资料、考古学资料和社会调查资料结合起来开展研究。"[②]

计算机技术的广泛应用和互联网的飞速发展引发了文史研究手段的更新和思维方式的转变。长期以来，文史研究缺乏量化分析手段，而电脑检索功能可以协助解决许多单靠人力难以完成的复杂课题，如张宇通过唐诗、宋词中"北窗"一词的出现频率来研究为什么"北窗"成为人们心中"休憩"的符号。[③] 同时，对于已有研究成果的跟踪也更加方便。另一方面，由于信息技术的发展，文献信息量大增，对文献进行甄别的工作量也随之加大，对原有的研究方法造成冲击，古老的皓首穷经、淹通古今的治学方法受到质疑，这就对学者提出了更高要求。大脑从文献中解放出来后，需要思维方式上的更新和改变，更需要学者们具备扎实的学术功底，从而达到融会贯通、统摄材料的目的。

（四）文献学的内容

文献学是最具有中国特色的学问，也是古人做学问的必备工具，作为旧学功底、治学门径，是开展历史研究的重要基础。中国文献学传统深厚，从西汉就开始有明确记载，直到清代乾嘉时期达到顶峰。汉代称之"校雠"。校，一人拿两本对正误；雠（音"仇"），两人相对跪坐，一人一本，去其重复，撮其旨要（即写出提要及评价）。校雠与校勘、校对不同，校雠是通过校进行研究，是一门学问，而校对只管字面上文字正误，并没有太多学术含量。现代语境下的历史文献学主要包括三部分：目录学、版本学、校勘学。

① 余英时.顾颉刚、洪业与中国现代史学.见：余英时.文史传统与文化重建.北京：生活·读书·新知三联书店，2004：410.也有史学家如张舜徽、白寿彝认为应该将文献与文物分开.参见：白寿彝.史学遗产六讲.北京：北京出版社，2003：66.笔者认为，对于建筑历史研究来讲，重在利用.
② 引自白寿彝.再谈历史文献学.见：白寿彝.史学遗产六讲.北京：北京出版社，2003：120.
③ 张宇.功能与符号：《全唐诗》北窗析.华中建筑，2006（11）：62–65.

1. 目录学

　　目录学是历史文献学的治学门径。从刘向、刘歆的"辨章"、"条别"说，到班固《汉志》的"考镜"说，再到《四库全书总目》，形成了前后千余年中国目录学的传统。目录不仅能反映一代学术之盛，而且还区分学术流派、叙述学术源流。"辨章学术，考镜源流"的目的是为了"即类求书，因书究学"[①]。"凡目录之书，实兼学术之史"[②]。

　　目录学研究对象主要包括以下两个方面：

　　（1）历代目录书本身，以及它的形式、特点、分类、价值、前人所做的目录工作等，如朱启钤的《存素堂入藏图书河渠之部目录》[③]和《存素堂入藏图书黔籍之部目录》[④]、刘敦桢、郭湖生开列的《中国古代建筑史参考书目》[⑤]。建筑史学目录具体细分为两类，一类是为建筑史专业的学生开列的古籍书目，如王镇华《中国建筑参考书目初编》、黄健敏《中国建筑研究书目初编》、王其明《中国建筑图书书目初编》[⑥]；另外一种是建筑史学者研究成果的分类编目，如陈春生等编著《中国古建筑文献指南（1900—1990）》[⑦]、潘谷西"中国建筑史文献书目"，以及吴庆洲在《中国建筑史学近20年的发展及今后展望》[⑧]中罗列的近年来在建筑史学领域突出的书籍目录。

　　任何一个研究在开始之前，都必须对研究现状作一简要回顾，说明目前学术界在该领域的研究进展到何种程度，还有什么问题亟需解决。赵逵夫认为，这样做有三点原因：第一，说明自己在该领域掌握的信息主要有哪些，是否对重要研究成果都有深入了解；第二，说明开展课题研究的必要性；第三，说明可供利用

①（清）章学诚.校雠通义卷一·互著.清光绪十九年（1893年）粤东菁华阁刻本.
② 余嘉锡.目录学发微.北京：中华书局，1963.
③ 朱启钤.存素堂入藏图书河渠之部目录.中国营造学社汇刊，1934，5（1）.后有油印单行一册本，题茅乃文辑，收录书约四百种，书名下多有解题，分为五类，即一、水道之属，二、水政之属（工程附）、三、漕运之属，四、治水名人传记之属，五、水利工程期刊之属.其中如明刻本刘天和《黄河图说石刻》《问水集》《吕梁洪志》，清雍正刻本张鹏翮《河防志》，稿本清凌鸣喈《疏河心镜》、黎世序《黎襄勤公奏疏》、麟庆《麟见亭奏稿》等，都是难得的罕见之本。该目录是中国第一部较系统的水利书专藏目录，有特别重要意义.
引自刘尚恒（天津图书馆）.朱氏存素堂藏书、著书和校印书.图书馆工作与研究，2005（1）：27-31.
④ "1935年油印本一册，收录图书约四百种，分为甲乙两类。甲类为黔人著述，乙类为黔省地方史料。1949年10月上海合众图书馆印本封面题：'朱桂辛所藏黔人书目，二十四年（1935）岁暮止。'并有著名版本目录学家顾廷龙先生题记，国家图书馆分馆有藏本，然无题签及顾氏题记。"引自刘尚恒（天津图书馆）.朱氏存素堂藏书、著书和校印书.图书馆工作与研究，2005（1）：27-31.
⑤ 刘敦桢、郭湖生.中国古代建筑史参考书目.建筑师，（97）：23-29.
⑥ 王镇华.中国建筑参考书目初编.（台湾）建筑师，1980（3，4）；黄健敏.中国建筑研究书目初编.（台湾）建筑师.1981（10）；王其明.中国建筑图书书目初编（北京建筑工程学院建筑系古建专业讲义）.见：《古建园林技术》合订本四.附：中国建筑文献的三个书目.
⑦ 陈春生等编著.中国古建筑文献指南（1900-1990）.北京：科学出版社，2000.
⑧ 吴庆洲.中国建筑史学近20年的发展及今后展望.华中建筑，2005（03）.

的成果和主要材料有哪些，必须要推翻的旧说是什么。所有的学术研究都是在前人研究的基础上进行的，特别是学术上的重大成果、重大推进和重大突破，无不借助于前人所奠定的基础，或从前人研究中得到启发。① 因此，学科内的相关文献就显得非常重要。

（2）目录书中所著录的内容。这些内容相当于给所录之书做评价，有解题之功。最著名的莫过于《四库全书总目》，亦称《四库全书总目提要》。该书旨在说明图书的学术源流，是中国古典书目的集大成之作，在中国目录学史上占有重要地位。

中国营造学社时期，谢国桢曾编订《营造书目提要》，也属于"解题"：

> 我国现存营造专著，除营造法式、工程做法、园冶数种外，其历代宫室、陵寝、坛庙、制度，散见经史二部者至多，而官府档案、私家专集，与金石、文字、野史、方志、游记、释道杂家之言，下及匠师薪火传授之本，或叙述当时建筑情状，或与营造史料及实际工作结构材料攸关，足供建筑考古学采摘者，不遑枚数。……编订营造书目提要，分门析类，逐一标识内容特点，……刊印营造丛书，以饷士林。②

2. 古籍整理

古籍整理，即根据文献特点，对不同文献进行研究、编目。

以清代样式雷图档研究为例，在没有原始目录的情况下，图档编目是研究工作的主要内容，需要编目者做深入研究，成果如《国家图书馆善本库藏样式雷图档编目》；以及各单项工程图档目录，如"中国国家图书馆藏定东陵样式雷图档目录"。③

3. 校勘和辑佚

校勘，即对不同的版本、文字、说法辨别正误、去伪存真。

《四部丛刊》例言中说："版本之学为考据之先河，一字千金，于经史尤关紧要。"以《营造法式》为例，经陶湘等文献学家校勘、整理后，才得以再版重见天日，

① 赵逵夫.古典文献论丛·前言.北京：中华书局，2003.
② 朱启钤.本社纪事·编订营造书目提要.中国营造学社汇刊，1932，3（3）.
③ 王蕾.清代定东陵建筑工程全案研究.天津：天津大学，2005：10.

为后续研究的开展奠定基础,具体经过可参考谢国桢《营造法式版本源流考》[①]及《校勘故宫本及文津阁本营造法式》[②]。此后,随着对相关书籍研究的不断深入和其他新材料的发现,《营造法式》版本校勘的工作也与时俱进、常做常新。[③]李路珂在目前已知最佳的《营造法式》版本"故宫本"和"永乐大典本"的基础上,结合实地调查搜集的第一手资料,对《营造法式》彩画部分的历史文献进行贯通文意、还原文献蕴涵信息的工作,还在前人注释成果的基础上,补充了图样版本比较、体例格式分析,并对《营造法式》彩画作部分原文进行了更加详细的校勘和标点。[④]

　　除对《营造法式》的校勘外,近年来建筑史学界也进行了其他一些古籍的校勘工作,如铁晶利用天津图书馆藏本《帝陵图说》[⑤]与国家图书馆藏本进行对比校勘注释,对这本在建筑史学界非常重要但从未流行的典籍展开了初步的研究工作。

　　辑佚,即将散在各处的只言片语的文字再综合整理在一起。例如1932年,中国营造学社利用故宫本《营造法式》抄本填补了其他抄本均遗漏的一项重要内容,即《营造法式》卷四"大木作制度""造栱之制有五"的第五项"五曰慢栱"一条漏下的46字[⑥],从而弥补了陶本长期存在的重大缺憾。同时,也补全了卷三"石作制度"中"门砧限"内"城门将军石"之后缺失的"止扉石:其长二尺,高八寸(注:上露一尺,下栽一尺入地)"21字。[⑦]

二、中国建筑历史文献学

(一)建筑历史文献学已有成果

　　史学研究以史料为基础,所谓"没有史料,便没有史学"已成为历史学界的共识,傅斯年甚至说"史学只是史料学"。开展建筑史研究,当然也必须依靠史料,但建筑历史文献学现有研究与建筑史学整体发展相比,显得进度较慢,分量不足。

① 谢国桢. 营造法式版本源流考. 中国营造学社汇刊, 1933, 4(1).
② 朱启钤. 本社纪事. 见:中国营造学社汇刊, 1933, 4(1).
③ 梁思成校勘内容见:营造法式注释(卷上)·前言. 见:梁思成. 梁思成全集(第七卷). 北京:中国建筑工业出版社, 2001;刘敦桢、潘谷西校勘内容见:营造法式解读·附录一:营造法式的版本、校勘及检索内容. 南京:东南大学出版社, 2005.
④ 李路珂. 《营造法式》彩画研究. 北京:清华大学, 2006:76-99.
⑤ 铁晶. 帝陵图说. 天津:天津大学, 2005.
⑥ "五曰慢栱或谓之肾栱施之于泥道,瓜子之上,其长九十二分,每头以四瓣卷杀,每瓣长三分,骑栱及至角,则用足材。"引自谢国桢. 营造法式版本源流考. 中国营造学社汇刊, 1933, 4(1)
⑦ 陈明达. 读营造法式注释(卷上)札记. 见:建筑史论集(第12辑). 北京:清华大学出版社, 2000:27.

在建筑学领域，除刘敦桢、郭湖生明确针对古典文献的整体研究以及上述古籍目录和古籍整理校勘中提到的几部著作和论文外，近年来，相关文章仅有少数几篇。如肖旻的《中国建筑史的古典文献研究例说》①。该文解释了经史子集的概貌，列举了建筑历史研究利用文献的方法以及相关成果，介绍了文献学的概念和内容。并指出，随着什么是"建筑"和什么是"建筑类文献"有了观念上的改变，需要更多实例进行归纳和补充；刘雨亭的《中国古代建筑文献浅论》②，凭借作者中文文献学的专业背景，详细地解释了建筑类资料在四部大类中大致的分布。刘雨亭的另外两篇文章，《现存档案中的建筑资料及其相关研究简论》③、《近现代出土文献中的建筑资料及相关研究简论》④，则分别从档案和出土文献两方面对建筑专门文献的情况进行了简要说明。另外，其他专业领域的文献学研究领先建筑史学不少，如董占军《艺术文献学论纲》⑤、潘树广主编《艺术文献检索与利用》⑥、贾鸿雁⑦《近十年古代游记文献研究综述》⑧、《中国游记文献研究》⑨等，都分门别类地对古典文献进行了选择和论述。

此外，在文献个案研究上也有一些成果，如对典籍的整理和现代诠释。归纳起来主要包括以下几种类型：

1. 文本诠释类：主要是对文本本身的研究，如梁思成《营造法式注释（卷上）》⑩、王璞子《工程做法注释》⑪、陈植《〈园冶〉注释》⑫、张家骥《园冶全释》⑬、张十庆《〈作庭记〉译注与研究》⑭；

2. 文集整理类：如陈植、张公弛选注《中国历代名园记选注》⑮（1983）、陈从周等选注《园综》⑯（2004）、同济大学出版《中国历代园林图文精选》⑰（2005）、

① 肖旻.中国建筑史的古典文献研究例说.南方建筑，1996（01）：67-68.
② 刘雨亭.中国古代建筑文献浅论.华中建筑，2003（04）：92-94，102.
③ 刘雨亭.现存档案中的建筑资料及其相关研究简论.华中建筑，2004（02）：125-126.
④ 刘雨亭.近现代出土文献中的建筑资料及相关研究简论.华中建筑，2004（05）：127-130.
⑤ 董占军.艺术文献学论纲.北京：清华大学出版社，2006.
　　董占军.中国古典设计文献的内容与形式特征.设计艺术（山东工艺美术学院学报），2004（02）：18-19.
⑥ 潘树广主编.艺术文献检索与利用.杭州：浙江美术学院出版社，1989.
⑦ 贾鸿雁关于文献类的论文另如：宋词园林意境美探微.东南大学学报（哲学社会科学版），2002，4（5）：75-79；游记小议.云南大学学报（哲学社会科学版），2005（1）：135-137.
⑧ 贾鸿雁.近十年古代游记文献研究综述.图书馆工作与研究，2004（04）：56-60.
⑨ 贾鸿雁.中国游记文献研究.南京：东南大学出版社，2005.
⑩ 梁思成.营造法式注释（卷上）.北京：中国建筑工业出版社，1983.
⑪ 故宫古建部编，王璞子主编.工程做法注释.北京：中国建筑工业出版社，1995.
⑫ 陈植.《园冶》注释.北京：中国建筑工业出版社，1988.
⑬ 张家骥.《园冶》全释.太原：山西古籍出版社，1993.
⑭ 张十庆.《作庭记》译注与研究.天津：天津大学出版社，1993.
⑮ 陈植，张公弛选注.中国历代名园记选注.合肥：安徽科学技术出版社，1983.
⑯ 陈从周，蒋启霆选编，赵厚均注释.园综.上海：同济大学出版社，2005.
⑰ 杨辉主编.中国历代园林图文精选.上海：同济大学出版社，2005.

路秉杰编《建筑史学文献》（同济大学建筑历史研究生课程教材）、李国豪主编《建苑拾英》、王世襄《清代匠作则例汇编（佛作、门神作）》、刘志雄主编《清代匠作则例汇编》（1994），等等。

3. 图像汇编类：如陈同滨等编撰的《中国古典建筑室内装饰图集》① （1995）、《中国古代建筑大图典》② （1997）。

4. 专题研究类：如张十庆《五山十刹图与南宋江南禅寺》③、《〈金陵梵刹志〉与明代南京寺院》④、刘雨亭《先唐与建筑有关的赋作研究》⑤、苏畅《〈管子〉城市思想研究》⑥，等等。

（二）建筑历史文献学的研究内容

建筑历史文献属于历史文献里的专科文献。建筑历史文献学则是建筑史学与历史文献学的交叉学科，既有一般历史文献学的共性，又有专科文献学的自身特点。以建筑历史文献为对象开展研究，是建筑史学建立、发展和完善的前提条件。但目前建筑史学研究中，对文献（史料）进行文献学（史料学）的研究，还存在开展不足的情况。建筑历史文献研究主要包括以下几方面内容：建筑历史文献的界定，确定文献的来源、作者及写作依据；确定文献的真实性和可靠性，从总体上鉴别真伪；明确文献价值，确定历史文献对建筑史学研究的意义；对文献进行分析批评，从作者记述中了解其观念、感情，对史事的取舍，以便把握文献的客观性；说明文献的利用方法，即学术界对历史文献的收藏、保管、整理、出版的情况，有关研究、工具书可供利用的情况。具体说来，可以归纳出下列几种研究方法：

1. 运用历史文献学校勘、辑轶等方法，对建筑历史文献进行校勘整理，即"比勘篇籍文字同异而求其正"⑦。校勘是古典文献整理的基础工作，也是关键内容。中国营造学社初期开展的《营造法式》校勘和辑佚工作取得了很大成就，正是因

---

① 陈同滨等主编.中国古典建筑室内装饰图集.北京：今日中国出版社，1995.
② 陈同滨，吴东，越乡主编.中国古代建筑大图典.北京：今日中国出版社，1997.
③ 张十庆.五山十刹图与南宋江南禅寺.南京：东南大学出版社，2000.
④ 张十庆指导.《金陵梵刹志》与明代南京寺院.南京：东南大学，2004.
⑤ 刘雨亭.先唐与建筑有关的赋作研究.上海：同济大学，2004.
⑥ 苏畅.《管子》城市思想研究.广州：华南理工大学，2004.
　　苏畅，周玄星.《管子》营国思想于齐都临淄之体现.华南理工大学学报（社会科学版），2005，7（1）：47–52.
⑦ 范学曾《校雠学杂述》说："校雠学者，治书之学也。即'比勘篇籍文字同异而求其正'，钩稽作述指要以见其凡，综合群书而归其类之学也。故细辨乎一字之微，广极夫古今内外载籍之浩瀚。其事以校勘始，以分类终，明其体用，得其鳃理，斯称校雠学。"引自史学杂志，1929，1（1）.

为文献学家做了大量前期工作，确定了《营造法式》的标准文本，为后续研究奠定了坚实基础，但对其他建筑历史文献的校勘，进展则相对较慢。

2. 建立建筑历史文献的各级目录。"目录是治学门径"，建立各级、各种专门的建筑历史文献目录是研究建筑历史并且充分利用历史文献的重要方法和途径。

3. 对建筑历史文献进行搜集、分类、整理和结集。文献分类结集，指从浩瀚文献中搜集、整理与建筑历史相关的文献，并结合版本、校勘等文献学知识，形成专门的建筑历史文献总集的过程。除了在四库经部、史部、地方志等出现的营造类文献外，众多建筑理论文献分散于海量的四库集部以及先秦诸子、历代画论等子部文献中，需要进行分类分析和整理。

建筑历史文献的分类是文献整理的关键，对待分类的看法也反映出时代的特色。分类结集是建筑史学系统整理文献的重要方式，结集的方式可以是全文照录，如同济大学主编《中国历代园林图文精选》；也可以择其要点分类处理，如陈从周《园综》；也可以采用类书或丛书的方式，如李国豪主编《建苑拾英》。建筑历史文献整理中，版本鉴定、选择等文献学的方法显得至关重要。除了单独成书的文献外，地方志、艺文志、先秦诸子、文人文集、笔记、绘画、金石画谱等也是建筑类文献的重要组成部分。

4. 对古代建筑文献进行当代翻译，包括注疏、标点、翻译。注疏即对文献的解释，是古人做学问的一种方式。标点和翻译，是对古代文献进行现代诠释的重要方式，以方便进一步利用。此外，将中文研究成果译成外文也是翻译的一种重要形式。文献学家郑鹤声、郑鹤春在《中国文献学》一书中，最早把"翻译"作为文献学研究的重要方法和组成部分，认为翻译是中国文化现代化和对外交流的重要手段。

5. 建筑历史学文献载体的转移与数据库的建立。文献是文化的结晶，文献学研究的目的之一就是促进文献的保护、研究和永续利用。目前最有利于保护和利用的方式是实现文献载体的数字化并建立相应的检索数据库。例如，清代样式雷图档已经被初步录入数据库，为后续编目和分类研究奠定了基础。

6. 综合利用考古学、文物学、图像学、社会学、民族学、人类学等跨学科方法，全面解读建筑历史文献信息。

总之，建筑历史文献的研究方法与目的密切相关，可以概括为：建筑历史文献的系统化——编目、结集、分类整理；建筑历史文献的科学化——版本、校勘、辨伪、辑佚。

（三）建筑历史文献的利用方法

白寿彝认为，目录学的目的是掌握古今图书的分类和收藏流传的情况，懂得各门学科的不同性质和各种学术流派及其发展状况。[①] 比如，音乐典籍从最初的经部下降到后来的子部，体现了音乐从娱天、娱神的祭祀仪礼而逐渐转为娱人的技艺的变化过程。建筑史学者不但要全面掌握本学科目录，同时也要对历史目录学总体趋势有所了解，从而准确把握学术流变。例如，徐苏斌根据历代目录中"营造"附属于典章制度，从而得出中国古代建筑附属于典章制度、与整个儒学体系融合在一起的结论[②]；赵向东从古代学术分类中把握古人思维方式，对建筑类型进行了划分。[③]

利用建筑历史文献时，可以借鉴传统文献学的成功经验，以目录书为纲，以简驭繁，用最短的时间全面了解相关领域的古籍文献。《汉书·艺文志》《四库全书总目》和《书目答问》等是几部应用较为广泛的目录书。《中国古代建筑史参考书目》[④] 是刘敦桢、郭湖生等为开展建筑史学研究而编著的，此目录内容广泛、全面，时至今日仍是最具权威性、最有指导意义的建筑历史文献目录。以此为起点，根据研究课题和方向所需，逐步拓展和细化，建立参考书目，是开展建筑史学研究的前提和基础。

由于研究思路的不同，切入点的不同，文献与建筑相关度的不同，文献价值也在不断变化中，目录以外的材料未必与建筑史学研究毫不相干。例如，园林常与文人紧密相关，但是在文人笔记中并没有直接相关的内容，就需要在阅读相关资料时具体分析。

随着建筑史学研究的不断深入和扩展，文献的范围、利用热点也在改变。过去较为注重开展叙事性的制度研究，如刘敦桢《东西堂史料》[⑤]《六朝时期的东西堂》[⑥] 等，利用史料进行东西堂制度研究；朱剑飞《天朝沙场——清故宫及北京的政治空间构成纲要》[⑦]，则是根据人的行为去研究建筑空间和在其中举行的各种礼仪活动。"礼"对人的行为的规范和约束主要反映在空间形式上。因为过去不太

---

① 白寿彝.谈历史文献学之二.见：白寿彝.史学遗产六讲.北京：北京出版社，2003：67.
② 徐苏斌.中国建筑归类的文化研究——古代对"建筑"的认识.城市环境设计，2005（01）：80-84.
③ 赵向东.参差纵目琳琅宇，山亭水榭哪徘徊——清代皇家园林建筑的类型与审美.天津：天津大学，2000.
④ 刘敦桢，郭湖生等.中国古代建筑史参考书目.建筑师，（97）：23-29.
⑤ 刘敦桢.东西堂史料.中国营造学社汇刊，1934，4（2）.
⑥ 刘敦桢.刘敦桢建筑史论著选集.北京：中国建筑工业出版社，1997.
⑦ 朱剑飞.天朝沙场——清故宫及北京的政治空间构成纲要.文化研究（第1辑）.天津：天津社会科学院出版社，2000：284.

注重对人的行为的研究，此类文献未得到足够重视，随着研究热点的变化，该领域文献的重要性就日益凸显出来。

开展城市空间研究时，除界定考古调查的特定场所的范围外，还应对文献资料进行深入分析。例如，《宋史·地理志》《礼志》《舆服志》以及《宋会要辑稿》等制度，对把握城市空间具有重大意义。但是，制度只是文本，要考察这些制度如何发挥作用，如何被使用，就必须对详细记述政治生活活动的各种随笔、小说、日记史料进行深入研究，如朱剑飞《天朝沙场——清故宫及北京的政治空间构成纲要》①一书对《清宫史续编》《国朝宫史》（于敏中）、《日下旧闻考》（于敏中）、清史稿（赵尔巽）和《光绪顺天府志》（缪荃孙）等史料的综合分析和灵活运用。随着综合比对文献史料的解读工作持续推进，空间结构复原研究将会有更多发展。

随着研究范围的不断扩展，原先不被建筑史学研究者重视的一些文献，其价值会被重新发掘和利用。以清代皇家园林研究为例，在清代皇家园林的经营中，由于严格的工官制度，形成了卷帙浩繁的文献图档，包括旨谕、御制诗文、奏折、行文、说帖、则例、做法清册、销算黄册、画样、烫样、活计清单、随工日记、工程备要或记略，等等，以及《实录》《起居注》《会典》《东华录》及其他清代官方史籍典册和文人笔记等有关载述。这些文献图档，对各园从总体到每一单体的选址、规划设计、施工、维修、改建、扩建以及管理等经营全过程，到其毁废的历史，从园林景物的构思、立意、命名、赏析，到题额、楹联的用典、寓意、象征，从建筑的形制、规模、装修、陈设，到构材的质料、尺寸，都做了极详备的述录，而且至今尚有数以万计的遗存，能够和实物进行很好的参照、印证。这样丰富、翔实、具体的文献图档遗存，使清代皇家园林研究，包括其建设史、艺术和技术成就，规划设计思想、理论和方法，规划设计和施工程序，组织管理制度等，都能更准确、更系统和深入地进行。这在整个中国古典园林研究中，是绝无仅有的便利条件。②

对康熙、乾隆等清代统治者的御制诗文中有关园林创作的论述也应予以重视。清代皇家园林的创造思想、理论、方法和实践，与清代统治者的思想直接关联。过去由于种种原因，对清代统治者的艺术修养和创造才能未予以充分肯定，对他们的造园理论和实践，也未予以分析研究。这就造成对清代皇家园林的创作思想、

① 朱剑飞. 天朝沙场——清故宫及北京的政治空间构成纲要. 文化研究（第 1 辑）. 天津：天津社会科学院出版社，2000：284.
② 王其亨. 清代皇家园林研究的若干问题. 建筑师，1995（64）：47-50.

理论和方法等方面研究的诸多不足，对"增壮丽御皇都"、"平地起蓬瀛，城市而林壑"等"山水城市"的创作思想、理论和方法鲜有揭示。①

另外，对于以往不被重视的文献，如少数民族文献和域外中国文献等，也应予以足够重视。如常青《西域文明与华夏建筑的变迁》②、萧默《敦煌建筑研究》③和吴晓敏《曼陀罗原型与藏传佛教建筑》④等著作，结合民族和地域文化，开展了大量的建筑类型研究工作。

在研究工作中，不善于利用材料或不善于掌握大量的、复杂的材料，会给研究工作的深入开展带来困难。遇到材料缺乏，更容易体会历史文献对于研究的重要性。例如，中国营造学社时期，朱启钤、刘敦桢等人就指出工官制度是整个古代建筑体系产生、发展完整并一以贯之、延续千年不衰的关键环节，但是此后对于工官制度的研究一直未能深入下去，原因即在于缺乏足够的史料。现今已有清廷档案的大量遗存，对它们进行整理归纳，在工官制度方面的研究即能有所突破，有所推进。

文献本身没有观点，必须有明确的研究思路来解释文献，这是当代史学的一个重要观点。对于前人的文本以及后人的解读和诠释之间的关系，需要客观把握。研究者必须研究文本本意，尽可能把握真实面貌，不应该过度诠释。这和艺术创作中有意的误读、引申、发挥、解释是两种概念。⑤哪些是本意，哪些是在艺术创作过程当中的主动创造，哪些是引申、附会，都应该研究清楚。文献资料不全或者理解不全面时，更容易随意附会，所谓"盲人瞎马"，在文献利用上极易产生这种问题。在文献运用方面，必须时刻关注文献真实性，努力还原真实信息，尽可能地排除人为的主观因素，使文本客观地反映历史，这也是文献学的重要内容。怎样忠实于文本，既是研究的基本原则，也是史学研究价值观的基石。

建筑历史文献是记录建筑相关知识的载体，记录手段多样，除文字文献外，还有语言、符号、图像以及艺术作品。文献载体多样，非书资料丰富，具有经久的价值。许多文献如字画、样式雷图档等，不仅具有文献价值，还具有极高的文

---

① 王其亨.清代皇家园林研究的若干问题.建筑师，1995（64）：47-50.
② 常青.西域文明与华夏建筑的变迁.长沙：湖南教育出版社，1992.
③ 萧默.敦煌建筑研究.北京：文物出版社，1989.
④ 吴晓敏.曼陀罗原型与藏传佛教建筑.天津：天津大学，2001.
⑤ 解释学在史学上的运用和在艺术创作当中的演绎发挥是有区别的，不是漫无边际的艺术想象。按照艺术创作的思路进行解读的解释学方法，在中国古代发展得非常充分。比如孔子解读《诗经》，"琢磨""顾盼""绘事后素"等，明显地把文本的意思进行引申发挥。康熙、乾隆在进行创作时，首先根据一些历史原型，如根据欧阳修的《画舫斋记》创作画舫斋，明显地主动加入误读，有意识地运用解释学的方法进行再创作。参见：庄岳，王其亨.中国古典园林创作的解释学传统.中国园林，2005（05）：71-75.

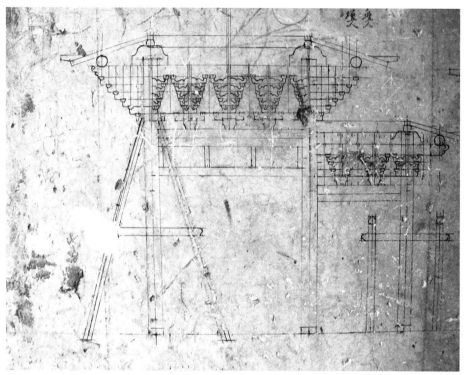

图 1-3 "画宫于堵"的点草架，属于施工过程用图（资料来源：阴帅可.青海贵德玉皇阁古建筑群建筑研究，天津：天津大学，2006）

物价值。许多艺术作品也具有建筑历史文献属性，记录信息广泛，通过艺术语言，不仅表达了建筑风格、建筑思想，还表达了生活方式、伦理观念、社会生活现实等相关信息。综上，我们需要进一步拓宽视野，开展综合研究。

　　与营造相关的许多内容并未收入《四库全书》等官方史籍。因此，对于官方史籍未载之内容也应予以关注。如梁思成通过敦煌壁画和其他文献构建了唐代建筑的规模和形象，山西五台山佛光寺大殿建造年代的确定则根据梁上工匠的题字。[1] 又如青海乐都瞿昙寺的彩画，因有嘉靖年间的题记，可以判断其年代至少早于嘉靖时期[2]，梁上工匠题写的一系列术语，和清代官式建筑的营造术语一样，能够说明其间的传承关系。此外，王其亨曾在青海贵德玉皇阁发现了工匠画在墙上的"点草架"（图 1-3），即当时用于施工过程中的立面草图。这类工匠"画宫于堵"的"定侧样""点草架"，也弥补了官方史籍文本的不足。

---

① 佛光寺概略——现状与寺史.见：梁思成.记五台山佛光寺建筑.中国营造学社汇刊，1944，7（1）.
② 吴葱.旋子彩画探源.故宫博物院院刊，2000（4）：80-87.

（四）建筑历史文献工具书的使用

文献学是掌握如何驾驭古代文献的学科。通过研究文献的分布规律，围绕研究课题查找资料，包括重大事件、历史人物、图像等，这是开展历史研究的基本功。文献经过积累与整理，独立地发展为可资利用的具有史料性、工具性的材料。如图书馆学、历史学的《中文哲工具书简介》《中文工具书使用法》，是不少文科类学科的基础课，各个学校的课程名称不一，包括"古典文献学"、"历史文献学"和"工具书的利用"等。

先秦至汉代，陆续出现很多工具书和字书，后来又出现分类汇集的大型类书，使用起来很方便。如查"流杯渠"，类书中有大量现成材料，省去在经史子集里慢慢寻觅的时间。互联网时代，有了便捷的电子检索方法，古籍内容都可为我所用，但是古代留下来的尊重文献、擅于积累和利用文献的治学传统仍然值得今人学习。

对于与建筑相关的一系列名词、概念，例如"门""户""井""亭""柱""宇"等，利用文献学方法，从字源学角度，通过《尔雅》《说文解字》《释名》等小学类文献，可以直达中国古代传统思维的核心。经籍是几千年中国文化的核心内容，小学类文献是围绕解经出现的，是"通经"的工具，因此，任何解释都离不开作为原典的经部文献。《左传》《国语》《论语》《礼记》《荀子》等典籍中，关于"礼"的理论都与建筑空间有关。如最早与建筑审美相关的尺度、远近、高下、大小的定义出现在《国语》里，载伍举谏言楚灵王："夫美也者，上下，内外，小大、远近皆无害焉，故曰美。……故榭度于大卒之居，台度于临观之高。"（《国语·楚语》）

又比如，关于"门"的空间本质，《易·系辞上》曰："是故阖户谓之坤，辟户谓之乾，一阖一辟谓之变，往来不穷谓之通。"门开着是"乾"，关上是"坤"，但是门既不是"阴"，也不是"阳"，而是在阴阳不停地转换过程当中，"往来不穷"。可见，在古人看来，"通"表明了门的空间含义，是关于建筑空间的思想理论，与美国现代建筑大师赖特读到过的"有之以为利，无之以为用"的论述相当。

同时，通过典籍还可发现"门"的形式多种多样，能够进一步理解它"通"的含义。例如"人门""军门""辕门""戟门"，指皇帝出行，安营扎寨时，来不及营造出一个中心通道，于是安排两队人马并排站立，形成"人门"；或者用车队围合成一圈，构成一个围合空间。其中两辆车车辕朝天，形成入口空间，是为"辕门"；或者插军旗，或者将戟等武器插在地上形成一个标志，就是"军门""戟门"，这也就是后来衙门官署门前插戟等兵器，构成庄严肃穆的礼仪空间的由来。综合分析这些行为，就可以正确理解"门"的空间本质是转换节点。

此外，门内门外代表了"礼"所限定的两种空间。《大戴礼记·本命》曰："门内之治恩掩义，门外之治义断恩。"郭店楚墓出土的竹简《六德》表达得更为清晰："仁，内也；义，外也；礼乐，共也。门内之治恩掩义，门外之治义断恩。"《礼记》亦有类似论述。① "门内是'情'的空间，亲情释放，欢乐和睦，门外是'理'的空间、社会人的理性空间，把'门'的论断上升到了哲学境界。"② 过去建筑史学研究因为较少关注典籍，普遍认为中国古代没有建筑理论，使如此鲜活的建筑理论由于忽视而成为盲点。《释名》曰："门，扪也，言在外为人所扪摸也。"《说文》曰："扪，抚持也。"可见，工具书之间，内容彼此交叉、渗透和关联，可以互相参照进行解读。

下面简要介绍常用的文献工具书，包括现代汉语工具书（如《汉语大字典》《汉语大辞典》《辞源》）、方志目录（如《中国地方志联合目录》《中国地方志集成》）以及古代汉语工具书（《尔雅》《释名》《说文解字》）。

1.《汉语大字典》

日本建筑史学家伊东忠太曾说："研究中国建筑方法之一，为研究文字。盖凡欲研究中国者,不问事实如何,文字之研究皆不能付诸等闲。盖中国为文字之国,中国之文字与他国之文字，根本迥异。中国文字乃一有意义之研究资料在建筑方面，研究中国关于建筑之文字，即研究中国建筑之本身也。"③ 他又说："中国人用'土木'二字来表达他们对建筑的理解。在《康熙字典》里，从木的字有1413个，其中有400个和建筑有关。几千年来，中国人在西方的石构建筑体系外形成了独立的土木营造体系。"④

---

① 《礼记·丧服四制》："门内之治恩掩义，门外之治义断恩。"孔颖达疏："'门内之治恩掩义'者，以门内之亲，恩情既多，掩藏公义，言得行私恩，不行公义。若《公羊传》云'有三年之丧，君不呼其门'是也。'门外之治义断恩'者，门外，谓朝廷之间，既仕公朝，当以公义断绝私恩。"《礼记·丧服四制》孙希旦集解："吕氏大临曰：极天下之爱，莫爱于父；极天下之敬，莫敬于君。敬爱生乎心，与生俱生者。故门内以亲为重，为父斩衰，亲亲之至也。门外以君为重，为君斩衰，尊尊之至也。内外尊亲，其义一也。"
② 引自任军.文化视野下的中国传统庭院.天津：天津大学出版社，2005：49.
③ 伊东忠太.中国建筑史.上海：上海书店，1984：15.
④ 伊东忠太.中国建筑史.上海：上海书店，1984：15.

建筑史学研究中，中国古代原始思维的发展脉络非常重要。如在研究建筑起源时，至少要研究甲骨文最原始的核心意义。作为象形文字，甲骨文里包含古人的很多原始信息。《中国古代建筑史》运用甲骨文中有关建筑的文字，论述了商朝建筑，龙庆忠《穴居杂考》①、徐伯安《中国古代建筑与汉字汉语文化》②等都运用甲骨文字形对上古的生活环境进行了合理的推测。

现有《汉语大字典》是改革开放以后集结了全国学术力量出版的，目前质量最好、内容最完备的一部汉语字典，罗列了文字从最初到衍生的所有意义，并列举最早的使用例句，非常方便查找。

2.《汉语大词典》

字典收录单个字及其核心意义。与字典不同，词典则用于查关键词、名词概念、成语。《汉语大词典》同样也集结了国内一流的学术力量，积累了清代以来的学术研究成果，将同一个词在不同历史时代的含义逐个定义出来。由于时代变化等原因，《汉语大词典》比《辞源》等更适合用作日常工具书。

康熙朝修建畅春园时，正殿题名"九经三事"。经查词典发现，原来与太和殿、皇极殿的意思一样，这样就能更好地理解该殿用于处理政务的设计理念。③任军的《中国传统庭院体系分析与继承》④，利用工具书，查出关于"庭"作为核心的衍生词的信息，包括以"庭"开头的词——庭院、庭园、庭堂等，以及以"庭"结尾的词——朝庭、宫庭、家庭、中庭、门庭等，以此归纳总结出中国"庭"空间的实质特征。

有些典故，需查字尾，从上述各词典中查不到，可以借助于清人所编《佩文韵府》和《骈字类编》。《佩文韵府》按韵收字，下列尾字和字头相同的词语。如以"红"为字尾，下面排列"陈红""题红""长红""剪红""映山红""一丈红"等等；《骈字类编》按类收字，下列首字和字头相同的两个字的词，如"天地门"的"星"字字头下面排列"星辰""星斗""星日""星月""星虚""星昴"等。

① 龙庆忠.穴居杂考.中国营造学社汇刊，1934，5（1）：55-56.
　又见：龙庆忠.中国建筑与中华民族.广州：华南理工大学出版社，1990：188-203.
② 徐伯安.中国古代建筑与汉字汉语文化.见：1946—1996建筑史研究论文集.北京：中国建筑工业出版社，1996：87-99.
③ "凡为天下国家有九经"，语见《中庸》："凡为天下国家有九经。曰：修身也，尊贤也，亲亲也，敬大臣也，体群臣也，子庶民也，来百工也，柔远人也，怀诸侯也。"意思是治理天下国家有九项应做的事。三事：正德、厚生、利用。
④ 任军.中国传统庭院体系分析与继承.天津：天津大学，1996.

3.《辞源》

《辞源》是始编于 1908 年、续编于 1931 年的一部古汉语专门工具书，1915 年由商务印书馆出版。全书用繁体字，专于求本，重在溯源。其释义简明，使用浅近的文言，是我国近代第一部大规模的语文辞书。1949 年以后进行了修订，修订版《辞源》以旧有的字书、韵书、类书为基础，除大量的字词释义外，对于艺文、故实、曲章、制度、人名、地名、书名以及天文星象、医术、技术、花鸟虫鱼等也兼收并蓄，融词汇、百科于一炉，既体现了工具性和知识性，又兼顾了可读性，是一部综合性、实用性极强的百科式大型工具书。《辞源》（第三版）获得第四届中国出版政府奖图书奖。

对于词语核心意义及衍生意义的查阅工作，以上是较为基础的几部工具书。掌握相关字词的含义只是基础，很多内容还需要其他方面的工具书。例如，查询"柳浪闻莺"的最早出处，在字典和辞典中如果查不出来，就需要查询《名胜辞典》等其他专门的工具书。再比如研究过程中遇到乾隆二十五年对应公元纪年哪一年的问题，可以通过查阅《中国历史年表》解决。

4.《中国地方志联合目录》

我国现存地方志约一万种，目前最好的目录是《中国地方志联合目录》和《中国地方志总目提要》。《中国地方志联合目录》由中国科学院北京天文台编写，中华书局 1985 年出版。据杨琳统计，收录 1949 年以前的除山水、寺庙、名胜志以外的各级通志 8246 种，著录内容包括志名、卷数、纂修者、版本、收藏单位等，后附《书名索引》。[①]

利用方面，如天津大学进行蓬莱水城申报国家文化遗产项目时，查阅《中国地方志联合目录》，得知天津图书馆藏有明代蓬莱县志，从而方便、快捷地找到了所需资料。

5.《中国地方志集成》

大型地方志丛书《中国地方志集成》由上海书店、巴蜀书社和江苏古籍出版

---

① 杨琳.古典文献及其利用.北京：北京大学出版社，2004：241.

社三家联合，从现存的近万种地方志中精选 3000 余种影印出版，解决了方志刊行存世数量少、收藏分散、查阅不便等问题。"选书以资料丰富、使用价值高为原则，兼顾地区分布和版本价值，主要包括通志、府志、州志、厅志、县志、乡镇志、山水志、寺庙志、园林志等，按现行行政区划分别编辑。乡镇志、山水志、寺庙志则编为专辑。"①

6.《尔雅》

汉字是象形文字，字形对于研究各类建筑的最初形态及其原始用途具有重要意义，而训诂中大量对于建筑类词汇的分析和注释，也是一种关于建筑的研究。这类书中最值得一提的是中国最早的辞书《尔雅》，其中专设"释宫"一门，解释关于宫室建筑以及与之有关的道路、桥梁等的名称，此后的训诂名著《方言》《释名》都是仿《尔雅》体例编排的。

现存《尔雅》分为 19 篇。其中《释诂》《释言》《释训》是解释记载于先秦经书、诸子中的尧舜以来的古训、古言、古道的。《释亲》《释宫》《释器》《释乐》是解释有关人事、建制、礼仪的词义的。《释天》《释地》《释丘》《释山》《释水》《释草》《释木》《释虫》《释鱼》《释鸟》《释兽》《释畜》是解释有关天地万物类别的词义的。可见，前三篇反映上古史实，第四至第七篇反映人伦仪制，此后各篇反映自然万象。"总的来说，《尔雅》记录与反映了上古时代的人事、自然的联系及分合变化。"② 其中，《释宫》定义了与居住有关的建筑空间各部分的名称。

值得一提的是，《释宫》排在第五位，充分说明了建筑作为安身立命的一个重要内容，在中国古代受到了相应的重视。

7.《说文解字》

许慎的《说文解字》是一部汇集了先秦古义的中国传统语言文字学著作，在现代的辞典、字典里大量被引用。许慎建立了包括 540 个部首的部首体系，以代表天地万象的几百个类别，用来统率 9353 个汉语字词。他制定的部首与字词的编排顺序"始一终亥"，则象征着天地万物畅行生机的生命历程。

---

① 引自杨琳 . 古典文献及其利用 . 北京：北京大学出版社，2004：241.
② 引自宋永培 . 当代中国训诂学 . 广州：广东教育出版社，2000：152.

经典文献是文字训诂专书取资和引证的基础，文字训诂专书又为经典文献的羽翼和依附。孔子的经典文献和许慎的《说文解字》，跨越了 600 年的时间，形成了密不可分、互相补充的关系，决定了它们在中国文化史上的重要地位与独特价值。经典文献与《说文解字》之间，真可谓珠联璧合，相得益彰，为历代学者特别是清代学者"以字考经，以经考字"提供了绝好的条件。

六经是中国古代的必读书，它们体现了中国历史文化的根底与宝藏，《说文解字》则包含了文字训诂的源头与体系，被称为"天下第一种书"（清·王鸣盛语）。"从根本上看，《说文解字》与六经一脉相承，共同承载了中国上古时代历史与文化真实、广远和渊深的内涵。"①

《说文解字》的若干注本中，清代学者段玉裁的注本最好，即《说文解字段注》。

8.《释名》

刘熙《释名》是东汉末年的释训词义的专著②，它的特点是用谐声音训的方法解释词义，是历史研究必读的辞典、字典。

陵寝研究中，很多人会将陵墓视作原始信仰的产物，灵魂不灭的地方。实际上，认为中国古人相信灵魂不朽、肉体不朽、精神不朽是种误解。《释名》中的定义"墓，慕也，孝子思慕之处也"解释了陵这种建筑类型的基本意境、意向，是子孙后代缅怀自己的祖先功德、与祖先先贤对话的一个地方，是宗教性的。③这是对墓的场所精神的定义。

以往的建筑史学研究更关注从字形上推测建筑造型之类的文字学研究，对训诂学对于研究中国古代建筑思想和理论的重要性认识不足。"《释名》认为，词来源于语音，语音和语义有内在的联系，语音相近，语义也必相近，故以同声相谐

① 引自宋永培.当代中国训诂学.广州：广东教育出版社，2000：104.
② 训诂，致力于求得古书文字的正确含义，主要依靠三种方法:(1)据古义或用古字书、古笺注，以明古字的真确意义。（2）据古文字假借、声类通转的规律以确定古字的意义。(3)研究古代语法，据语法规律，以明确古书读法和文字的本义。参见：胡适.中国哲学史大纲·导读.上海：上海古籍出版社，1998：5.
③ "中国古代陵墓建筑的发展，曾经深受儒家思想的影响，长期以来，基于'慎终追远，民德归厚'以及'礼者，谨于治生死者也'等观念，陵墓建筑实际被视为'礼之具'即礼制的重要载体，并强烈凸显出'礼辨异'即等级森严尊卑分明的特色。另一方面，如《荀子·礼论》指出，丧葬祭祀之礼，还在于'致隆思慕之义'和'志意思慕之情'；《大戴礼·盛德》也强调:'丧祭之礼，所以教仁爱也……致思慕之心也'。陵墓建筑竭力追求和刻意彰显的场所精神，就像汉儒郑玄注释《周礼·墓大夫》时明确指出的那样:'墓，冢茔之地，孝子所思慕之处'。事实上，在中国古代的建筑体系中，陵墓就是具有礼制特征的纪念性建筑。"引自王其亨.明代陵寝建筑概论.见:中国建筑艺术全集.明代陵寝建筑.北京：中国建筑工业出版社，2003.

的方法考察诸物名称。"① 这种传统直接导致训诂学上因声求义的特点。汉语中很多同源字有着"音同义通"的特性,常可同音互训,这使许多谐音别具意味。最常见的如"蝠""福","鱼""余","鹿""禄","桔""吉","瓶""平"等吉瑞图案,日常生活用品就成了建筑创作中不可或缺的组成部分,这是汉语语言系统下的产物。换言之,只有在中国这种"拟态语言"② 体系下,才有可能产生源于声音的"言外有声""象外有意"的象征映射。

---

① 引自高明.古文字学通论.北京:北京大学出版社,1996:7.
② (日)山田庆儿.古代东亚哲学与科技文化.见:山田庆儿论文集.沈阳:辽宁教育出版社,1996:78-84.

第二章　重文传统下的中国古代建筑文献探析

一、中国古代文献的总体特点及营造文献的特殊性

中国古代典籍流传至今，浩如烟海。霍尔兹曼（Donald Holzman）从一个西方研究者的立场出发，对中国书本至上式的稽古偏好有如下评价："可以有把握地说，世上没有哪一种文明比中国更具有书卷气息，也没有哪一种文明更加尊崇其古代典籍，惯于从传统乃至现代的书本中寻章摘句，为其日常服务寻求指南。"[①]

汉语言有几千年的历史传承，建立在语言基础上的文献典籍大多出自文官之手[②]，在传承文化方面发挥了重要作用。中国古代向来有重文的传统。汉字符号系统相对独立和稳定，承载了中国几千年文化的核心内容。现实社会生活经过文人的记述、提炼、抽象和总结，相关内容和活动构成了一套高于社会生活的文字体系和文献内容。这些文献是今人研究历史的宝贵财富，值得投入大量精力开展专门研究。文献学研究贯穿历史研究的始终，这也是中国文献学的一大特点。中国知识分子不与知识相联结，更不与实用的知识联结在一起[③]，形成了中国古代通用的知识记录多于专门知识的特点。就营造方面来说，中国古代工匠的文化程度相对较低，无论阅读还是写作，都存在一定困难，导致工匠技艺多依靠口耳相传，鲜有文字记录。因此，中国古代流传下来的营造文献数量不多，且多为官方记载。

---

① Donald Holzman. *Confucius and Ancient Chinese Literary Criticism*. A. A. Rickett. *Chinese Approaches to Literature*. *Princeton University Press*，1978：21.

② "史学与史官的职任直接有关。按《四库全书》的学科分类：经、史、子、集四类中，史之全部，经、子、集之部分皆出于史官职任内所传，在分量上占百分之五十以上。其中官修典籍占有相当比重，如《廿四史》《两通鉴》《九通》《五纪事本末》《四库全书总目》等。其余大部分属于笔记、札记、回忆录、经验总结等性质，虽不属于其职任之直接'产品'，但因其为官，有较深、较广的人生阅历，且有条件作考察、访问、巡游，也有条件搜求、学习前代文化典籍以丰富和提高自己的学识水平。按《总目》的见解，杂家含儒墨兼名法，名家出于礼官，纵横家出于行人，墨家出于清庙之守，小说家则流出于稗官。说明子学的作者几乎都有为官的经历。不同的职官，作品的领域殊分。"引自李福敏.《四库全书》与中国传统的学科体系.图书馆工作与研究，2003（6）.

③ "他们只分成两大部分：在野与在朝。所谓在野，游离于政权之外，与农村下层的社情民意，通俗文化联结在一起；在朝则介入政权之中，与文官体系、国家机器联结在一起；与学府、寺庙、精英文化、诗书、礼乐联结在一起，在传统制度文化下，由科举制度加以强化。他们的出路只有读书做官，理想就是'修身、齐家、治国、平天下'，为官者多有著述遗世。"引自李福敏.《四库全书》与中国传统的学科体系.图书馆工作与研究，2003（6）.

《四库全书》分类表　　　　　　　　　　表 2-1

经部	易、书、诗、礼、春秋、孝经、五经总义、四书、乐类、小学
史部	正史、编年、纪事本末、别史、杂史、诏令奏议、传记、史钞、载记、时令、地理、职官、**政书**、目录、史评
子部	儒家、兵家、法家、农家、医家、天文算法、**术数**、艺术、谱录、杂家、**类书**、小说家、释家、道家
集部	楚辞、别集、总集、诗文评、词曲

（资料来源：作者自绘）

　　中国古代学术的综合性和整体性也反映在书籍分类上，经史子集的学科体系设置全面涵盖了传统的器物文化、制度文化与观念文化。汉代刘向、刘歆父子编著了中国第一部书籍目录，包括 7 类 28 子目，班固沿袭这一分类法编写了《汉书·艺文志》。西晋时期，书籍分为经、史、子、集的四部分类法得到广泛认可。此后，随着书籍种类的不断增加，分类法也在不断完善和发展，如宋代有郑樵的 12 部分类法，明代又回归到 4 部分类法的基本框架，一直沿用到清代。纂修于清乾隆年间的《四库全书》，按照四部法将图书分四个库馆分别存放，因此得名。

　　《四库全书》将各种书籍分为经部、史部、子部、集部，各部下再分若干类，类下细分为属（表 2-1）。经部下分"易""书""诗""礼""春秋""孝经""五经总义""四书""乐""小学"10 类。史部收纪事之书或考辨史体、评论史事等专书，下分"正史""编年""记事本末""别史""杂史""诏令奏议""传记""史钞""载记""时令""地理""职官""政书""目录""史评"15 类。子部收著书立说成一家之言者，下分"儒家""兵家""法家""农家""医家""天文算法""术数""艺术""谱录""杂家""类书""小说家""释家""道家"14 类。集部收诗文词曲、散篇零什等书，下分"楚辞""别集""总集""诗文评""词曲"5 类。

　　就建筑方面来说，徐苏斌认为，经部的礼类、史部的政书类、子部的术数类及类书中的考工类中，与建筑相关的文献较多[1]；刘雨亭则认为与建筑相关的文献一般收录于经部的礼类和小学类，史部的政书类和地理类，子部的术数类和类书，以及小说、艺术、谱录类，集部的别集和总集。[2]

　　统计《四库全书简目》上的书目数量，可以得知：经史子集各部中的书籍数量分布不均衡（表 2-2）。

① 徐苏斌.中国建筑归类的文化研究——古代对"建筑"的认识.城市环境设计，2005（01）：80-84.
② 刘雨亭.中国古代建筑文献浅论.华中建筑，2003（04）：92-94，102.

《四库全书》中经史子集各部所占比例　　表 2-2

经部（种）	史部（种）	子部（种）	集部（种）	总计
721	579	936	1278	3514 种
20.52%	16.48%	26.64%	36.36%	100%

（资料来源：作者自绘）

纵观《四库全书》各部，可以总结出以下特点：

首先，文献是历史文明的结晶和载体。中国古代文明区别于其他文明的一大特点就是对文献收集、整理和传承的高度重视，并且把这项工作看作国家乃至个人的责任，这也是中国古代文明能够经久不衰、传承至今的重要原因。

对文献的重视突出体现在高度发达的古代史官制度。历朝历代都设专人从事历史的记录工作，例如编写皇帝的"起居注"，同时还组织官方力量开展大规模的修史活动。自唐朝起，官方修史处于统治地位。唐以前的正史通常是以私人形式编修的，而唐以后的历朝正史则是在皇帝的主持下进行编修的。相比之下，西方的修史工作通常是个人行为，没有形成与中国类似的正史。

其次，经部书籍众多，主要包括先秦文献、儒家经典和小学类，以及后代学者围绕经典所作的大量注疏。历代文人的注疏体现了儒家如何从秦汉一脉相传，并逐渐发展成为社会主流文化。以典籍注疏为线索，可以串联起中国古代文明的几千年历史。

经书是古代文献的中心。历代学者根据自身需要和时代发展，运用不同方法对经书进行了大量整理和研究，其成果丰富，并且产生了汉学、宋学、清代朴学等不同学派。根据孙钦善的论著，学派虽然众多，但大体可以分为"考据"和"义理"两派。前者从考据语言文字和名物典制入手，以求恢复文献原貌，掌握原典本义；后者则强调"为我所用"。陆九渊所谓"六经注我"就充分体现了义理学派的主要特点，即借题发挥，发展出背离古文献本意的新思想和新成果。以上只是就基本倾向所做的粗略分类。具体到每个学者，可能两种情况兼而有之，侧重点有所不同。[①]

再者，子部收入经部以外历代学者之思想和作品，内容庞杂而精深。按照"立德、立功、立言"的"三不朽"理念，历代文人记录所见所闻，有感而发，夹叙夹议，形成大量的笔记体文字。这些文字，依其具体内容和写作风格，大部分收

① 孙钦善.中国古文献学史简编.北京：高等教育出版社，2001：4.

在子部的不同类里。

最后，集部著作众多，内容最丰富也最复杂，这是由中国传统文人社会的特点决定的。文人创作诗词歌赋，以抒发襟怀，表达旨趣，将所思所想以生花妙笔表现出来，形而上的审美情感依附在形而下的物质实体上，纠缠在一起，形成不可割裂的整体。

赵其庄认为，书籍分类法不只是类分书籍的工具，更重要的是反映了特定知识形态下的知识结构。[①] 四部分类法以儒家思想为指导，与其说是书籍分类技术问题，不如说是文化问题。文化的秩序决定了文化知识形态，而知识形态又决定了学术类别的构成。

四部当中，经部是中国传统学术研究的基础和出发点，相关典籍体现了对"天人合一"这个基本秩序的理解和诠释；史部是天下大道在时间纵轴上的体现，观古今，知得失，可以了解和掌握前人的实践[②]；子部则是大道在百行百业横轴上的体现，农工医兵、僧道术数都可以归入子部；集部主要收录传播大道的文辞。集部被古代学人列为四部之一，充分说明了"文以载道"这一概念。四部分类法着眼于对传统儒士的全面培养。从经部，得到基本的经典学识；从史部，得到历史的纵深感；从子部，将学识结合相关专业实践；从集部，懂得如何完美地表达经典学识。可见，四部分类法历经千载而不易，说明它适应中国传统学术的知识形态。[③]西方文化将宗教、政治、科学（包括自然、社会、人文三大门类）和艺术分开，哲学、宗教、艺术与科学技术体系各自相对独立，政治学、社会学和经济学等也莫不如此。中国传统文化却采用将宗教、政治、文化理念融为一体的学术体系和文化模式：儒、释、道、医、技艺、阴阳五行、占卜、命相、风水等皆归为子部，视为一家之说；史部囊括历代兴替、政事、经济、地志、水利、交通等内容；经部则是正统思想、伦理、道德和文字之学。"中国传统文化之经史子集构成一个难以分割的有机整体，如果按西方文化的学科体系来解读中国传统文化，将其'对号入座'，区分并归入相应的西方学科，将使其神韵皆无、面目全非、索然无味。"[④]

因此，经、史、子、集是有机联系、互相渗透的整体，也是一种政治文化体系。

---

① 赵其庄.古代图书分类体系与我国传统学术的知识形态.大学图书馆学报，1998（4）：33-35.
② "现代人将世界看作是由时间和空间两轴线构成，历史记载时间一轴，地理记载空间一轴，历史和地理当然是平行的两门学问，而在中国古代学术中的史学，并不是一门以复原往事真相为目的的学科。治史是为了通古而知今以作治世之鉴。而地理是历史的舞台，所以地理从属于历史就是顺理成章的事了。"引自赵其庄.古代图书分类体系与我国传统学术的知识形态.大学图书馆学报，1998（4）：33-35.
③ 赵其庄.古代图书分类体系与我国传统学术的知识形态.大学图书馆学报，1998（4）：33-35.
④ 引自李福敏.《四库全书》与中国传统的学科体系.图书馆工作与研究，2003（6）：37-40.

"由文字、音韵、训诂入手，即由小学入经学；经子互参，由经入史；经史兼辞章，经史学家出而经世济民，成就辉煌功业，即所谓'学而优则仕'。"[①]

（一）"温故知新"——中国传统文献学的传承

人类取得的每一点进步，都要在理解和解释的基础上，建立起与文化传统的意义关联，同时在理解和阐释中使文化传统获得新发展。珍爱文化传统，尊崇原创典籍，是人类文明的共识。这一点在以"农业 – 宗法"为基础的中国古代社会表现得更为突出，已经成为中国人思想的一部分，即它是温和的、渐进的、维新的，是在尊崇、解释文化传统和经典著作的名义下进行的，在一代又一代的对四书五经的理解和阐释中，杂糅了特定时代的审美需求。

钱穆在《中国历史研究法》中谈道，中西方历史的不同点在于，西方历史可以分割，各有起讫，而中国历史则前后相承，不可分割。但是这并不意味着中国历史没有变动性，而只能说，西方历史的变动比较显而在外，使人易见；中国历史的变动，却隐而在内，使人不易觉察。钱穆因此说，西洋历史如一本剧，中国历史像一首诗。诗之衔接，一句句地连续下去，中间并非不变，但一首诗总是浑涵一气，和戏剧有所不同。[②]

中国的园林设计中，经常模仿具体的自然景色，甚至还会模仿已有的名园胜景，如圆明园的设计原则就是"写仿天下名园"。"仿临"是中国艺术创作的一种方法，绘画如此，雕塑如此，建筑设计也不例外。早在秦朝，"秦始皇每灭诸侯，写仿其宫室作之咸阳北坂上。"[③]不过，中国艺术的"仿临"并不是一成不变的照搬照抄，而是吸取成功经验后再做进一步的升华和提高，或者仅取其意趣而换用另一种表达方式。如颐和园中谐趣园仿自无锡寄畅园，二者意趣一致，却又各有独特面貌。所以，李允鉌认为，所谓"写仿"，也可称"取法"，本质是从某一著名景物中取得创作启示或灵感，在此基础上进行再创作。[④]

历代文人诠释经典时，高度尊崇原义，坚持"述而不作"的治学传统，即对经典文本只作"注""疏"式的解读，传述既有内容而不加以发挥。在经典创作的时代，"原义"可能只体现为一些与人的历史性存在相关联的言谈，一些由特

---

① 引自李福敏.《四库全书》与中国传统的学科体系.图书馆工作与研究，2003（6）：37-40.
② 钱穆.中国历史研究法.北京：生活·读书·新知三联书店，2001：3.
③ （西汉）司马迁.史记·秦始皇本纪.北京：中华书局，1959.
④ 李允鉌.华夏意匠——中国古典设计原理分析.天津：天津大学出版社，2004：320.

定时空和语言环境所决定的意义的有限展开。但历史是不断变化的动态过程，随着时代的不断进步，"原义"也会在历史中不断生长、发展、扬弃和丰富。所以，在漫长历史中的每一具体时空中，以符合所处时代特征的"现代"形态出现的"原义"，即活着的而非僵死的"原义"，才具有积极的意义。同时，"偏见"或"前理解"是意义阐释过程中不可或缺的前提立场，它深深植根于当前的历史文化中，无可避免。因此，人永远只能处在某种特定的"视域"中来进行观察，而理解只不过是不同"视域"的融合。①

（二）"述而不作"——文人对意境匠心的阐释

余英时曾谈到，中国传统思维一方面强调"无征不信"的客观性，另一方面也重视"心知其意"的主观性。因此，主观与客观之间，不但存在着一种动态的关系，而且往往融为一体、不可分割。②

不了解中国古代文献，就会存在中国古代文人轻视建筑、无建筑类著作、建筑只是工匠的雕虫小技等诸多误解。在传统的分工体系下，经学以"立德、立功、立言"为追求，重视"述而不作"的传统，史部著作是写史官笔下的他人，而集部文辞是文人自己的心性抒发，是文人围绕经部经文研习的心得和阐释，是学问的具体运用。

文字是文化的载体，中国古代的任何审美活动都离不开文人的参与，建筑的经营也不能没有文学家的参与。中国古代四大名楼之名，既在于建筑，更在于与它们相关的文学，如岳阳楼与《岳阳楼记》、黄鹤楼与《黄鹤楼记》、滕王阁与《滕王阁序》、蓬莱阁与《蓬莱阁记》。与文学相关联后，这些名楼就不仅仅是建筑物，更是寄托了人类精神的文化景观。③以岳阳楼为例，现存建筑重建于清代，并没有太高价值，已经不是范仲淹当年所记之楼，其声名显赫主要源自写出登楼"览物之情"和"悲喜二字"的《岳阳楼记》，使人联想到"先天下之忧而忧，后天下之乐而乐"的境界。今人观赏和解读岳阳楼时，除了关注建筑的设计和构造做法外，还要欣赏与岳阳楼紧密关联的《岳阳楼记》，才能真正体会和理解岳阳楼

① 现代哲学阐释学.[EB/OL].[2009-03-26].http://courseware.ecnudec.com/zsb/zyw/zyw13/zyw136/zyw13603/zyw136036.htm.
② 余英时.士与中国文化.上海：上海人民出版社，2003.
③ "文化景观"这一概念是1992年联合国教科文组织世界遗产委员会第16届会议上提出的，1994年才正式确立的一种文化遗产类型。按《保护世界文化和自然遗产公约》第一条，文化景观遗产代表"自然与人类的共同作品"，强调保护人类历史上曾经存在的可持续发展的传统和理念。这个非常广泛的含义在世界遗产的历史中有深远意义。显而易见，在文化景观遗产诞生之后，人们的认识发生了许多变化，对文化景观所代表的人与自然的关联，被明显重视起来。

的独特价值。同样，人们一想起"落霞与孤鹜齐飞，秋水共长天一色"和"飞阁流丹，下临无地"，就会联想到滕王阁；一想起"醉翁之意不在酒，在乎山水之间也"，就会联想到醉翁亭。此时，人们欣赏的不仅仅是楼、阁、亭本身的建筑形制之美，还有与此相关的"雄才巨卿"绝妙文章之美。

与文人笔墨密不可分，则是中国园林的一大妙处。园林中每一座亭榭楼阁，所题匾额，所写对联，无不用诗情画意点明环境主题，如《红楼梦》中"若大景致，若干亭榭，无字标题，任是花柳山水，也断不能生色"一段。陈从周先生云："亭榭之额真是赏景的说明书。拙政园的荷风四面亭，人临其境，即无荷风，亦觉风荏其中，发人遐思。"① 就中国园林而言，匾额和对联的意义并不逊于亭榭建筑本身，离开了文学文字和诗情画意，园林建筑的美和存在意义所剩无几。

中国向来有盛世作赋的传统，大赋的写作通常与都城建设结伴而行。陈从周曾评价："唐杜牧《阿房宫赋》描写秦宫，就文而论，实摭汉人之记载，模唐宫之建筑，铺张夸大，遂成斯文。所谓赋者铺也，宜其若是。"② 歌咏宫殿是大赋的重要组成，甚至是政治需要。杜牧《阿房宫赋》曰："五步一楼，十步一阁；廊腰缦回，檐牙高啄；各抱地势，勾心斗角。盘盘焉，囷囷焉，蜂房水涡，蠹不知其几千万落。长桥卧波，未云何龙？复道行空，不霁何虹？高低冥迷，不知西东。"亦虚亦实，虚实相间，美轮美奂，充分展现了阿房宫的气势。

（三）"以类相从"——横贯经史子集四部的类书

1."非经、非史、非子、非集"之类书

《四库全书总目提要》提到："类书之书兼收四部，而非经、非史、非子、非集。四部之内，乃无类可归，……隋志载入子部，当有所受之，历代相承，莫之或易。"合乎义例者曰类，不合者谓之不类。③ 赵含坤编著《中国类书》一书指出，类书体现了一个民族丰富的文化积累，是民族文化的结晶。

---

① 陈从周. 说园. 济南：山东画报出版社、同济大学出版社，2002：14.
② 引自陈从周. 梓室余墨. 北京：生活·读书·新知三联书店，1999：332.
③ 据姚明达的考证，《尚书》中，类字出现二次，但还没有"种类"的意思。《左传·成公四年》有"非我族类，其心必异"，类始训种族。《左传·宣公十二年》有"史佚所谓毋怙乱，谓是类也"，类始训区别。《左传·庄公八年》"非君也，不类"，类始训近似。《左传·宣公二十七年》："喜怒以类者鲜，易者实多"；《左传·宣公十六年》："歌诗必类，齐高厚之诗不类"。《左传·昭公七年》："事序不类"。《左传·昭公二十年》："声亦如味，一气，二体，三类，……以相成也"。则合乎义例者曰类，不合者谓之不类。要皆由种类一义引申。见：姚明达. 中国目录学史. 上海：上海古籍出版社，2002：48-49.

中华民族传统文化底蕴深厚，古代学术研究水平较高，流传下来的古籍浩如烟海，历来高度重视文化知识，这些都是产生类书的客观基础。有了这些条件，才有可能将书籍分类整理，将之梳理成一门学问，应用于当时，传之于后世。① 因此，中华民族的文化土壤，是产生类书的客观基础和条件。

古人搜集、整理文献，常采用分类编纂的方式，所谓"采诸子之精粹，纳之部类"（《淮南子·内外篇》），形成了各种工具书，辑录古籍中各种史实典故、名物制度、诗赋文章、丽词骈语等，按类或按韵编排，以便日后寻检和征引，内容广泛而丰富，成为学习和研究古典文化的必备工具。

类书的编纂方式与《尔雅》《释名》等字典的分类方式一脉相传。中国最早的类书包括开始于周代、成书于汉代的分类之书《尔雅》②《吕氏春秋》《淮南子内外篇》等。正式的类书起始于三国时辑成的《皇览》，现存最早的类书则是隋代的《北堂书钞》。唐代有《艺文类聚》；宋代出现了《太平御览》《太平广记》和《册府元龟》；元代编成《经世大典》；明代则编成了《永乐大典》，可惜这部中国古代最大的类书已几乎全部亡佚；清代盛行编辑类书，官方和个人都热心于这一事业，官修《古今图书集成》为现存规模最大的类书。

类书将分散的史料集中整理，融会贯通经史子集四部。借此，学者除了能够方便地检索、使用外，还可借以考察特定时代文化成果的整体风貌。对史料的挖掘和整理并不能代替史学的整体研究，史学正从传统的描述式转向为阐释式，传统史学中显现的线性的、串珠式的、微观的研究方法，正在向全面的、立体的、宏观的新史学转变。类书对于把握影响建筑发展的宏观社会因素，就历史发展进程提出阐释，具有重要意义。

2. 诗性思维下类书的编纂与营造特点

汉字是古人"揽物取像"的结果。不同于西方的表意文字，汉字更有利于"描绘"，展现自然景物未牵涉概念的原貌。表意文字是概念的书写，因而更优于描述。③ 类书的以类相从，也非以概念出发，正体现了中国古代思维体系的鲜明特点。

① 伍杰.中国类书·序.见：赵含坤编著.中国类书.石家庄：河北人民出版社，2005：2.
② 《尔雅》全书按语义分类，以释义为主，原书20篇，现存19篇，大致分三个部分。第一部分解释普通语词；第二部分解释关于社会生活的语词；第三部分解释关于自然事物的语词。《尔雅》的分类，反映了秦汉时期人们对事物分类的认识。参见赵含坤编著.中国类书.石家庄：河北人民出版社，2005：5.
③ 表意文字，英文"ideograph"，由源自希腊语的"idea"（观念）和"graph"（写、画）复合而成，直译是"书写观念"。见：尹定邦.图形与意义.长沙：湖南科学技术出版社，2003：6.

中国传统的诗性思维是类书产生的根源。"诗性"意识从一开始就与中国文化紧密结合，与西方的理性逻辑思维相对应，属于发散性的思维方式。诗性思维可以从此物到彼物，或是从物到心，在想象的基础上做直接的、无需经过逻辑的跳跃式连接。因此，诗性思维体系离不开实在形象的依托，没有纯抽象的概念因素。《周易》中介绍了取象比类，即以"象"作为媒介"类比外推"，沟通"言"（言辞）与"意"（审美心理感受）的思维方式，是形象思维与抽象思维的交替并用，是诗性思维的本质。关于"言"和"意"，孔子有"书不尽言，言不尽意"，庄子有"言者所以在意，得意而忘言"，表达了同样的意思。"意"（指审美感受）是错综复杂、难以名状的，但是要传达给他人，非借助艺术语言或形象不可。在诗性思维的影响下，人们在"言"与"意"之间插入"象"这一层次，以魏晋王弼"得意忘言、得意忘象"为标志，有意识地使语言形象化、含蓄化，从而克服了语言在表达上的致命弱点，尽可能增加言外之意的信息量，为审美主体的情感、想象和联想等心理活动提供了广阔的空间。诗性思维的泛化，直接影响了中国传统文化对言外之意和言外之象的感受和体悟能力，培育了倾向于艺术和审美的民族心态。诗性思维使建筑审美不再局限于建筑外观形态给予人的形象感受，而是要求欣赏者超越形象，结合当下切身感受，体悟建筑充溢于"言外""象外"的精神含义。因此，类书中多用艺文为建筑进行审美定位。①

以类相从的模糊性，并不意味编者态度的不严谨。事实上，各种类书的编纂，以及其中"释宫""释宫室"和"居室部"等建筑类专卷的开辟，都高度重视注释和引证的严谨。例如命名，利用《释名》《尔雅》《说文》《易》《周礼》《诗》等古代权威文献的注释互相参证，并摘录相关艺文，进行全方位、整合性的定位，充分反映了中国传统语言及思维模式的发散性，与西方的直线型的理性思维相对，属于两个并列的体系。②

详细考察古代工具书中关于建筑的内容，可以发现各书所辟的"释宫""释宫室""居室部"等，大都开列了近似一致的建筑类型条目，表明绝大多数建筑类型的称谓与意义具有明显的延续性；但各书对此所作注释却又有所不同。这说明，对于一定的建筑类型名词，并没有形成完全固定的解释。③一些主要类书对建筑类型所作的分类条目略如表2-3：

① 赵向东 . 参差纵目琳琅宇，山亭水榭那徘徊——清代皇家园林建筑的类型与审美 . 天津：天津大学，2000.
② 赵向东 . 参差纵目琳琅宇，山亭水榭那徘徊——清代皇家园林建筑的类型与审美 . 天津：天津大学，2000.
③ 赵向东 . 参差纵目琳琅宇，山亭水榭那徘徊——清代皇家园林建筑的类型与审美 . 天津：天津大学，2000.

类书中涉及的建筑类型列举　　　　　　　表 2-3

年代	作者	类书名	书中位置	建筑类型
唐代	徐坚	《初学记》	卷第 24 居处部	都邑，城郭，宫，殿，楼，台，堂，宅，库藏，门，墙壁，苑圃，园圃，道路，市等 15 类
唐代	欧阳询	《艺文类聚》	居处部	宫，阙，台，殿，坊，门，楼，橹，观，堂，城，馆，宅舍，庭，坛，室，斋，庐，道路，等等
宋代	李昉	《太平御览》	卷 173，居处部	宫，室，殿，堂，堂皇，楼，台，阙，观，宅，第，邸，屋，家，舍，庐，屠苏，庵，门，户，枢，阁，厅事，斋，房，庭，阶，墀，序，廊，塾，坛，宁，等等
明代	王圻、王思义	《三才图会》	宫室一卷	宫，殿，阁，台，堂，观，楼，阙，亭，馆，庭，宅，斋，墙，廨，邸驿，闾里，关塞，市，廊，庙，学，坊，房，等等
清代	陈梦雷	《古今图书集成》	考工典	城池部，桥梁部，宫室总部，宫殿部，苑囿部，公署部，仓廪部，库藏部，馆驿部，坊表部，第宅部，堂部，斋部，轩部，楼部，阁部，亭部，台部，园林部，池沼部，山居部，等等

（资料来源：作者自绘）

从这个表中可见，各种类型建筑，要依托使用环境来具体定义各自不同的建筑类型，建筑的场所感需要依据点景题名的命名系统，来确定建筑的明确功能。因此，点睛之笔的匾额和楹联是建筑组群空间必不可少的组成部分。

3."知类通方，体例谨严"的《古今图书集成》

《古今图书集成》以宏伟的气魄、严谨的体例、细致的考辨，对中国传统学术进行了较为全面的整合，分类详细，内容丰富，是今人查找清康熙以前包括建筑、园林、城市规划等在内的研究资料的一部最重要的工具书。其中，"方舆""经济"二编中有较多关于城乡规划、房屋建筑、造园、道路、桥梁、水利和工程测量等方面的史料，主要分布于坤舆典、职方典、山川典、考工典中，其中体现出来的传统文化整体内涵尚待进一步深入研究。

从隋代《北堂书钞》、唐代《艺文类聚》和《初学记》三部类书开始，"天、地、人、事、物"的类目结构基本成形。据夏南强分析，陈梦雷受到《大学》"格、致、正、诚、修、齐、治、平"学说的启发，认为清代《古今图书集成》不仅是一部包罗万象的书，更涵括了"格物、致知，正心、诚意、修身、齐家、治国、平天下"之道，因此，在天（历象）、地（方舆）、人（明伦）、物（博物）之外，

还要设置"理学""经济"等"学术修身、经国济世"的内容。^①

《古今图书集成》的分类以三级构成，按"天""地""人""物""学术""政治经济"分为 6 汇编，下辖 32 典，典下再细分 6117 部，每部中又按内容性质，区分为总论、纪事、艺文、杂录等 10 项，经纬交叉，别具匠心（表 2-4，表 2-5）。这部工具书检索便捷，代表中国类书编制的最高水平，受到古今中外学者的普遍推崇。

《古今图书集成》的一大特点是图像资料丰富。由于图画的制作、复制比文字抄写、印刷困难，直到明代才出现了收录图画的类书，填补了类书编纂史上的空白。《古今图书集成》中收录了大量图画，分编在相关典部。据裴芹统计，收录图画的有 28 个典、1472 个部，计 6244 幅，包括了天文星象、地图（省、府）、山岳形势图、花草树木图、禽虫鸟兽图、工具器物图等^②，可谓图文并茂，内容广泛，为建筑史研究提供了宝贵的图像资料。

4.《考工典》中丰富的营造类文献

"考工"，古代职官名。汉朝少府属官有"考工室"，太初元年（公元前 104 年）更名为"考工"，主管制造兵器弓弩及织绶诸杂工。^③《考工记》有"国有六职，百工与居一焉"之语，体现了官营手工业制度在中国古代社会中的重要地位。

"考工"一词涵盖的具体内容，在元代《经世大典·工典总叙》中有较为全面的解说："一曰宫苑朝廷，二曰官府，三曰仓库，四曰城郭，五曰桥梁，六曰河渠，七曰郊庙，八曰僧寺，九曰道宫，十曰庐帐，十一曰兵器，十二曰卤簿，十三曰玉工，十四曰金工，十五曰木工，十六曰抟埴之工，十七曰石工，十八曰丝枲之工，十九曰皮工，二十曰甋爨之工，二十一曰画塑之工，二十二曰诸匠。"

《古今图书集成·考工典》中的内容与《经世大典》所述基本一致，"考工"指百工之事^④，并能够进一步归纳为考工、宫室和器用 3 方面共 154 部（类），分别收录与考工密切相关的材料，包括建筑、工艺、日常用品和生产工具等内容，对研究中国古代建筑史及思想理论具有重要价值（表 2-6）。

① 夏南强. 类书分类体系的发展演变. 华中师范大学学报（人文社会科学版），2001（02）：130-138.
② 裴芹. 古今图书集成研究. 北京：北京图书馆出版社，2001：14.
③（清）纪昀等撰. 四库全书总目提要. 北京：中华书局，1965：727-728.
④ 如《礼记·曲礼》六工有"土工、金工、石工、木工、兽工、草工"；《周礼》有"攻木之工、攻金之工、攻皮之工、设色之工、抟埴之工"，皆是也。参见（清）陈梦雷. 古今图书集成·考工典·考工总部汇考一（第79 册）. 北京：中华书局，成都：巴蜀书社，1985.

建筑文献在《古今图书集成》中的分布　　　　表 2-4

六汇编	卅二典	内容
历象汇编 （记载天文）	乾象典	天地、阴阳、五行、日月、星辰、风、云、雨、雪、火等
	岁功典	春、夏、秋、冬、月令、寒暑、干支、晦朔弦望、晨昏昼夜等
	历法典	历法、仪象、漏刻、测量、算法、数目等
	庶征典	天变、日异、风异、地异、灾荒、丰歉、梦、谣、谶等
方舆汇编 （记载地理）	**坤舆典**	**土、泥、石、砂、汞、矾、黄灰、水、冰、泉、井，历代舆图、分画、建都、关隘、市肆、陵寝、冢墓等**
	职方典	**清代京畿及各省各府地理建置沿革等**
	山川典	山、川、湖、海等
	边裔典	朝鲜、日本、于阗、天竺、琉球等
明伦汇编 （记载人物）	皇极典	君臣、帝纪、用人、听言等
	宫闱典	后妃、宫女、公主、驸马等
	官常典	翰林院、宗人府、将帅、节使等
	家范典	家族、宗属、戚属、奴婢等
	交谊典	师友、师弟、朋友、请托、饯别等
	氏族典	每姓一部，共 2694 部
	人事典	耳、鼻、齿、手、岁数、称号、喜怒等
	闺媛典	闺节、闺恨等
博物汇编 （记载艺术、宗教、 鬼神、动植物）	艺术典	农、圃、渔、樵、牧、医、卜筮、星命、相术、**堪舆**、选择、术数、画、投壶、弈棋、弹棋、蹴鞠、幻术、博戏等
	神异典	神、鬼、释教、道教、异人、妖怪等
	禽虫典	鸟、兽、家畜、鱼、昆虫等
	草木典	草、木、花、果、五谷、药材等
理学汇编 （记载经学、文学、 字学、学者）	经籍典	经籍、史书、**地志**、诸子等
	学行典	理数、义利、廉耻、学问、读书等
	文学典	文体、诗赋、文学家列传等
	字学典	音义、书法、声韵、文房四宝、文房杂器等
经济汇编 （记载治国安邦之道、 政治、教育、经济）	选举典	学校、教化、科举、出身、吏员等
	铨衡典	官制、禄制、升迁、罢免等
	食货典	户口、田制、荒政、赋役、漕运、货币、贡献、盐法、杂税、平准、国用、饮食、布帛、珠玉、金银、钱钞等
	礼仪典	礼乐、婚礼、丧葬谥法等
	乐律典	歌、舞、钟、琴瑟等
	戎政典	兵制、田猎、兵法、兵略、屯田、马政、驿递、兵器等
	祥刑典	律令、审判、刑法、赦宥等
	考工典	**百工、规矩准绳、度量权衡、城池、桥梁、宫室、器用等**

（资料来源：作者自绘）

以《考工典》为例说明《古今图书集成》经纬交织的编纂特点　　表 2-5

纬目＼经目	汇考	总论	列传	图	表	艺文	选句	纪事	杂录	外编
考工典　度量权衡										
城池										
……										
桥梁										
宫室										
器用										

（资料来源：作者自绘）

《古今图书集成·考工典》目录　　表 2-6

考工典	考工	考工总部、工巧部名流列传、工巧部总论、木工部、土工部、金工部、石工部、陶工部、染工部、漆工部、织工部、规矩准绳部、度量权衡部、城池部、桥梁部
	宫室	宫室总部、宫殿部、苑囿部、公署部、仓廪部、库藏部、馆驿部、坊表部、第宅部、堂部、斋部、轩部、楼部、阁部、亭部、台部、园林部、池沼部、山居部、村庄部、旅邸部、厨灶部、厩部、厕部、门户部、梁柱部、窗牖部、墙壁部、阶砌部、藩篱部、窦（窖）部、砖部、瓦部
	器用	器用总部、玺印部、仪仗部、符节部、伞盖部、幡幢部、车舆部、舟楫部、尊彝部、卣部、盉部、罍部、瓮部、瓶部、缶部、甒部、（瓹）部、爵部、斝部、觯部、（角瓜）部、斗部、角部、杯部、卮部、瓯部、盏部、觥部、瓢部、勺部、玉瓒部、杂饮器部、鼎部、釜部、甑部、鬲部、甗部、箪筥部、笾豆部、盘部、匜部、敦部、洗部、钵部、盂部、盆部、椀部、匕箸部、杂食器部； 几案部、座椅部、床榻部、架部、柜椟部、筐筥部、囊橐部、机杼部、梳栉部、杖部、笏部、扇部、拂部、枕部、席部、镜部、套部、灯烛部、帷帐部、被褥部、屏障部、帘箔部、笼部、炉部、唾壶部、如意部、汤婆部、竹夫人部、熨斗部、锥部、针部、钩部、剪部、椎凿部、铃柝部、砧杵部、管钥部、鞍辔部、皂枥部、鞭棰部、绳索部、杂什器部； 耒耜部、锹锄部、镰刀部、水车部、秸秆部、杵臼部、磨碓部、连枷部、箕帚部、杂农器部、网罟部； 瓷器部、奇器部、古玩部、棺椁部、溺器部

（资料来源：作者自绘）

　　对《古今图书集成》各专科文献的研究已有开展，如美术文献的辑录、艺术设计文献研究、机械工程技术史研究等。作为现存最大最系统的类书，《古今图书集成》对建筑史研究具有非常重要的价值。中国营造学社曾把《古今图书集成》作为开展研究的重要工具书，社员谢国桢、刘汝林等对其开展了专门研究。①改

---

① 成果有：谢国桢.三藩之变与陈梦雷两次流徙.见：清初流人开发东北史.上海开明书店，1948：10.谢国桢.陈列震事辑.明清笔记谈丛.北京：中华书局，1960：7.刘汝霖.古今图书集成.图书馆工作，1957（6）.

革开放以后，建筑史学界开始关注对《古今图书集成》的研究利用，如同济大学李国豪主编《建苑拾英》①，节选了《古今图书集成》中的部分建筑文献。该书获上海市 1989 年至 1990 年度优秀图书一等奖、国家教委首届高校出版社优秀学术著作奖等奖项，是一部建筑史研究的重要工具书。但限于编者的研究视野，在内容选取上仍有遗漏。王其亨《风水典故考略》② 依托《古今图书集成·艺术典·堪舆部》原典，对风水历代沿革以及别名（如堪舆、形法、地理、青囊、青乌、卜宅、相宅、图宅、阴阳等）的由来与含义进行了考释，为风水术历史、流派及宗旨等方面的研究提供了依据；又如吴庆洲的《中国古城防洪的历史经验与借鉴》③，利用《古今图书集成》，为城市防洪提供了古代实例和史料。但总体来看，立足于《古今图书集成》总体脉络的建筑历史文献研究仍需进一步加强，"《古今图书集成》中建筑类文献的分布"等重要课题尚待开展。此外，关于《考工典》对中国古代建筑史及建筑理论的重要意义也需进一步研究。

（四）"以算求样"——工程档案多为估工算料

重文传统下的中国古代社会，对通用性知识的记录和流传多于专门知识。纯粹营造类的文献数量较少，营造技术主要通过师徒之间口耳相传进行传承，很难进入官方体系。正史中的典章制度主要为礼制服务，对具体工程的记载较少，大量皇家工程档案更因为皇家档案的定期销毁制度而很难留存于世。

中华文明是世界上唯一还在广泛使用象形文字的文明。作为人与外界环境沟通的手段，象形文字具有超自然的神性。而象形文字本身即具有源于结绳记事时代的数字特征，追求数字的精确，其计数功能远远大于记事。随着文字不断发展，计数的功能被象形文字吸收，数字的结绳记事对象形文字的丰富和发展作出了不可否认的贡献。④ 因此，算术思维成为中国传统思维的基本特点之一。

在中国特有的算术思维和工官制度体系下，在建筑的营造过程中，应用下料单、做法册，而不是设计图的形式，使研究者对中国古代建筑是否经过设计产生了疑问。事实上，高度程式化的工官制度使得中国古代建筑具有独特的设计程序

---

① 李国豪主编.建苑拾英.第一辑、第二辑（上、下）、第三辑.上海：同济大学出版社，1990、1997、1999.
② 王其亨.风水典故考略.见：王其亨等.风水理论研究.天津：天津大学出版社，1992：11-25.
③ 吴庆洲.中国古城防洪的历史经验与借鉴.城市规划，2002（05）：76-84.
　其中用到的《古今图书集成》原典分别是：《古今图书集成·职方典·福州府》《古今图书集成·博物汇编·草木典·卷267》《古今图书集成·考工典·池沼》《古今图书集成·考工典·城池》《古今图书集成·考工典·阁》.
④ 陈含章.结绳记事的终结.河南图书馆学刊，2003（06）：71-76.

和表达方式：样房只需绘制地盘图，给出平面控制尺寸，无需绘制立面、剖面和详图；在给出构件详细尺寸的过程中，算房下料替代了样房的细部设计工作，因而算房与样房的关系远比今日建筑工程中预算与设计的关系密切；样房随时与算房进行沟通，因此大量工程档案以文字说明而非图样的形式出现；样房负责建筑的规划设计以及画样和烫样的制作，会同算房算手编写说明建筑规制、丈尺和做法的"工程做法"；算房专门办理工程的钱粮、工料核算事务[①]，在具体工程中可见的大多是料的尺寸而非图样。

1. 形数结合、数学算术化的古代思维模式

"算术"一词出现很早，《说文解字》曰："算（即算），长六寸。计历数者。从竹从弄。言常弄乃不误也"，说明"算"的原意是计算用的算筹，算术即是用"筹"演算的原理和方法。《九章算术》全书 246 问，最终都由演算来解决问题，即使几何内容也表现为与图形有关的数量计算。"以算为主，是中国古代数学最基本的特征。"[②]

吴文俊主编《九章算术与刘徽》一书指出，《九章算术》和《周髀算经》共同奠定了中国古代数学教育的基础。《九章算术》构建了中国古代数学的基本框架，形成了以算术为中心，密切联系实际，注重解决人们生产、生活中数学问题的风格。《九章算术》和《周髀算经》的成书显示出以算盘为计算工具的独特数学体系的形成，形数结合、数学算术化是其基本特征。数与形的美妙结合，使得中国古代算术在理论和应用两方面都获得了巨大的成就。[③]

中国古代数学家擅于从错综复杂的数学现象中抽象出深刻的数学概念，提炼出一般的数学原理，从非常简单的基本原理出发，解决重大的理论问题。刘徽建立的率的概念、出入相补原理、"幂势既同则积不容异"的原理、"阳马居二，鳖臑居一"的原理成功地克服了体积理论的困难。这些卓越的数学成果充分显示出古代数学家的理论水平。中国古代数学理论注重核心与实质，无疑更便于应用。因此，在生产实践中，工匠可以很方便地利用算术口诀进行施工，而不用画出几何图形来，为施工提供了巨大的方便。

① 据《惠陵工程记略》等有关档案材料，在勘测、设计中，样房匠人与算房算手常协同工作，施工中放线，抄叉成砌线墩等，也由样式房算房合作进行。
② 吴文俊主编 . 九章算术与刘徽 . 北京：北京师范大学出版社，1982：52.
③ 吴文俊主编 . 九章算术与刘徽 . 北京：北京师范大学出版社，1982：55.

2.“左图右书”与文字在古代社会的威力

图画与文字都是人类用来记述事物、表达思想的重要工具。人类应用图画的历史比文字更为久远。文字出现后，图画才逐渐降至次要地位，但图画在反映事物和表达感请方面具有独特的功用。因此，图画并没有被文字取代，而是和文字一起，共同担负起交流思想、表达感情的重要任务。这也是“图书”一词的来源。[①]在人类几千年的文明史中，以文字为主的文学与以绘画为主的艺术，相互配合，相互激发，共同发展，形式日益丰富。[②]文字擅长记言记事和表情达意，人类阅读、思考、表述等所仰仗的主要工具是“意蕴闳深”的文字。人们普遍认为，语言要比形状和声音更适合作为思维的工具。更有学者认为，语言是唯一的思维工具，如美国语言学家爱德华·萨丕尔（Edward Sapin）认为：“思想是一个区别于人为语言领域的自然领域，但就我们所知，语言又是通向这一自然领域的唯一途径。”[③]借助语言，人类可以将自身经历的外在现实概念化，从而将理性认识的结果保存下来。同时，语言也是人们认识自身心智活动的一个窗口，以及人类认识世界的重要工具。[④]

文字的抽象性是图形所不具备的。特别是在古代没有摄影技术的情况下，精确的文字可以客观描述对象的价值。图形虽然拥有直观性和准确性的优点，但缺乏文字所具有的抽象描述能力，即使在技术高度发达的今天，图片仍然需要用文字描述、定义后方可参与检索，成为能够被人类利用的信息。

古人高度重视图的作用，书与画、文字与图形并重。中国古代有“左图右书”之说：“古之学者为学有要，置图于左，置书于右，索像于图，索理于书。”[⑤]只是古代技术条件有限，图画的制作和复制比文字更加困难，导致传播效果不如文字。文字典籍的流传主要依靠抄录的方式，出现差错和讹误在所难免，而图画更容易在流传中丢失信息。例如唐李吉甫所撰《元和郡县志》，全书按唐制分10道、47镇，每镇篇首附图，但到了宋代，就已图亡志存。图在流传过程中，必须经过画工“照猫画虎”的临摹，而其中信息的保留情况，则取决于画工的绘画能力和理解能力，并受时代特点的影响。

---

① 裴芹.古今图书集成研究.北京：北京图书馆出版社，2001：14.
② 巫鸿.礼仪中的美术——巫鸿中国古代美术史文编.北京：生活·读书·新知三联书店，2005：389.
③ 爱德华·萨丕尔.语言.纽约：Harcourt Brace，1921：15.
　　转引自尹定邦.图形与意义.长沙：湖南科学技术出版社，2003：1.
④ 尹定邦.图形与意义.长沙：湖南科学技术出版社，2003：3.
⑤ （南宋）郑樵.通志·图谱略.见：郑樵撰，王树民点校.通志二十略.北京：中华书局，1995.

以《营造法式》为例，在从宋代到清代的诸多版本中，图例部分最容易走样并导致原始信息缺失（图 2-1）。以彩画作制度中的海石榴华为例，对比"丁本""四库本""故宫本"和"陶本"[①]，各本的海石榴华图样均有两朵主花，"四库本"两朵花心均为石榴，"故宫本"一朵作"榴"形，另一朵作含苞状。大部分图例描绘的是海石榴背面的形象，这种情况可能是因为经过多次传抄，海石榴背面的图形被误作了"含苞"的石榴。[②] 叶慈博士论道："关于传说之花纹色彩，必随时代而变更，至于写手，无论如何忠于所事，终不免于无意中受其时代潮流，及个人风范之影响，以致不能传其实也。"[③] 对此，梁思成也指出：

> 由于当时绘画的科学和技术水平的局限，原图的准确性和精密性本来就不够的；以刻板以及许多抄本之辗转传抄、影摹，必然每次都要多少走离原样，以讹传讹，由渐而远，差错层层积累，必然越离越远。此外还可以推想，各抄本图样之摹绘，无论是出自博学多能，工书善画的文人之手，或出自一般"抄胥"或画匠之手（如"陶本"），由于他们大多缺乏建筑专业知识，只能"依样画葫芦"，而结果则其所"画葫芦"未必真正"依样"。至于各种雕饰花纹图样，问题就更大了：假使由职业画匠摹绘，更难免受其职业训练中的时代风格的影响，再加上他个人风格其结果就必然把"崇宁本"，"绍兴本"的风格，把宋代的风格，完全改变成明、清的风格。……同样是抄写临摹的差错，但就其性质来说，在文字和图样中，它们是很不同的。文字中的差错，可以从校勘中得到改正；……一经确定是正确的，就是绝对正确的。但是图样的错误，特别是风格上的变换，是难以校勘的。[④]

可见，图样较文字更难保存和流传。《营造法式》从宋到清的诸多版本中，图样变形非常大，"陶本"五彩装栱眼壁的海石榴图案，已与牡丹无异。[⑤] 所幸配有文字说明，对恢复图样原貌起到了巨大作用。除了纹样图形信息之外，关于色彩的文字标注也具有关键意义，如卷三十三"五彩杂华"和"碾玉杂华"的文字标注说明，成为纹样色彩复原的直接依据。[⑥] 李路珂对《营造法式》中与彩画相关的百余条术语进行了解读，其中除了关于材料和做法的术语之外，

---

① "丁本"指 1919 年朱启钤在江南图书馆所发现的晚清丁丙藏钞本《营造法式》的石印刊本；"四库本"指《四库全书》所收《营造法式》，由浙江范懋柱天一阁藏影宋钞本与《永乐大典》本撮合而成；"故宫本"指 1933 年陶湘主持编写北平故宫庋藏殿本书目时，发现的清初钞本《营造法式》；"陶本"指朱启钤嘱陶湘主持校勘，于 1925 年付梓影刊行的合校本《营造法式》。

② 李路珂.《营造法式》彩画研究.北京：清华大学，2006：200.

③ 叶慈博士据永乐大典本法式图样与仿宋刊本互校记.中国营造学社汇刊，1930，1（1）.

④ 梁思成.营造法式注释·序.见：梁思成.梁思成全集（第七卷）.北京：中国建筑工业出版社，2001.

⑤ 李路珂.《营造法式》彩画研究.北京：清华大学，2006：53.

⑥ 李路珂.《营造法式》彩画研究.北京：清华大学，2006：55.

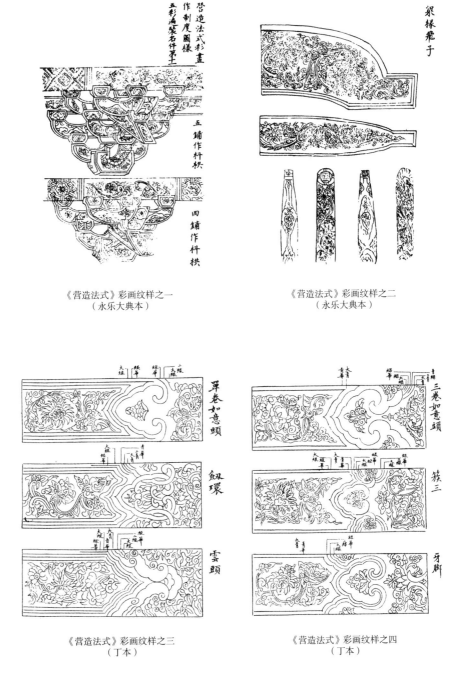

《营造法式》彩画纹样之一
（永乐大典本）

《营造法式》彩画纹样之二
（永乐大典本）

《营造法式》彩画纹样之三
（丁本）

《营造法式》彩画纹样之四
（丁本）

图 2-1 《营造法式》不同版本的图样差异（资料来源：刘敦桢主编．中国古代建筑史．北京：中国建筑
工业出版社，1984）

还包括"装""饰""华"等蕴涵丰富设计思想的术语，在此基础上完成《营造法式》彩画部分56幅彩色及线描图解工作，从视觉上还原了《营造法式》彩画的历史图景。①

"左图右史"的传统表明了图在古代文献中的重要性。但中国传统绘画强调写意而非写实，与西方追求精确描摹不同。相应地，以文字描述为主的文献同样成为建筑设计体系中必不可少的部分。通过文字描述，构件的形状、尺寸和相互关系得以确定。因此，看似数字繁复、名词众多的工程档案成为今日破译古代建筑历史信息的必要手段。

例如，清代皇家陵寝作为当时最隆重的建筑工程，除大量建筑实物外，还有大量工程图籍、档案留存至今。这些能与实物遗存一一对应的工程籍本，在详尽计算陵寝总体、单体各作工程以及局部构件的做工、用料、耗银的预算和报销的特殊语言形式中，发挥了重要作用，同时保存了各工程从整体到细节、从构造方式到施工工艺的信息。开展建筑实物测绘时，依据这些工程档案，能够进一步释读建筑术语，研究实物应名。掌握了工程籍本的表达方式之后，还可以深入剖析建筑内部，尤其是隐蔽部分的构造细节，以及经过推算进行准确的复原。② 例如，王其亨在整理样式雷图档之前，根据工程档案绘制了清东陵和定东陵地宫的各层剖面图，再对照样式雷图档和烫样，以确保准确无误。可见，依靠文字描述形成营造文献，是中国古代工官制度的鲜明特点。

1932年，梁思成在《营造算例》序中提到"以算求样是极可喜的发现"，点明了估算工料在建筑设计中的独特价值：

> 以现代观念研究建筑的人，所注重的点不是艺术便是工程方面。但是读者若以这种观念和眼光来读这本书（《工程做法则例》），就会发现许多误解和疑问。原来中国匠家向有"样房"和"算房"之别。样房的职责，和现代建筑师大略相同，主要职务是设计。算房的职责，较似现代辅助土木工程师，专司计算材料的助手，在力的计算上，我们虽不能断定他完全不知道，但可以说不是他所注重的，他所注重的还是经济方面。所以本书的最大目标，好像还是以估价报销为主。
>
> ……其实这全部书的最大目标在算而不在样。不过因为说明如何算法，在许多地方于样的方面少不了有附带的解释，我们现在由算的方法得以推求

① 李路珂.《营造法式》彩画研究.北京：清华大学，2006.
② 王其亨.清代皇家陵寝地宫制度研究.天津：天津大学，1987.

出许多样的则例，是一件极可喜的收获。至于做法一层，大概都在木匠师傅教徒弟的时候互相传授，用不着笔墨，所以关于做法的书我们还没发现；即使偶有以做法命名的，也都是算法而不是做法。①

利用《销算黄册》中的文字描述内容来推算作图，已是深入探索清代建筑的有力手段。事实上，在清代陵寝建筑研究中，通过这种推算作图方法也已取得了不少成果。清陵工程研究的许多难题，如建筑形制、结构构造、施工工艺详情细节的揭示，以及大量建筑名词术语的解读等，都借由这一方法得到了突破。②

为适应《销算黄册》的体例及语言形式，推算作图需由浅入深地进行。首先，充分利用已整理开放的地宫，如裕陵、崇陵、普陀峪定东陵、裕陵妃园寝地宫等，测绘研究地宫内外可见部分，再利用相对应的《销算黄册》，根据其中描述地宫内外轮廓的"丈尺规模"的有关记录，如各券座面阔、进深、中高、平水高等尺寸，以及外部宝城、宝顶等尺寸，加以排比推算，作出地宫内外轮廓的平面图和剖面图，再同实测图及有关样式雷画样比较验证；在此基础上，举一反三，对于尚未发掘的地宫，如定陵、惠陵地宫等，也可根据有关《销算黄册》作出其内部轮廓及外部轮廓的平面图和剖面图来（图2-2），这些推算复原图均可在样式雷的有关画样中得到很好的验证。③

通过这一反复还原的过程，地宫结构的隐蔽层次逐步明晰，大量建筑名词也随之得到确切合理的解释；同时，《销算黄册》的核算方法和表述方式，以及相关专门术语，如"二段凑长""均面阔""均高""净进深""弧矢""半弧矢""面阔弦长""弧矢弦长""弧矢二段凑弦长""弧矢矢宽"等，也都能得到较准确而明晰的解释；进而对《销算黄册》的编制体例，及其有关各项目、各工作之间相互依存的有机联系，也都可以有较完整的认识和把握。④

3. 古代工官制度下建筑施工的程式化

中国营造业历经几千年，流传下来的营造专书却寥寥无几，专门讲述营造做法的更为罕见。其中最主要的两部营造专书——《营造法式》和清工部《工程做法则例》，主要用作估工算料。

---

① 梁思成.《营造算例》初版序.见：梁思成.清式营造则例.北京：中国建筑工业出版社，1981：120.
② 参见王其亨.清代建筑工官制度与工程籍本.见：中国建筑史论汇刊（第10辑）.北京：清华大学出版社，2014.
③ 参见王其亨.清代建筑工官制度与工程籍本.见：中国建筑史论汇刊（第10辑）.北京：清华大学出版社，2014.
④ 参见王其亨.清代建筑工官制度与工程籍本.见：中国建筑史论汇刊（第10辑）.北京：清华大学出版社，2014.

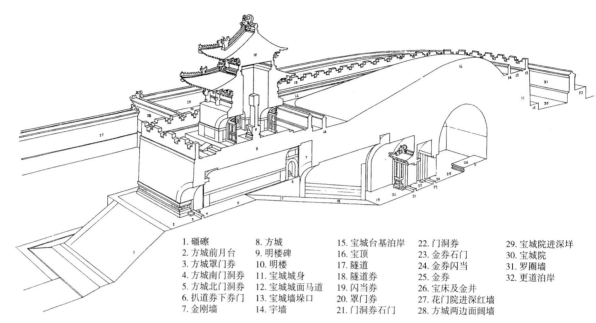

1. 礓磋 8. 方城 15. 宝城台基泊岸 22. 门洞券 29. 宝城院进深垟
2. 方城前月台 9. 明楼碑 16. 宝顶 23. 金券石门 30. 宝城院
3. 方城罩门券 10. 明楼 17. 隧道 24. 金券闪当 31. 罗圈墙
4. 方城南门洞券 11. 宝城城身 18. 隧道券 25. 金券 32. 更道泊岸
5. 方城北门洞券 12. 宝城城面马道 19. 闪当券 26. 宝床及金井
6. 扒道券下券门 13. 宝城墙垛口 20. 罩门券 27. 花门院进深红墙
7. 金刚墙 14. 宇墙 21. 门洞券石门 28. 方城两边面阔墙

图 2-2　清定东陵地宫及金井剖切透视图（资料来源：王其亨绘）

《营造法式》中一切木结构"皆以材为祖"，"材有八等，度屋之大小，因而用之"。"材"是一种标准构件，同时以材厚的十分之一所定的"分"又是最基本的模数，这在很大程度上统一了宋代建筑在艺术形象上的独特风格。《营造法式》某些条文下也常有"随宜加减"的词句。这表明，在严格"制度"下，仍然允许匠师们根据实际情况和需求进行发挥，具有一定的独创自由。①

清雍正十二年（1734 年）颁布的《工程做法则例》也是同类型的"规范"，全书 74 卷，主要开列了 27 座不同类型的具体建筑物和 11 等斗栱的具体尺寸，以及其他各作"做法"和工料估算法。关于匠作实施规程，目前仅存《工部厂库须知》一种，主要记载建材名目、规格，极少涉及工程造作。②《工程做法则例》颁布前后出现的《内庭工程做法》《城垣做法册式》《工部简明做法》《物料价值则例》等各种官刊，或重在宫殿"内工"使用工料额限，或属于单项工程做法以及建材名目产地供应方面，与《工程做法则例》表里互通，相辅而行。③

① 梁思成.拙匠随笔（四）：从"燕用"——不祥的谶纬说起.人民日报，1962-07-08（6）.
② 王璞子主编.工程做法注释.北京：中国建筑工业出版社，1995：5.
③ 王璞子主编.工程做法注释.北京：中国建筑工业出版社，1995：5-6.

中国古代礼制制度下，建筑形制相对固定，种类并不繁多。中国古代完善的工官体制下，工匠的主要目标就是按照上级官员的意图完成建筑任务。对于工匠来说，重要的是与同事交流无障碍，在具体的绘图方面，不需要经过多年训练，能够表达思路即可。中国古代的文人画主要反映主观世界，具有极度写意的浪漫气质，与建筑工匠追求功能性的绘图是两回事。可见，士阶层与匠阶层的图画拥有不同的表达方式，工匠的图与工官制度相匹配，是实用理性精神的体现。

以上述官方营造规范为基础，形成了古代工官制度下施工过程的程式化。典型如样式雷图档，其图纸数以千计，其中绝大部分为组群的总体平面图，在每座房屋的平面位置上注明面阔、进深、柱高、间数和屋顶形式，具体的结构和施工只需遵照《工程做法则例》进行。①

4.古代工匠按口诀施工

模数在中国古代城市规划、布局和建筑设计中应用广泛,历史久远。《考工记》和(《左传》)中都有明确记载：

都城过百雉，国之害也。注：方丈曰堵，三堵曰雉。一雉之墙长三丈，高一丈。(《左传》)

王宫门阿之制五雉，宫隅之制七雉，城隅之制九雉。(《考工记·匠人营国》)

方九里，旁三门，……左祖右社，面朝后市，市朝一夫。(《考工记·匠人营国》)

乃经土地而井牧其田野。九夫为井，四井为邑，四邑为丘，四丘为甸，四甸为县，四县为都，以任地事而令贡赋。(《周礼·小司徒》)

周人明堂，度九尺之筵。东西九筵，南北七筵。堂崇一筵。(《考工记·匠人营国》)

室中度以几，堂上度以筵。(《考工记·匠人营国》)

建筑史研究的大量成果也表明，中国建筑设计中普遍存在数字比例关系。例如，陈明达对应县木塔的研究，归纳整理出北宋时已经存在的"以材为祖"的模

---

① 刘敦桢主编.中国古代建筑史.北京：中国建筑工业出版社，1980：403.

数制设计方法;对独乐寺观音阁、山门的研究[①],应用材份制进行建筑学理论分析,追索出若干条中国建筑在结构力学、建筑美学等方面的内容,全面阐述了中国建筑是按数字比例而非几何比例进行设计的,并且展示了古代工匠如何应用材份制设计一个建筑组群的全过程。[②]

在数学算术化的背景下,中国古代建筑"以材为祖"的理念贯穿建筑设计的始终。古代建筑形式应用数字比例而非几何比例,这是中国特有的关于空间的数学关系。[③] 在工匠群体中,为便于施工和传授技术而形成"歌诀体系",表现出按数字推算和折算的方式,与西方建筑采取的几何作图法完全不同。[④] 例如,《营造法原》中就以歌诀的形式,记录了天井与房屋进深间的倍数关系。

(五)从文献学看中国古代对建筑的认识

古代中国没有"建筑"一词。随着时代发展,同一名词的涵义经常改变,古代的建筑概念和术语含义在现代发生变化的情况非常常见。因此,概念和术语需要根据现代诠释进行重新判断和定位,而不能停留在最初的字面含义上。由于古代学术与现代科学体系的差异,中国古代并未产生集中的建筑文献,而是散布在经史子集中,需要研究者认真梳理。研究过程中,因研究理念和方向不一,不同研究者在建筑文献的取舍和利用方面存在较大差异。

在研究建筑历史文献之前,必须明晰中国古人对建筑的认识,以及建筑学在中国学术体系中的地位。至少在宋代,"建筑"两字就已连用[⑤],用作动词。随着时代的发展不断衍变,"建筑"一词现今的含义是其衍生义。关于"考工"的文献并非都属于现今"建筑"文献的范畴,而在没有冠以"考工""营造"等词的文献中,却有众多属于现今"建筑"文献的范畴。这类文献数量较多,广泛分布于经史子集各部之中。由于古今"建筑"概念的差异性,在研究建筑历史文献时,区分不同时代"建筑"的概念,了解古代"建筑"内涵的演变,确定建筑历史文献的分布情况,解读建筑历史文献本身所包含的建筑信息及文化信息,就显得十分必要。[⑥]

① 陈明达 . 独乐寺观音阁、山门的大木作制度 . 见:建筑史论文集(15)、(16). 北京:清华大学出版社,2002.
② 陈明达 . 独乐寺观音阁、山门的大木作制度(上). 见:建筑史论文集(15). 北京:清华大学出版社,2002:71.
③ 陈明达 . 应县木塔 . 北京:文物出版社,1980.
④ 陈明达 . 独乐寺观音阁、山门的大木作制度(上). 见:建筑史论文集(15). 北京:清华大学出版社,2002:88.
莫宗江 .《应县木塔》读后札记 . 见:建筑史论文集(15). 北京:清华大学出版社,2002:89.
⑤ 徐苏斌 . 中国建筑归类的文化研究——古代对'建筑'的认识 . 城市环境设计,2005(01)(总第 4 期):80-84.
⑥ 徐苏斌 . 中国建筑归类的文化研究——古代对'建筑'的认识 . 城市环境设计,2005(01):80-84.

类书中与建筑密切相关的内容，单独列类的包括：《初学记·居处部》《艺文类聚·居处部》《太平御览·居处部》《三才图会·宫室》《古今图书集成·考工典》，等等。《四库全书》中与建筑密切相关的内容，单独列类的是"考工之属"，归"史部·政书类"，主要包括《营造法式》《钦定武英殿聚珍版程式》。《四库全书存目》中则收录了《元内府宫殿制作》一卷、《造砖图说》一卷、《南船纪》、《水部备考》、《浮梁陶政志》、《西槎汇草》。

中国古代将"考工"之属列为记载典章制度的政书类。[①]"史部·政书类"下分"通制""典礼""邦计""军政""法令""考工"6类。《古今图书集成》释"考工"为百工之事，分为"木工""土工""金工""石工""陶工""染工""织工""规矩准绳""度量权衡""城池""桥梁""宫殿""苑囿""公署""仓库""馆驿""第宅""舟车""器具""用品"等154部。可见，"考工"是各种工程技术营造活动的总称，不仅仅指建筑学。

清顺治年间钱曾编纂的《述古堂藏书目录》，将文献分为4卷78类，将营造与文房、器玩、博古、清赏、服食、书画、艺术等单独列类。《四库全书总目提要》批评《述古堂书目》编目混乱[②]，但78类中专门列"营造"一类，与《四库全书》中单列"考工"分支，有相似之处。在内容方面，《四库全书总目提要》则批评，其归类"全不师古"[③]，将原归子部的《五木经》和史部地理类宫殿簿之属的《禁扁》都从原部类中抽出，重新归入"营造"一类。然而，这种分类法探讨了将史部地理类与子部技艺类中的文献单独归类的可能性，现今所见建筑类文献的内容即基本由这两部分文献构成。

之所以将"考工"属归在典章制度的政书类和经世济民的经济汇编类中，是因为关于建筑做法的记载被看作辅助施政的手段或工具。《营造法式》以物化的分类来匹配人的等级制度，研究时必须将它与所处时代的种种制度叠加起来，一起考察。《工程做法则例》也类似，其中涉及各种房屋、建筑、工程的做法条例与应用料例功限[④]，为制度服务。"考工"观念的背后，是根深蒂固的儒学文化，这是中国建筑不同于其他国家建筑的根本之处，也是与西方建筑学概念的不同之

---

① 典章制度在中国古代是指制度和法令，主要包括土地、山赋、贡税、职官、礼俗、乐律、兵刑、科举等制度。《尚书》中记载了大量的典章制度，《史记》中的八书也有大量典章制度的记载。

② "所列门类，琐碎冗杂，全不师古。其分隶诸书，尤舛谬颠倒，不可名状，……而荒谬至此，真不可解之事矣。"引自纪昀等编纂.四库全书总目提要.卷八十七.

③ "《五木经》李翱所作，本为博戏，《禁扁》王士点所作，杂记宫殿，而均入之《营造》。"引自纪昀等编纂.四库全书总目提要.卷八十七.

④ 如同刑律与例之别，《工程做法》属于"事例"一类。参见故宫古建部编，王璞子主编.工程做法注释.北京：中国建筑工业出版社，1995：6.

处。因此，近代中国引入西方的建筑体系，不光改变了原来的建筑样式、结构等外观和技术层面的内容，更重要的是冲击了原有的儒学体系。[①]

二、《四库全书》中建筑相关文献的分布

（一）《四库全书》概貌

《四库全书》于清乾隆年间历经 10 年编纂而成，是中国历史上规模最大的一套图书集成，收录了自先秦到清乾隆年间的所有重要古籍，共 3503 种，79337 卷，36304 册，近 230 万页，约 8 亿字，几乎涵盖了古代中国的所有学术领域。

了解《四库全书》的编纂体例和书籍分类，是查阅和利用该书的基础。《四库全书》所收之书，从当时所能搜罗的政府固有藏书、公私进献遗书和《永乐大典》辑出之书或临时加入之书等数千种书中选出，所据版本包括敕撰本、内府本、各省采进本、私人进献本、通行本、《永乐大典》本以及临时加入的敕撰本，此后再依据钦定收录标准、原则，应用详定分类、校对、重抄或撰写提要等方法，部勒成一个整体。其分类法继承了中国古代以经、史、子、集为四部分类法的部称。

《四库全书》以各书内容配隶所部类属，循实归类，而非泛就书名简单分类。4 部、44 类、70 属的划分，再配以该书凡例中详列的 7 种编列规则，使各单元组成的知识体系结构完整，清晰可见，特征鲜明。作为《四库全书》的衍生物，《四库全书总目》（又称《四库全书总目提要》，以下简称《总目》）无疑为文史工作者查阅《四库全书》相关典籍资料提供了便捷条件。《总目》是我国古代最大规模的官修综合性图书分类目录和解题书目，规模 200 卷，成书于《四库全书》纂修前后，刻成、流传于乾隆末年。该书作为我国古代标志性的目录学著作，历来受到重视。后世学者"按图索骥"，可略知《四库全书》原书概貌。《总目》收录之书，合计 10254 种，172860 卷，全面反映了 18 世纪以前我国古籍的基本情况，是后世学人搜罗资料、浏览阅读古籍的重要指南。

1987 年，上海古籍出版社根据台湾商务印书馆版本，重新影印出版了文渊阁本《四库全书》。此影印本不仅包括经部 236 册、史部 452 册、子部 367 册、

① 徐苏斌.中国建筑归类的文化研究——古代对"建筑"的认识.城市环境设计，2005（01）（总第 4 期）：80-84.

集部 435 册等四部内容,还附有《钦定四库全书简明目录》(附补遗及索引) 1 册、《钦定四库全书总目》(附抽毁书提要及索引) 5 册。

目前,天津大学、南开大学都存有文渊阁本《四库全书》电子版,供研究者进行全文检索。

关于建筑文献在《四库全书》中的大致分布,刘雨亭《中国古代建筑文献浅论》[1]有专门论述,详尽全面,本书唯增加一些例证以方便理解。

(二)《四库全书》经部之建筑文献

《四库全书》经部下分 10 类:易、书、诗、礼(包括周礼、仪礼、礼记、三礼总义、通礼、杂礼之属)、春秋、孝经、五经总义、四书、乐和小学(包括训诂、字书、韵书之属)。

群经包括先秦儒家经典和历代注疏,以及为解经而产生的古代文字学、音韵学和训诂学专著等字典类工具书。"经"的神秘感让人误以为"经"是艰深难懂的,其实"经"字的本意是"常",记载常道可称典范之书为"经"。"经"与经学是儒学的重心,而儒学又是中国文化的骨干,因此经学在中国学术史上处于核心地位。研究传统文化,就不能不关注经学。

先秦文献主要包括历史、诸子与文学作品集,而儒家著作只是其中的一部分。儒家著作"经"的地位是后世确立的。先秦文献是研究当时社会各方面情况的珍贵资料,与建筑相关的内容也分散其中。围绕"礼"展开的礼仪、礼乐、制度,都是需要关注的内容。大到建筑空间、建筑等级、空间序列,小到建筑装饰、门楣字画等方面都贯穿了礼制思想。例如张良皋在席居研究中发现,中国古代席居产生的一整套生活习惯和风俗礼仪,直接影响了衣履式样、建筑格局,乃至尺度体系等方面。[2]

礼类和小学类中的建筑文献比较重要且相对集中。先秦时期宫室研究的图书资料绝大部分都归入了经部礼类各属。例如,《周礼·职方氏》记述了水利工程方面的内容;《礼记·明堂位》则记述了明堂制度,其中对明堂进行了描写:"山节藻棁、复庙重檐……天子之庙饰也"。"节"是屋中柱头之斗栱,刻山于节,故曰山节;"藻"是水草名,"棁"则是梁上短柱,画藻于棁,故曰藻棁;山节藻棁,

① 刘雨亭.中国古代建筑文献浅论.华中建筑,2003(04):92-94,102.
② 张良皋.匠学七说.北京:中国建筑工业出版社,2002:1.

乃是天子饰庙之物。清代任启运的《朝庙宫室考》归入仪礼之属；宋代聂崇义的《三礼图》，绘有《周王城图》等建筑图纸，归入三礼总仪之属。

礼类下之《周礼》中的《考工记》是现存最早关于营国思想的论述，记载了当时的营建制度、设计规范及建筑尺度等方面的内容，以及车辆、冶金、兵器、乐器、陶器、皮革、染色、建筑、水利、农具等的生产工艺规范。《周礼》将官职分为天官（中央政府）、地官（地方行政）、春官（神职）、夏官（军事）、秋官（司法）、冬官（器物制作）6 类，并详细列举了每个官职的名称、职制、人数和职务内容。因此，《周礼》本质上是一部政治制度方面的著作。从依托《周礼·考工记》复原的岐山凤雏周代宫室宗庙建筑图当中，可见周代礼制建筑的形制。

小学类的建筑文献分布情况在前文已有简述。除此之外，《诗经》中也有大量关于建筑的名篇，如《诗经·国风》中的《鄘风·定之方中》《豳风·七月》，《诗经·大雅》中的《绵》《公刘》《灵台》，以及《诗经·小雅》中的《斯干》。《斯干》是周王建筑宫室落成时的祝颂歌辞，其中描摹宫室有"如鸟斯革，如翚斯飞"等诗句；《公刘》篇记载了周族著名先祖公刘迁居于豳地的情况，《七月》篇叙述了周族人在豳地的生产和生活情况，这两篇诗反映了公刘时期周族生产和生活的一些情况；《绵》篇写古公亶父率族迁于岐下的情况，生动描述了中原地区的建筑发展情况；《皇矣》篇写季历创业和文王时期周成为"万邦之方，下民之王"的情况；文王业迹在许多诗篇中都有重点叙述，比较集中的有《文王》《灵台》《天作》等。武王伐纣时的雄伟军容和周公东征的辉煌胜利，在《大明》《文王有声》《破斧》等篇有生动的描述；《下武》《噫嘻》等篇则描写了成王亲耕籍田、慎德守业的情况。研究周代建筑都离不开这些文献。

《尚书》是记载中国上古历史的最重要的文献，主要篇章皆为西周时期作品。其中《大诰》《康诰》《酒诰》《梓材》《召诰》《洛诰》《多士》《多方》合称为"周初八诰"，记载了周公东征、分封诸侯、营建洛邑、迁徙殷顽等诸多重要史实，是了解周初社会情况的重要历史资料。《召诰》篇逐日记载了召公考察洛邑、命令"庶殷"在洛河旁营建的情况。"周初八诰"外，《尚书·金縢》篇记载了武王病笃、周公为其筑坛祈祷的情况。除了《尚书》之外，《逸周书》的一些篇章，如《克殷》《世俘》《度邑》等，也是周初的重要历史文献。

《尚书》中《尧典》《洪范》等篇记述了"司空"一职。司空，即司工，是管理土木工程的官吏，管辖职官有司匄等。郑玄注《周礼·考工记》曰："司空掌营城郭建都邑，立社稷宗庙，建宫室车服器械，监百工者。"《尚书》"召诰""洛诰"中对周公"相宅"一事的记述，也是建筑史研究的重要资料；《尚书·禹贡》中依据河流、山脉、海洋的天然界线，将全国分为九州，记载了各地土壤、植被、矿物贡品及道路交通情况，是中国现存最早的关于土壤、陆地、水文、政治、地理等方面的著作。

小学类的训诂类文献对建筑的点景题名具有重要意义。中国古代文献中，有很多关于建筑命名、建筑类型的内容。其中记载最多的是《尔雅》、张揖《广雅》、扬雄《方言》、刘熙《释名》等训诂学四大要典；另外还有郝懿行《尔雅义疏》、王念孙《广雅疏证》、钱绎《方言笺疏》、王先谦《释名义证补》等。这些古籍，从文字的形、音、义方面，对各种事物名称加以训释，是研究中国传统建筑的基本工具书。

历代经注是对原典的补充、释义。先秦儒家经典数量较少，但后世历代注释的著述繁多。了解经学的流派变迁，有助于加深对中国文化发展脉络的理解。清代《十三经注疏》是经注集大成者，乾嘉学派全面梳理历史文献，方便今人利用。以辟雍的研究为例，《周礼正义》汇集了历史上各种形式的辟雍。孙诒让集结当时可查到的所有注释，一一分辨，然后得出哪些对哪些错的结论。王其亨在研究园中园时，从《周礼正义》中发现了中国历史上最早的苑中苑——周代的囿游。①因此，注释本对于理解原典具有非常重要的作用。

（三）《四库全书》史部之建筑文献

史部收录各种体例的史书，包括二十五史和未列入二十五史的其他史书，以及相应的注释、各类政书、典章制度和通典。其中有不少古代地理、工艺等方面的科技文献，如《水经注》《太平寰宇记》《方舆胜览》《徐霞客游记》《营造法式》等。

可以说，史部是四部之中对于建筑历史研究最重要的部类。史部共分"正史""编年""纪事本末""别史""杂史""诏令奏议""传记""史钞""载记""时令""地理""职官""政书""目录""史评"15类，为今人了解古代社会各方面的情况，包括建筑建造时代的社会背景，提供了大量资料。同时，史部书籍中还有比较集中的关于建筑的文字记载。

---

① 史箴.囿游——苑中苑和园中园的滥觞.建筑学报，1995（3）：54-55.

史部各子类内容不同，对建筑研究的意义也不同，可以划分为两大部类——综合性史书和专门性史书。

综合性史书，包括正史、编年、纪事本末、别史、杂史、载记等，内容较为全面和丰富。相对于综合性史籍而言，史部中其他部类皆可视作专史范畴，其内容大多是综合性史籍无法详细记述的部分。其中一些部类所收录的实际上就等同于建筑图书，它们是开展中国古代建筑历史与理论研究的最重要和最基本的资料。

1. 正史类

正史类图书一般由官方组织学术力量进行编修，通常采用纪传体或编年体，其中与建筑相关的内容较为分散。纪传体史书以人物、地区（或国家）为中心的"传记"形式和对典章制度进行分门别类叙述的"志"、"书"的设置，使查找建筑专题资料更为方便。编年体史书则便于查找特定年代所发生的事件。二者皆为正史，可信度较高，且在体例上形成互补，同为构筑中国古代历史的基本单位。

2. 纪事本末类

纪事本末类也属于正史范畴。它以历史事件为纲，按年月顺序编排，可补纪传体和编年体的不足和缺失。所记事件大多以特定事件为主，详述其始末由来。内容虽没有前两类史书丰富，但更为集中，方便查阅。如《蜀鉴》所记蜀中地势、经营等事，起自秦取南郑，迄于宋平孟昶，无疑是这期间蜀中建筑记载的渊薮；清代马骕撰《绎史》，卷一百五十八为《考工记》，可知关于建筑的资料当集中于此卷。

3. 别史类

别史类创自南宋陈振孙的《直斋书录解题》，收录了上不收于正史、下不收于杂史的图书。由于分类并不明确，而且从实际收录的史籍来看，别史与正史也不存在本质区别，因此很多史志都没有采用。《四库全书》嘉其"义例独善"，故采用，并大致限定了它的收录范围：不入正史的纪传体通史、断代史和国别史等。

对于建筑史研究来说，别史类与纪事本末类相似，其中或有相对集中记录建筑资料的图书，由书名或目录、提要即可一目了然。如《建康实录》，对唐以前南京的土地山川、城池宫苑、古迹处所等皆有详细记载；宋代郑樵《通志》也入别史类，设有"都邑"一卷，表明该卷中有比较集中的建筑方面的记载。

4. 杂史类

杂史类或称"史余"，创自《隋志》，收录难以分类的杂史。《四库全书总目提要》认为，杂史叙事尽管"事系庙堂，语关军国"，但只为一时见闻，一事始末，或私家记述，带有掌故性质，可资考证，故存留之。杂史类因为记述内容相对单一，因此通过书名、目录、提要等即可判断其中是否含有与建筑相关的记载。如宋代程卓的《使金录》，记录了出使途中所见古迹，可知当有关于沿途建筑的记载。但杂史类很多书常被划归为子部小说类，可见其准确性和可信度相对前几类史书较低，研究、引用时需要认真考证和仔细辨识。

5. 载记类

载记类史籍记载的是历史上不为正统承认但确实曾建立名号的政权以及异域他地的历史，被绝大多数古代目录称为"伪史"或"霸史"。载记类史籍的形成，并不完全以丰富可靠的当代实录为根据，一定程度上依靠后人追忆补充形成，因此其准确性和可信度也常受到质疑，引用时需要考证和辨识。其中的《邺中记》《华阳国志》，都涉及城市和建筑，目前已为建筑史研究者熟知。

6. 史钞类和史评类

史钞类则是一史或众史的摘要，《宋史·艺文志》始列，《文献涵考·经籍考》把它与史评放在一起。史钞的特点是"博取约存"，方便研究者查阅，但并非原始资料，权威性不足。史评类是对历史或历史事件进行评价的著作，创自《郡斋读书志》，《遂初堂书目》称为"史学"，实出此前集部文史类之中，大都属于狭义的历史学范畴。如果说正史等以上部类是史之经，那么史钞和史评就是经注。对于建筑史研究来讲，并无太大参考价值。

7. 政书类

专史中最重要的是政书类，包括《四库全书》中的"政书""职官""诏会"等，主要记载历代文物典章制度，即有关国家制度、诏诰文书以及兵制、刑制、财政、户口、土地、赋役等。政书类在礼制建筑研究中引用较多，如傅熹年《关于明代宫殿坛庙等大建筑群总体规划手法的初步探讨》一文引用《大明会典·营造五》中的"紫禁城"、"社稷坛"、"坛场"等条目；王其亨研究明清陵寝时，引用清代《起居注》；龙庆忠（非了）、吴庆洲研究古代城市防灾体系，涉及史部典章制度；肖大威《中国古代城市社会防火初探》①探讨和归纳了中国古代城市管理中"以法制火"的经验及其发展史，文中提到的和文后列明引用的火政文献见表2-7。

《中国古代城市社会防火初探》引用火政文献在经史子集的分布　　表2-7

经部	《礼记·秋官》、《礼记·月令》、《尚书·康诰》
史部	《史记·楚世家》、《后汉书·廉范传》、《后汉书·礼仪志》、《后汉书·百官志》、《旧唐书·职官志》、《明史·职官志》、《元史·刑法志》、杂史/诏令：《宋大诏令集》、政书：《营造法式》、政书《汉制考》（南宋王应麟撰）、载记类《十六国春秋》、地理类《东京梦华录》、地理类《梦粱录》
子部	《韩非子》、《管子》、《管子·立政篇》、《荀子·王制篇》、兵部《武经总要》、兵部《武备志》（明）、小说家类杂事之属《东轩笔录》
集部	古今图书集成·火部

（资料来源：作者自绘）

南朝梁阮孝绪《七录》中始有"政书"之类别，名"旧事类"，《隋志》因之，《新旧唐志》和《宋志》改为"故事"，明钱溥《秘阁书目》用"政书"之名，但对相关文献的范围、内容无明确规定。至《四库全书》，始将旧目中"故事"、"仪注"、"刑法"归入政书，并析为"通制""仪制""邦计""军政""法令""考工"6属。有关建筑工程做法和料例的图书划归在考工之属当中，如《营造法式》就在这一部类下，此外还有《元内府宫殿制作》、《造砖图说》，明龚辉《西槎汇草》、明周梦旸《水部备考》、清吴允嘉《浮梁陶政志》等。《续修四库全书》等近现代编写的大型古籍丛书和目录也都沿袭了这一做法。而此前则没有这一门类的单独设置，也罕见目前考工门类下的有关书籍。仪制、邦计、军政、法令之属和考工之属一样，都是专类政书，专叙某种典制。《四库全书》将它们分类汇集以方便

---

① 肖大威.中国古代城市社会防火初探.灾害学，1995（03）：81-86.

查找。其中对建筑研究价值最大的是仪制之属，其收录有关礼仪制度方面的图书，相当于旧目的"仪注"，类似经部的礼类。仪制之属中，有一定数量的书籍与建筑有关。如清人万斯同的《庙制图考》，记述了上溯秦汉、下迄元明的庙制沿革；明代吕毖校次的《明宫史》，记述了当时的宫殿、楼台等。与仪制、邦计、军政、法令不同，通制之属专收综合性的典制体文献，是历代王朝政治、经济文化等方面典章制度的汇总，它以事类为中心，按时间先后编次，主要由汇集古今制度的典制通史和汇集某一朝代典制的会要、会典构成，也是除考工和仪制外，政书类下最值得建筑史学者重视的部分。这类图书对所记内容分门别类进行编排，其中设有与建筑相关的类别，甚至直接标为"营造"，尤其是会典、会要。

政书体，也称典制体，是传统史书编撰体例的发展，是纪传体史书中"志"的扩大。其内容是以典章制度为中心，对政府各部门规章制度的记录，涉及各项政治、经济、文化政策和实行情况，比较集中地提供了社会政治、经济方面的资料，是重要的史籍类型。最初的政书即是对历代典制的汇考，后来又出现了断代体政书，称为"会要"或"会典"。会典以记述官署机构为主，与通史体政书以典制为中心又有不同，这样就形成了中国古代政书的两大系统。典制体文献虽然产生很晚，一般认为源于《唐六典》，但从渊源上却可追至《周礼》《尚书》。典制体史籍主要有"十通"，即杜佑《通典》，郑樵《通志》，马端临《文献通考》，清朝官修的"续三通""清三通"，以及刘锦藻《清朝续文献通考》。"十通"中礼、乐、户口、宗庙、谥法、器服、氏族、灾祥诸类所写内容，反映了社会生活的状况，其中的职官类文献是了解建筑类官职设置、沿革的重要资料。例如，《清志》沿袭《四库全书》，在职官类中划分了"官制"和"官箴"两小类，史贻直等的《工部则例》和《工部续增则例》就入在官制类，《清史稿艺文志补编》又补入文煜的《工部则例》。

"会要"本为修史的一种体裁，同纪传体及编年体史书鼎足而立。会要体与编年体不同。编年体依时间先后进行叙述，将各种不同的事情混杂、罗列在一起，显得凌乱。会要体则是把事情按其性质加以区分，归类叙说，与类书相近，因而便于查找。历代会要反映了当时的社会结构和生活方式，具有很高的史料价值，为建筑史研究提供了大量素材，应予以重视。例如，郭黛姮指导的硕士论文《巩县北宋皇陵研究》[1]，基于《宋会要辑稿》中的相关史料，对宋代礼制制度框架下的墓葬制度进行了研究。

---

① 冯继仁.巩县北宋皇陵研究.北京：清华大学，1989.

8. 诏令奏议类

诏令奏议类收录记载君令臣议之书，旧目多散入个人文集，因其所涉内容关乎政治、经济、文化制度，因而也被视为政书类文献。诏令和奏议两类文献，分别收入皇帝诏书与臣工奏议（如雍正辑录《上谕内阁》《上谕八旗》《朱批谕旨》《圣谕条例》《圣谕广训》），由史官负责整理的内外臣工奏疏《皇清奏议》，以及个人奏议的单刻本。诏令和奏议两类间或涉及建筑记载，但大都分散杂乱。

9. 地理类

地理类是史部乃至整个四部文献中保存建筑材料最多的部类。对于建筑史研究，其重要性可与政书、考工类相比。地理学，古称"舆地之学"，历来被视为历史学的分支。《汉书·地理志》开全国区域志体例，是史部地理类编纂的源头。后世史书中，地理志多按其时的行政区划记述各地的地理情况。地理类图书的内容却远超现代地理学的范畴，其涉及范围几与史书无异，但比史书更具体地反映了一定区域范围的自然与社会情况。其中所含的建筑内容较为直观，有利于开展特定地区的古建筑研究。

《四库全书》地理类下分为 10 属：宫殿簿、总志、都会郡县、河渠、边防、山川、古迹、杂记、游记、外记。

（1）总志

总志收录的是记述全国各地区情况的志书。公元前 3 世纪的《禹贡》是第一部带有方志雏形的地理著作，记载了古代九州的地理环境以及方域、土壤、物产、田赋、交通等情况。早期总志如《禹贡》《山海经》等，记述较粗略，几乎不含建筑相关内容，对建筑史研究的价值不大。唐宋以后，地方志逐渐发展，体例逐步成熟，在明清两代普及，为总志的编纂提供了丰富的材料。总志成为各地地方志的汇编，其对于建筑研究有很高的价值。唐代李吉甫利用《扬州图经》《海州图经》等各地图经编撰而成《元和郡县图志》。其他总志如《太平寰宇记》《大元一统志》《大明一统志》《大清一统志》等也多采用此种方式。以《大清一统志》为例，《四库全书总目提要》云："每省皆先立统部，冠以图表。首分野、次建置沿革、次形势、次职官、次户口、次山赋、次名宦，皆统括一省者也。其诸府及直隶州又各立一表，所属诸县系焉。皆首分野、次建置沿革、次形势、次风俗、次城池、次学校、次户口、次田赋、次山川、次古迹、次关隘、次津梁、次堤堰、次陵墓、次寺观、次名宦、次人物、次流寓、次列女、次仙释、次土产、各分二十一门。"由此可知，其中所记建筑情况十分完备，对了解清代各地建筑情况很有帮助。

（2）地方志

总志之外有地方志。绝大部分地方志与总志在内容设置和体例上相同或类似，差异只在地域范围和所录内容的细致程度上。地方志一般都以行政区划为单位，专志一地，如省、府、州、厅、县、乡镇、土司、盐井、都邑、边关等志，列入都会郡县之属，如《陕西通志》以及人们熟悉的《历代帝王宅京记》。作为军事单位建志的卫所志，也归属都会郡县之属，但边疆、关塞之志另设为边防之属。以特殊区域为单位建志的志书，如各种山志、寺志、畿辅志等，见山水、河渠之属，如《西湖志纂》《庐山记》等，实际上也是地方志的一种。需要特别指出的是，由于修纂地方志者一般都是当地人士，出于乡土情感，希望把本地情况尽可能多地记载下来，因此很多地方志难入正统史册，当时名不见经传的建筑的信息反倒在文献中保存了下来，对今人开展建筑研究确是一大幸事。这些地方志还载有很多诗文（包括游记）。这部分内容或因作者名气不够，或因艺术水平不高，不一定见于集部图书，对于建筑研究来讲却未必无用。其中记载的当地政治、经济、人口、风俗、宗教、山川、物产等情况，也是人们研究城市和建筑所不可缺少的背景资料。地方志比一般史籍更能反映特定时空范围内的自然与社会环境，为建筑史研究提供了更为直接的材料，在建筑研究中可以发挥重要作用。但也正因编修者的乡土之情，地方志的内容常有夸大之嫌，多溢美之词。因此，研究、利用时须仔细辨正。

（3）专志

专志是记述某一方面内容的志书，在《四库全书》中入宫殿簿和古迹之属，近现代编撰的图书和书目都把二者归为一类，称为"专志"。其中绝大部分图书都与建筑有关。专志下设的子类主要就是按建筑类型划分的。以《中国古籍善本书目》为例，其中有古迹、宫殿、寺观、祠庙、陵墓、园林、书院7类。其中著录的很多书籍，如《三辅黄图》《洛阳伽蓝记》等，都是古建筑研究者耳熟能详的文献。

另外，从方志与正史的渊源上看，方志与纪传体正史的"志·书"体史籍类似。"方志中常见的形胜、疆域、山川、风俗等，多数包括在正史的地理志；户口、田赋、农事和物产等，相当于正史的食货志；坛庙、学校等属于正史的礼乐志；而祥异或灾异等则相当于正史的五行志。"① 因此，地方志与正史中的"志·书"体史籍，是开展专题研究重要的文献来源，以下列举数例说明。

①建筑研究方面的例子：

刘致平的《四川住宅建筑》中，"总论"引用了《四川通志》《华阳国志》等文献，论述了四川的自然和社会历史概况；"各作做法"根据《乐山县志》《南溪县志》等列出大量建筑名词作为参考；"调查实例"每述及一村一县，引用当地方志文献，或述及建制沿革，或述及环境变迁。② 吴晓冬《张掖大佛寺及山西会馆建筑研究》③大量引用了甘肃各地县志，如《古浪县志》《武威市志》《民勤县志》《永昌县志》《民乐县志》《张掖市志》《酒泉市志》《嘉峪关市志》等。

②城市研究方面的例子：

吴庆洲《明南京城池的军事防御体系研究》④一文主要参考了《明太祖实录》《宋会要》《读史方舆纪要》以及相关的地方志。吴庆洲《中国古代的城市防洪》一文中整理的"历代迁域避河患一览表"，所依据的资料，皆是地方志与正史中的志书体史籍。⑤ 其中，在《史部·河渠志》中找到城市排水设施的相关资料，在《史部·五行志》中找到城市年发水灾频率。吴庆洲《中国古城选址与建设的历史经验与借鉴》⑥参考的文献多出自史部，如表2-8。

（4）游记

根据山水描写和游踪记写的多寡，游记分为文学游记与舆地游记两种。⑦ 贾鸿雁认为，因出游者往往记录所至之地的社会、生活等方面的相关材料，游记中所含地方建筑史的资料必多。游记作者以明清为多，而先前较少。南宋陆游《入蜀记》是一部著名的日记体游记，给后人留下了宝贵的人文及自然旅游文献。元代纳新从浙江出发，渡过长江和淮河，在黄河流域和北方各地寻访古迹，凭吊山川人物，搜集文献故事，考订金宋疆场，尤其注重对古代城廓、宫苑、寺观、陵墓等遗迹的考察，"闻诸故老旧家，流风遗俗，一皆考订，夜还旅邸，笔之于书"，于1363年编成《河朔访古》一书。明徐弘祖《徐霞客游记》是珍贵的地理学、考古学文献。清陈鼎《滇黔纪游》，记录了西南少数民族社会风情。清王锡祺《小

① 陈正祥.中国文化地理.北京：生活·读书·新知三联书店，1983：25.
② 刘致平.中国居住建筑简史.北京：中国建筑工业出版社，1990：125.
③ 吴晓冬.张掖大佛寺及山西会馆建筑研究.天津：天津大学，2006.
④ 吴庆洲.明南京城池的军事防御体系研究.建筑师，2005（2）：86-91.
⑤ 吴庆洲.试论我国古城抗洪防涝的经验和成就.城市规划，1984（03）：31.
⑥ 吴庆洲.中国古城选址与建设的历史经验与借鉴（上、下）.城市规划，2009（09、10）.
⑦ 王立群.论山水游记的起源和形成.南京理工大学学报（哲学社会科学版），1997（04）.

《中国古城选址与建设的历史经验与借鉴》所引文献在经史子集的分布　　表2-8

经部	尚书·舜典、周礼·夏官·掌固
史部	资治通鉴·卷二百零五、则天后长寿元年、新唐书·李昭德传、后汉书·公沙穆传、后汉书·任文公传、宋史·河渠志、宋史·姚涣传、宋史·陶弼传、宋史·李迪传·附李孝基传、（明）吕毖·明宫史·木集内府职掌、惜薪司、华阳国志·蜀志、营造法式·卷三、（清）魏源·圣武记·城守篇、（明）刘天和·问水集·植柳六法、（嘉靖）温州府志、（康熙）临海县志·卷十二、秦鸣雷·重修东湖记、（康熙）陕西通志·卷三十、（康熙）开封府志·卷六·河防、（元）周润祖）重修捍城江岸记、（康熙）临海县志·卷十二、（乾隆）江陵县志·卷四·城池、（乾隆）潮州府志、（乾隆）山东通志·卷四·城池志、（乾隆）潼川府志·城池志、（乾隆）宝坻县志·卷十六、（嘉庆）安康县志·卷二十、（嘉庆）华阳县志·卷四十三·祥异、（道光）河南通志·卷五·祥异、（道光）赣州府志·卷二·城池、（同治）重修成都县志·卷十六·祥异、（光绪）顺天府志·京师志·水道、（光绪）顺天府志·京师志、（光绪）寿州志·卷四·城郭、（光绪）台州府志·卷九十六·名宦传、（光绪）台州府志·卷九十六·名宦传、（宣统）南宁府志·卷四十九·艺文志、（民国）富顺县志·卷一·城池、（民国）临海县志稿·卷五·城池、（民国）吴县志、（1988年）常德市建委·常德市城建志、三辅黄图·卷四·池沼、元和郡县图志·卷一·关内道、唐两京城坊考·卷五、东京梦华录·卷一、东京梦华录·卷七、东京梦华录注、（1982年）引文莹·湘山野录、历代宅京记·卷十六·开封、宋东京考·卷二十·堤、宋东京考·卷十九·沟洫、宋东京考·引汴京遗迹志、宋东京考·卷十九·河渠引闻见近录、宋东京考·卷十九·河渠、金水河、水经注·汾水、水经注·卷二十·引续汉书、析津志辑佚·古迹
子部	管子·乘马、管子·度地、管子·问、梦溪笔谈·卷二十五、（唐）释道世撰·法苑珠林·伽蓝篇
类书	古今图书集成·考工典·城池、古今图书集成·考工典·池沼、古今图书集成·考工典·阁、古今图书集成·博物汇编·草木典·卷二百六十七、古今图书集成·职方典·福州府、太平御览·卷九百五十七

（资料来源：作者自绘）

方壶斋舆地丛钞》是古代舆地游记的集大成者[①]，专收关于中国和外国历史地理、游记、风土记、边疆史地的著作，兼收外国人关于世界各国史地的著述，具有地理学、民俗学等多种价值。

　　游记之外，其他之属也有丰富的建筑记载。宋张礼《游城南记》，记述所访唐代长安旧址的情形，凡门房、寺观、园囿、村墟及前贤遗迹见于记载者，述录备详。杂记收录杂谈，纪事内容相对琐碎、随意，但也不乏建筑研究资料。宋张敦颐《六朝事迹类编》，《四库全书总目提要》云其为补《金陵图经》而作，设有城阙、楼台、宅舍、寺院、庙宇、坟陵、碑刻等与建筑密切相关的门类；而归外纪之属的番邦异域之志，如《朝鲜志》《大唐西域记》等，实际上属于地理类各子目的图书，只不过因其地域范围不属于中华而被划入别类。

　　此外，四库存目地理类中的明刘侗《帝京景物略》、明马欢《瀛涯胜览》、明

① 贾鸿雁. 近十年古代游记文献研究综述. 图书馆工作与研究，2004（04）：56—60.

巩珍《西洋番国志》、明黄省曾《西洋朝贡典录》、清顾炎武《天下郡国利病书》、清徐崧《百城烟水》等书也值得注意。《天下郡国利病书》内容不局限于地理，涉及政治、经济等许多方面，重在经世致用，其价值毋庸赘述。《帝京景物略》详细描述明末北京地区的山川、人物、园林、风俗、语言，具有文学色彩。《百城烟水》记述苏州府史地沿革及名胜古迹之故实,颇富参考价值。《瀛涯胜览》《西洋番国志》和《西洋朝贡典录》三书皆记述了郑和下西洋所经各国疆域、风土等各方面情形。前两书作者曾随同郑和下西洋，所记为亲身经历，极为可贵，后一书记西洋二十三国，"凡道里远近，风俗美恶，物产器用之殊，言语衣服之异，靡不详载"①，三书都是中外关系史研究的重要著作。

10.传记类

史部诸类中，除政书、地理类之外，以传记类收录建筑资料最为集中。传记类以人物为主，但除人物传记、家谱之外，还收有大量地方事迹和官员巡行纪事。传记类下分"圣贤""名人""总录""杂录""别录"5属。其"圣贤""名人"属下，除名贤传记外、多志名人故里、祠庙、古迹等与建筑相关的内容。如圣贤属下《东家杂记》，记有孔子故里"先圣庙""庙外古迹"等;名人属下有《韩祠录》，记韩愈祠制及后人碑记；"总录"属下为某地或某一类人物的合传及其祠庙等的记载，如明人叶夔的《毗陵忠义祠录》。以上三门实与地方志和专志收录相似，故历来书目收录中，常有传记类与地理类图书互入的现象。"杂录"属下主要收录官吏行纪，对沿途形胜古迹、碑传多有记载。如明代贺仲轼《两宫鼎建记》②一书，记载了万历年间重建乾清、坤宁两宫的有关事宜，并附历年所修诸工，具有较高的史料价值。

（四）《四库全书》子部之建筑文献

《四库全书》子部收录先秦以来诸子百家及释道宗教的著作，收录范围广，内容庞杂，历来被认为是四部中变化最大的部类。子部下分"儒家""兵家""法家""农家""医家""天文算法""术数""艺术""谱录""杂家""类书""小说家""释

① 纪昀等编纂.四库全书总目提要.卷七十八.
② 两宫鼎建记.后改名为《冬官纪事》，抄本现藏于获嘉县档案局，见：宋连会，连利利.《冬官纪事》在民间.档案管理，2000（5）：44.

家""道家"共 14 类。

由于经学的核心地位，经部书籍数量众多，围绕经部书籍的研究成果也多。而史部、子部和集部中，除了一些名家著作得到深入研究外，总体上来看，相关的整理和研究工作较少。子部书籍内容丰富、类型多样，既包括诸子百家的思想著作，又包括兵书、农书、医书、科技书、占卜书等专门图书。开展这些专门领域的研究，需要相关专业背景和知识储备，单凭历史学者难以胜任，因而这类文献一般由兼通古文献学的各行业专家进行研究和整理。历史上，西汉刘向在整理群书时，只负责经传、诸子、诗赋，而将专门的书籍交给不同领域的专家："步兵校尉任宏校兵书，太史令尹咸校数术，侍医李柱国校方技"（《汉书·艺文志》）。如今，也需要建筑史家专门从事相关古籍的整理和研究工作。

"诸子文献一般较少与建筑直接相关，多以比喻阐发与建筑相关的哲学思想。其中一些寓言故事体现了丰富的艺术思想，对建筑设计实践有重要的指导价值。"[①]由于涉及驻防之事，兵家类最与建筑相关，如宋陈规《守城录》第二部分《守城机要》中论及城郭、楼橹制度。其他诸子类文献中，建筑资料则较少且分散，如儒家类中清张沐《溯流史学钞》十九卷涉及庐墓相关的内容。

"术数"和"类书"是收录建筑文献最集中、最直接的部类。术数类子目下设相宅相墓之属，旧归"形法"或"形势"类，收录古代建筑风水研究著作，研究者熟知的《宅经》《葬书》都列于此目下。此外，占候之属中也有关于建筑的集中论述，如旧本题名唐李淳风撰的《观象玩占》，其中就有城郭、宫室之占。数学、阴阳五行、占卜和杂技之属，也都包含研究舆地的参考资料。天文算法类与术数类关联最大，旧目分为天文、历法（或称历谱、历算），其中内容于建筑研究的参考意义不亚于术数类，只是少见直接而集中的论述。关于类书中的营造文献，前文已专门述及，此处不再赘述。

杂家类收录难以分类的图书，兼收因传书甚少难以自成一类的诸子书以及新兴学科的书籍。其中，杂学之属即收录旧目杂家和传书很少的诸子书籍，较少涉及相对集中的建筑资料；杂编之属乃是汇集众书的丛书，《澹生堂书目》已将之在子部单列一类，张之洞《书目答问》更将其于四部之外单设一部，近现代编纂的书目大都从之；其他四属——杂考、杂说、杂品、杂纂则是《隋志》杂家著录的分类不明的图书，其中包含的建筑资料内容丰富。据《四库全书总目提要》说明，杂纂之属"类辑旧文，途兼众轨"，与类书和丛书有相似之处；杂考则偏于"辨证"，

① 引自董占军. 中国古典设计文献的内容和形式. 设计艺术（山东工艺美术学院学报），2004（02）：18-19.

属下清沈自南撰《艺林汇考》24 卷,其栋宇篇子目凡十,皆论建筑;杂说有论有述,如《春明梦余录》,首以京师建置、形胜、城池、畿甸,次以城防、宫殿、坛庙,再次以官署,终以古迹、寺庙、石刻、岩麓、川渠、陵园,论述皆是明制;杂品之属则为"傍究物理、胪陈纤琐者"的渊薮,人们熟悉的造园学专著《长物志》就列此属。

小说家类下设杂事、异闻、琐语三属,内容不拘形式,记述庞杂,其中包含大量的建筑资料。如《西京杂记》属杂事之属,《西阳杂俎》归琐语之属,而《穆天子传》则归异闻之属。中国古代小说,概念与现在不同,为道听途说者言,属于野史和笔记范畴,引用此类资料须小心考证。目前已有部分研究通过研究小说来分析建筑布局,如赖德霖《〈儒林外史〉与明清建筑文化》[1],通过整理《儒林外史》中对建筑的叙述和描写,阐述了明清时期建筑的使用方法、营造和管理制度、礼俗和技术以及城市建筑商品化的情况。

艺术和谱录类也含有建筑相关内容。谱录类的器物之属包括大量对于砖、瓦等建材和室内器具制造的书籍,如《四库全书总目》中的清林佶《汉甘泉宫瓦记》、明黄鹤《搓居谱》。艺术类书画之属的画史、画论中,也有对画中建筑及其画法的论述与记载,如宋邓椿《画继》十卷中有专论屋木舟车卷。北宋郭熙《林泉高致》既是山水画论,又涉及风水理论,其他还有北宋梁元帝《山水格石松》、王维《山水诀》或《山水论》、荆浩《山水赋》、宋初李成《山水诀》和李澄叟《画山水诀》等。

释家类和道家类收录与佛道二教有关著作,在论及古代佛宫道观时常被引用,如《法苑珠林》第五十一卷敬塔篇兴造部,第五十二卷伽蓝篇营造部;又如《正统道藏·正一部》中《道书援神契·宫观》等。《四库全书总目》释家类存目下有清释本果《正宏集》卷,首列寺图;道家类存目下有明朱清仁《含素子尘谭》,有圣居、地形之论。开展佛教寺庙建筑专题研究时可以将此类文献作为参考。

此外,需要对子部中大量的笔记体文献予以关注。笔记是中国古代书籍中一种比较特殊的体裁。因其内容庞杂,界划不清,经史子集四部分类法中并无"笔记"一类。在古代图书分类学中,"史部·杂史""子部·杂家""子部·小说家"中的图籍往往属于这一类。有些笔记可入史部杂史类,如冯苏《见闻随笔》、杨捷《平闽记》;有些可入史部地理类,如高士奇《金鳌退食笔记》、吴绮《岭南风物记》、方式济《龙沙纪略》、厉鹗《东城杂记》;有些可入子部儒家类,如程大纯《笔记》、范尔梅《读书小纪》;有些可入子部小说家类,如钮琇《觚賸》、吴陈琬《旷

① 赖德霖.《儒林外史》与明清建筑文化.建筑创作,2002(11):56-59.

园杂志》；还有大量笔记归于子部杂家类。笔记最明显的特点就是内容庞杂，大千世界，芸芸众生，兼收并蓄，无所不包。凡无法按内容界划分类的，都可以归进子部杂家类。因此，在《四库全书》子部杂家类中，可以看到各种类型的"笔记"，其体例不一，价值有高下，有论有叙，或庄或谐。

清史编纂专家戴逸指出，笔记最重要的功能是补正史之不足。历史上不少重要事件为正史所不记或少记，笔记作者却常能据其见闻，记录更多信息，其中所谈不少内容是官书和正史难以见到的。① 邓之诚赞其为信史，说："使多得类此之作，史之征信，为不难矣，而惜其不可得也。"②

清史编纂专家戴逸指出，笔记数量众多，仅《笔记小说大观》一部丛书就收有 220 余部笔记。很多笔记中包含关于城市和园林的资料。如清钱泳《履园丛话》中的《艺能》卷专讲衣食住行及娱乐。③ 又如《洛阳伽蓝记》《东京梦华录》《历代宅京记》《唐两京城坊考》《吴兴园林记》《游金陵诸园记》，等等。这些笔记在一定程度上都可以视为建筑史研究可直接利用的文献。

（五）《四库全书》集部之建筑文献

集部主要收录历代诗词曲赋等文学作品及其评论，但又不仅限于文学。与经部一样，由于分类比较明确，历来变动较小。七分法中，《七略》和《汉志》中的"诗赋略"、《七志》中的"文翰志"、《七录》中的"文集录"，同属于集部；其他如荀勖《晋中经簿》丁部的"诗赋"和"图赞"也属于集部文献。集部下分楚辞、别集、总集、诗文评、词曲五大类。其中，别集和总集所录文献种类丰富，是集部文献中对建筑历史研究贡献最大的部类。别集是特定人物的著作结集，以人为纲，力求对其著述搜求无遗，是研究历史人物最全面的第一手资料。由于所收著述文体庞杂——除诗、文外，还有书牍、奏议等，其内容涉及序跋、传记、记赞、记叙、墓表、碑志、记事、杂著等，故其中不少书籍记载了较多的建筑内容。赋体文学中也有很多地理、历史和科技方面的内容。如宋代苏颂，在天文、医药、机械等方面均有成就，除了天文学法式著作《新仪象法要》以外，还著有包含很多科技资料的《苏魏公文集》。其中的大量奏议，阐述了苏颂的政治思想以及对水利建设的真知灼见。④

① 戴逸.录之者尚有人——清人随笔叙录·序言.见：来新夏.清人笔记随录.北京：中华书局，2005.
② 戴逸.录之者尚有人——清人随笔叙录·序言.见：来新夏.清人笔记随录.北京：中华书局，2005.
③ 钱泳《履园丛话》还强调了图画、烫样在设计施工中的重要性.
④ 管成学.《苏魏公文集》考述.长春师范学院学报，2001，20（4）.

总集是多人著作的合编，也是珍贵的历史资料。南梁萧统《昭明文选》是现存的中国第一部文学总集①，保存了大量齐梁及其前朝描写城市和建筑的赋作，是研究唐代以前建筑的重要资料。许多文学家曾写出《鲁灵光殿赋》《景福殿赋》等赞美建筑的诗文词赋，以司马相如《子虚赋》《上林赋》开创帝王园苑田猎、城市风光为开始，后来者包括王褒《甘泉赋》、扬雄《甘泉赋》《蜀都赋》、刘歆《甘泉赋》、班彪《冀州赋》、傅毅《洛都赋》、崔骃《武都赋》、班固《东都赋》《西都赋》、李尤《东观赋》、张衡《西京赋》《东京赋》《南都赋》、王延寿《鲁灵光殿赋》、边让《章华台赋》，等等。

汉大赋中有关帝都的描写，形成了一个宏大的内容体系，包括了京都名胜、帝畿、城市规模、市井区街巷、商贾活动、文化教育、风俗礼仪等方方面面。在对帝京风采进行全方位的描绘中，赋家尤其重视作为"宸居"之所的宫殿建筑，对其刻画描写最为繁盛精美。如《西都赋》论"宫室"，先写帝国气象，所谓"体象乎天地，经纬乎阴阳，据坤灵之正位，仿太、紫之圆方。"然后列述紫宫、玉堂及后宫诸殿阁，或"左城右平，重轩三阶"，或"崇台闲馆，焕若列宿"，或"增盘崔嵬，登降炤烂"，"殊形诡制，每各异观"。所写宫室之结构、装饰，以及宫中典籍之府、著作之庭、阉寺之尹、百司之典等，一方面彰显了"张千门而立万户，顺阴阳以开阖"的天子气势，一方面则宣扬了"垂统成化""作画一之歌"的帝国精神。②

其他诗词曲作，也不乏历史价值。对建筑学而言，它们不仅是对建筑进行多角度描写的内容宝库，更是诱发人们欣赏和构筑建筑美的源泉。楚辞类收录以屈原为代表的战国时期辞人的作品，其中有不少对建筑的描写，如《招魂》对"故居"建筑及其环境的描述，《九歌·湘夫人》对等待情人的水中之室的想象。需要指出的是，集部文学作品大多带有艺术夸张的成份，与真实历史相差较大，研究和引用时需加以辨析。

历史大隐隐于诗。集部中，诗、赋、歌、文等历代文人的文学作品集及评论，从侧面提供了丰富的建筑资料。中国向有二十四史情结，无论"修史"还是"写史"，

① 《昭明文选》是南朝梁昭明太子萧统（501—531年）主持下，和当时一些著名文人一起编选的，选录了先秦至梁八九百年间、100多个作者、700余篇各种体裁的文学作品，是中国现存编选最早的诗文总集。比较精审地选录了在思想上和艺术上各种有代表性的文学作品，使萧统以前正统流派的文章精华，都总结在其中，在一定程度上反映了梁以前各个朝代的文学面貌和社会历史风貌，例如班固的《两都赋》、张衡的《两京赋》以及王延寿的《鲁灵光殿赋》等，就保存了关于古代都城建筑规模的资料。潘岳《西征赋》、孙绰《游天台山赋》是韵文游记，陆机《文赋》是极精湛的文学批评作品。其他不少赋，写景抒情，各有独特造诣，因此《昭明文选》前半部是梁以前具有代表性的赋的结集。见：（梁）萧统编.昭明文选·序.北京：西苑出版社，2003.
《昭明文选》的选文标准是"事出于沉思，又归于翰藻"，虽然是大赋形式，但内容并不单一。
② 许结.赋体文学的文化阐释.北京：中华书局，2005：4.

对"史"之实从无怀疑。对集部文献进行事实上的辨析和论证，正体现了近些年研究观念的变化。特定史料只是整部历史的一个断面和切片，要想全面推断历史事实，只能从事件入手，深入揣摩历史人物的内心活动，而诗文正是人物内心活动的表露。章学诚说，文集便是传记。因此，对史实和人物内心活动进行互证是历史研究的必由之路。以往史家不重视集部文献，现在则有越来越多研究者意识到了其重要性。从陈寅恪的"诗能证史"到后现代历史学研究法，文学在历史研究中的地位越来越重要。

集部中保存了大量直接的或围绕生活场景的建筑信息，同样引起了建筑史学研究者的关注。从陈从周的"园林研究要从文人文集开始"[1]、曹汛的《姑苏城外寒山寺——一个建筑与文学的大错结》[2]、赵林的《从唐代诗文一窥唐代驿馆建设》[3]、黎量的《古诗词中的建筑意境》[4]、郑曦和魏皓严的《户→墙→邻里→城市——以诗词读解方式推想中国古代建筑及城市营造特征的一次尝试》[5]等论述和文章可见一斑。刘雨婷的博士后出站报告《先唐与建筑有关的赋作研究》[6]论述和则为人们理解汉赋中的建筑打开了新天地。

文学与建筑的关系以诗与园林最为典型。中国古典园林具有高度的诗意，园林可以看作有形而无声的诗。诗在人们的心灵深处荡漾，通过园林这种形式，无形之情在有形之景中得到安放。明代画家董其昌在《画禅室随笔》里提到："诗以山川为境，山川以诗为境"，充分体现了诗与景的对应关系。康熙以其诗人的

---

① 陈从周.园林谈丛·前言.见：陈从周.园林谈丛.上海：上海文化出版社，1980.
② 曹汛.姑苏城外寒山寺——一个建筑与文学的大错结.建筑师，1994，（57）.
③ 赵林.从唐代诗文一窥唐代驿馆建设.南京：东亚建筑文化国际研讨会，2004：915-912.
④ 黎量.古诗词中的建筑意境.南方建筑，2005（02）：102-104.
  建筑艺术与其他门类艺术具有相通之处，古诗词作为中国古代文学艺术的精华，浓缩地反映了中国古代建筑艺术的成就。文章通过分析部分与建筑相关的古诗词，来探讨其中所体现的建筑意境，并理解艺术相通的特点，以此为出发点扩展知识面。
⑤ 郑曦，魏皓严.户→墙→邻里→城市——以诗词读解方式推想中国古代建筑及城市营造特征的一次尝试.中外建筑，2003（05）：57-59.
  本文选取了五首中国古代诗词作品，从其写景叙事抒情中以建筑学的视点和方法推想中国古代建筑营造与城市建设的特征及思想，其目的不是为了获得新的结论，而是为了在方法论上探索建筑史学研究针对中国古代的独特文化状况出现的诗词解读方法。
⑥ 刘雨婷.先唐与建筑有关的赋作研究.上海：同济大学，2004.
  该论文在对先唐赋中与建筑有关的作品进行全面整理的基础上，主要从以下四个方面对先唐赋与建筑之间的关系做了详细的考察和研究：第一是纵向的历史研究。先唐赋不同时期作品对建筑类型的反映，基本上与建筑历史发展相对应。其中现存作品对京都及其重要宫殿、苑囿情况的展示以汉魏时期作品为主，两晋、南朝稍次，十六国和北朝最次；但对一般宅邸、民居和园林情况的表现，则以两晋、南朝为多，十六国和北朝次之，汉魏最次。第二是横向的题材分类研究。传统的赋作题材分类在很大程度上与我们目前对古代建筑类型所做的分类是一致的，不同类别中的建筑描写既有类型化的表现倾向，又因时代不同而在对建筑的反映上各有差异。就其对建筑历史研究的价值而言，以都邑赋为最，其次是宫殿赋和七体，再次是室宇类，以下为览古、临幸和苑猎赋，最后是典礼、天象、仙term、花木等小类。第三是对先唐赋中表现的重要建筑的微观研究。第四是对先唐赋所反映的建筑思想和人居理念的考察。另外，该文际对研究本身涉及的赋作进行细致的分类整理，对其描写的真实性做仔细分析，并对其中出现的建筑及其今址做尽可能的考证之外，对先唐赋的版本、赋注等情况也都有比较详细的说明，并对本课题研究的大背景资料先唐与建筑有关的文章也做了索引的工作。

心灵，细细物化园林中的每一处景物，再去寻诗，吟诗。依托图咏、御制诗等，可以开展关于康熙和乾隆造园思想以及行宫别院建设的研究。成果包括：《期万类之义和，思大化之周浃——康熙造园思想研究》①、《周裨瀛海诚旷哉，昆仑方壶缩地来——乾隆造园思想研究》②、《乾隆行宫研究》③、《境惟幽绝尘，心以静堪寄——清代皇家行宫园林静寄山庄研究》④、《绿丝临池弄清荫，麋鹿野鸭相为友——清南苑研究》⑤。以康熙造园思想研究为例，康熙一生的美学思想，都记录于他的风景诗歌当中，其留下的1147首御制诗文中，绝大部分（63%）属于咏诵景物的诗作，是考证康熙造园美学思想的重要史料。系统、深入地分析他的咏物诗篇，不但可以确认康熙造园的实绩，而且能够最大程度地再现康熙的园林美学。⑥

三、沟通儒匠、建立中国古代营造体系的《营造法式》

《营造法式》是一部中国古代营造典籍，融人文与技术为一体，在建筑理论和表达手段上达到了很高水准，标志着我国古代建筑技术已经发展到了相当高的水平。《营造法式》对北宋时期的官式建筑进行了总结和归纳，制定了制度层面的建筑规范，并广泛辐射到民间建筑，形成了相对稳定的中国古典建筑体系，《营造法式》文本的范例作用对于中国古典建筑体系的发展和完善作出了杰出贡献。

《营造法式》因此成为解读中国古代建筑的"宝贵钥匙"⑦，1930年代中国营造学社开展《营造法式》研究，标志着中国建筑史学的起点。⑧从朱启钤1919年在南京图书馆发现丁氏钞本《营造法式》，到组织文献学家校勘出版，到专门成立营造学会，到转为中国营造学社，并吸收梁思成、刘敦桢等成员以建筑测绘为手段解读《营造法式》，对中国古代建筑体系的认识逐步清晰，逐步建立了中国建筑史学。因此，围绕《营造法式》开展一系列研究是中国建筑史学的突出特点。

① 崔山. 期万类之义和，思大化之周浃——康熙造园思想研究. 天津：天津大学，2004.
② 赵春兰. 周裨瀛海诚旷哉，昆仑方壶缩地来——乾隆造园思想研究. 天津：天津大学，1998.
③ 孔俊婷. 探究行宫园林意象图式的生成. 南京：东亚建筑文化国际研讨会，2004：1289-1308.
④ 朱蕾. 境惟幽绝尘心以静堪寄——清代皇家行宫园林静寄山庄研究. 天津：天津大学，2004.
⑤ 王晶. 绿丝临池弄清荫，麋鹿野鸭相为友——清南苑研究. 天津：天津大学，2004.
⑥ 崔山. 期万类之义和，思大化之周浃——康熙造园思想研究. 天津：天津大学，2004.
⑦ 梁思成. 中国建筑之两部文法课本. 中国营造学社汇刊，1945，7（2）.
⑧ 吴良镛. 关于中国古建筑理论研究的几个问题. 建筑学报，1999（4）：38-40.

围绕《营造法式》这部经典著作开展的研究和诠释已有 80 余年历程，以往研究多关注于从技术角度出发的各作制度，人文方面的研究有所欠缺。语言作为人类的交流媒介，是文化的重要载体，文字和词汇中凝聚着文化，把语言用文字记录下来并使之规范化是文明社会的一项基本任务。对宋代建筑技术语言的记录和整理是《营造法式》在语言文献学上的突出贡献。《营造法式》继承了发源于《尔雅》的解释专项名物的特点，总结了宋代建筑的时代特征，记录提炼了现实生活中"方俗语滞"的实践经验，梳理了"经史群书"中的名词概念，建立起《营造法式》的建筑名词、术语体系，为后人理解唐宋建筑体系的架构提供了一份上宗秦汉、下及明清、承上启下、全面系统的中国古代建筑词汇表。经过几代学者的共同努力，产生了如梁思成《〈营造法式〉注释》[①]，徐伯安、郭黛姮《宋〈营造法式〉术语汇释》[②]，陈明达《〈营造法式〉辞解》[③]，潘谷西、何建中《〈营造法式〉解读》等成果，以及汉语言文字学方向的专门研究《〈营造法式〉建筑用语研究》[④]，《营造法式》中的建筑术语已基本破译。经过近千年的时代更替，这部分建筑术语能够传承下来并被识读，充分说明了《营造法式》的科学性、系统性以及"沟通儒匠、濬发智巧"的编纂特点。

（一）中华文明的黄金时代——《营造法式》诞生的社会背景

1. 科技

宋代上承汉唐，下启明清，历时 300 余年，物质文明和精神文明高度发达，在世界古代史上亦占领先地位[⑤]，在经济、生产、衣、食、住、行、风俗、民情，抑或政治、道德、学术、文艺、科技、典籍、宗教等众多方面，都有其独特成就。

宋代在科学技术方面取得的成就尤为巨大。李约瑟在《中国科学技术发展史》中指出："每当人们在中国的文献中查找一种具体的科技史料时，往往会发现它的焦点在宋代，不管在应用科学方面或纯粹科学方面都是如此。"这一时期，科

① 梁思成.《营造法式》注释卷（上）.北京：中国建筑工业出版社，1983.
② 徐伯安，郭黛姮.宋《营造法式》术语汇释——壕寨、石作、大木作制度部分.建筑史论文集（六），1984：1-99.
③ 陈明达.营造法式辞解.天津：天津大学出版社，2010.
　 潘谷西，何建中.《营造法式》解读.南京：东南大学出版社，2005.
④ 胡正旗.《营造法式》建筑用语研究.成都：四川师范大学，2005.
⑤ 杨渭生.两宋文化史研究.杭州：杭州大学出版社，1998.

学技术人才辈出，既有博闻强记、见多识广的科学家沈括、天文学家苏颂、数学家秦九韶、医学家宋慈、农学家陈旉、建筑学家李诫、机械制造家燕肃等学者，又有首创活字印刷术的平民发明家毕昇、独具技巧的木工喻皓等能工巧匠。正是这些科技人才在各方面的辛勤努力，带来了宋代科学技术的高度发展。

宋代在遍及科技领域的各个分支取得了举世瞩目的成就，从天文、数学、物理、化学、地学、生物、医药、农学等科学领域，到机械、造船、航海、印刷、陶瓷、建筑、纺织、冶金等技术领域，在几乎所有中国传统科技领域都留下了新的纪录。誉满全球的中国古代四大发明中，活字印刷术、指南针的发明与应用，以及火药配方的改进和完善，均完成于宋代，对推动世界历史进程和世界文明发展作出了巨大贡献。

2. 承上启下的宋代文献学成果

中国具有 5000 年的悠久历史和光辉灿烂的古代文化，宋代文化事业空前发达。史学领域，在编年、纪传体外，创立纪事本末体，向史论方面发展。文学艺术领域，创造了许多超越前代或不同于前代的作品。宋词堪称空前绝后，宋诗、宋文稽其数量倍蓰于唐，例如《旧唐书·艺文志》集部凡 892 部，12028 卷，《宋史·艺文志》集部 2369 部，34965 卷，《补辽金元艺文志》凡集部 660 家中，7231 卷；唐宋散文八大家，宋代欧阳、曾、王、苏占六家；《全宋诗》《全宋文》的数量更是远远超过前代，其作品又别开生面，发前人之所未发。所以说，宋代文化承上启下，继承前人的文化遗产，开启后世文化新章，创造了中国文化史上宋文化的新纪元。政府高度重视文化遗产，组织力量对宋以前的儒、道、佛文化典籍进行了大规模的系统整理和总结，宋代士人对前人著述做了大量搜求、校勘、注释、编年工作。雕版印刷的广泛应用进一步推动了学术的繁荣，书籍收藏、编撰和整理的水平达到历史上的顶峰 ①，大量专业人员从事书籍编辑和校对工作，保证了书籍的科学性、严谨性。

图籍丰富与否，直接影响了知识积累的厚度和传播的效率。自宋太祖、宋太宗时期，即注意搜求遗书，使国家藏书不断增长。宋代初年，三馆（昭文馆、史馆、集贤院）藏书仅 13000 余卷，到太平兴国三年（978 年），增至 80000 多卷。宋代三馆一阁不仅藏书，而且储才。馆阁学士待遇优厚，也是政府选拔高级官员

---

① 唐诗能够流传于世与宋代文化发展有极大关系。

的人才储备之所。

除了搜集藏书，宋代还高度重视文献的整理和编印工作。北宋时期编修完成四大类书，即《太平御览》《文苑英华》《太平广记》《册府元龟》；开宝四年（971年）雕刻《大藏经》；雍熙元年（984年）恢复早已中断的佛经翻译工作，成果有《新译三藏圣教序》；天禧三年（1019年）编成的《大宋天宫宝藏》，是道书全藏最早刊板。

历朝历代向来重视儒家经典的校勘和刻印，宋代也不例外，所涉经史子集等书，均加详校，刻印广布。对于各朝日历、实录、国史等官修史书和某些大臣的巨著（如《资治通鉴》等），官方也高度重视，委派著名学者参与编撰，给予经费支持和诸多方便，有时还御制序文以示奖励。

因此，史学大家缪钺先生深有感触地说："如果要追寻宋代文化兴盛的原因，首先应考虑到宋代宽宏的文化政策以及对士人尊重与宽容态度。"[1] 宋代为巨匠式通才的产生和发展提供了土壤和空间。[2]

（二）系统化和规范化的官方文本

宋代丰厚的文化土壤为《营造法式》的出现提供了可能性，作为世界上最早公开印刷的建筑书籍（维特鲁威《建筑十书》是手抄本），《营造法式》是中华文明对世界建筑史作出的特殊贡献。北宋全盛，土木繁兴，《营造法式》的问世，不仅是李诫个人经验之总结，更全面反映了11世纪末至12世纪初中国建筑学的整体技术水平和管理经验。

"法式"一词古已有之，最早用于祭祀礼仪。[3]《系辞》中已出现作为器形之法式[4]，形容为人君者是大众俯仰尊重的楷模。此后，"法式"一词频繁出现于经部《诗》《尚书》《周易》之宋代注疏中，以及宋代的典章制度中。

"式"是有关体制楷模的规定，出现于东魏和西魏的官方文献。唐《营缮令》只有关于房屋制度的"令"而无关于设计管理的"式"。宋代继承唐代法律形式"律、

---

① 缪钺.宋代文化浅议.见：国际宋代研究会论文集.成都：四川大学出版社，1991.
② 关于宋代的人文环境之营造，冯天瑜等著《中华文化史》中对其有过精彩的论述。另杨渭生等著的《两宋文化史研究》更是全方位地展示了宋代文化的特色。
③ （明）柯尚迁撰《周礼全经释原》："法式，祭祀之式也。"
　"式"的释义："（宋）戴侗，六书故·卷二十五，式司，尝职切。工事之式，法也，引之为法式之式，借以为车中之式，舆前横木，乘车者所凭也，通作轼，有敬事则轼，故因之为式，敬又借为发语词。"
④《系辞》："形乃谓之器。"义曰："言天地之道，生成不已，故万物始有其形，形之不已乃可成于器用。是故圣人因此大易六十四卦之形象，凡创制器用必观其形象为之准范，然后成其法式也。制而用之谓之法。"义曰："言圣人裁制其物，凡所施用垂为范模、后世以之为法式也。至如宫室取大壮、网罟取诸离、书契取诸夬、弧矢取诸睽，如此之类，皆是圣人制成器用为后世之法。"

令、格、式"，"式"和"法式"成为宋代特有的具有法律效力的名词。宋元丰年间改革法制以后，对各府衙程式和公务期限、名物、规格进行规定，百司官吏依统一的公务程式办事，各行各业开始全面总结法式，如："哲宗元符元年……乙丑……工部言诸路经略安抚司，自今后如因修葺城楼器具请先行比对元丰法式参照兴修，如一路一州旧制已完，与新制有妨者即相度利害以闻。"[①] 在官方的支持下，典章制度类书籍大量出现。

各行业法式中，有具体名称的除《营造法式》外，还包括《军器法式》《弓箭法式》《敌楼马面团敌法式》《申明条约并修城女墙法式》《坐作进退法式》《酿酒法式》《墨谱法式》[②] 等，以及未称"法式"而作用相似的书籍。如宋代科学家宰相苏颂撰《新仪象法要》，《四库全书提要》称之为"法式"。

从二十五史中检索"法式""看详"词频可知，"法式"和"看详"在宋代属于高频词汇。以"法式"为例，在《前汉书》出现 2 次，《后汉书》2 次，《晋书》2 次，《周书》1 次，《隋书》2 次，《南史》1 次，《北史》4 次，《旧唐书》3 次，《新唐书》1 次，《辽史》0 次，《金史》4 次，《元史》1 次，《明史》1 次，而唯独《宋史》出现"法式"一词 33 次，由此可见宋代对典章制度建设的重视。这 33 次"法式"出现位置如表 2-9。

与"法式"相配套的是"看详"的大量出现，《宋史·艺文志》中可见许多附在正文后独立的"看详"。[③] 文渊阁本《四库全书》中收录的《营造法式》，也把"看详"独立附在三十四卷正文后作为"补遗"，因其他"看详"大多亡佚，现在能看到专列"诸作异名"一项的唯有《营造法式》。

"看详"是宋朝法律的一种形式。除《宋刑统》以外，宋代法律主要包括"敕""令""格""式"以及"断例""指挥""申明""看详"等形式。看详是中央主管官署根据过去敕文或其他案卷所作出的决定，因此具有"审定"的意义。[④] 如王安石《临川集》卷六十二有看详杂议文，是看详后写的评语或杂感。因此，

---

① （宋）李焘 . 续资治通鉴长编 . 卷四百九十八 . 北京：中华书局，2000.
② 《墨谱法式》为李孝美撰于绍圣年间，《四库提要》认为《墨谱》亦有"法式"之意，"墨谱"加"法式"文意重复，但可见"法式"一词乃宋代绍圣年间的高频词，"谱"意欲向"法式"靠拢。
③ 据《宋史·艺文志》，把"看详"独立出来的有：《大观礼书宾军等四礼》五百五卷《看详》十二卷、《大观新编礼书古礼》二百三十二卷《看详》十七卷、张诚一《熙宁五路义勇保甲敕》五卷《总例》一卷、又《学士院等处敕式交并看详》二十卷、《贡举医局龙图天章宝文阁等敕令仪式》及《看详》四百一十卷（元丰间）、吴雍《都提举市易司敕令》并《厘正看详》二十一卷、《公式》二卷（元丰间）、《六曹条贯》及《看详》三千六百九十四册（元祐间，卷亡）、《绍圣续修武学敕令格式看详》并《净条》十八册（建中靖国初，卷亡）、《枢密院条》二十册《看详》三十册（元祐间，卷亡）、《绍圣续修律学敕令格式看详》并《净条》十二册（建中靖国初，卷亡）、《徽宗崇宁国子监算学敕令格式》并《对修看详》一部（卷亡）、《国子大学辟雍并小学敕令格式申明一时指挥目录看详》一百六十八册（卷亡）、张动《直达纲运法》并《看详》一百三十一册（卷亡）。
④ 辞源 . 北京：商务印书馆，2000：2208.

《宋史》中"法式"一词出现情况汇总　　　表2-9

出现位置	上下文
孝宗纪一	归正人右通直郎刘蕴古坐以军器**法式**送北境。第00632页，伏诛
职官志一·门下省	及尚书省六部所上有**法式**事，皆奏复审驳之。第03776页 凡奏牍违庚**法式**者，贴说以进。第03781页
职官志一·中书省	中书省掌进拟庶务，宣奉命令，行台谏章疏、群臣奏请兴创改革，及中外无**法式**事应取旨事。第03782页 凡事干因革损益，而非**法式**所载者，论定而上之。第03783页 凡尚书省所上奏请、台谏所陈章疏、内外臣僚官司申请无**法式**应取旨者，六房各视其名而行之。第03784页
职官志三·吏部	绍圣二年，户部言："元丰官制，司勋覆有**法式**酬赏，无**法式**者定之。元祐中，有**法式**者止令所属勘验，自后应干钱谷，本部指定关司勋，则是户部兼司勋之职第03838页，请依旧制。"
职官志三·户部	凡造度、量、权、衡，则颁其**法式**。第03850页
职官志三·兵部	凡内外甲仗器械，造作缮修，皆有**法式**。第03857页
职官志四·太常寺	岁时朝拜陵寝，则视**法式**辨具以授祠官。第03883页
职官志五·太府寺	凡官吏、军兵奉禄赐予，以**法式**颁之，先给历，从有司检察，书其名数，钩覆而后给焉。第03907页 粮料院，掌以**法式**颁廪禄，凡文武百官、诸司、诸军奉料，以券准给。第03908页 审计司，掌审其给受之数，以**法式**驱磨。第03908页
职官志五·少府监	庀其工徒，察其程课、作止劳逸及寒暑早晚之节，视将作匠法，物勒工名，以**法式**察其良窳。第03917页
职官志五·将作	辨其才干器物之所须，乘时储积以待给用，庀其工徒而授以**法式**。第03918页 元祐七年，诏颁《将作监修成营造**法式**》。第03919页
职官志五·军器监	凡利器以**法式**授工徒，其弓矢、干戈、甲胄、剑戟战守之具，因其能而分任之，量用给材，旬会其数以考程课，而输于武库，委道官诣所隶检察。第03920页
职官志六·三卫官	所隶官属一：冰井务，掌藏冰以荐献宗庙、供奉禁庭及邦国之用，若赐予臣下，则以**法式**颁之。第03934页
食货志下一·会计	初，熙宁五年，患天下文帐之繁，命曾布删定**法式**。第04356页
兵志六·乡兵三·保甲条	诏府界、三路保甲自来年正月以后并罢团教，仍依旧每岁农隙赴县教阅一月，其差官置场、排备军器、教阅**法式**番次、按赏费用，令枢密院、三省同立法。第04777页
兵志十一·器甲之制条	凡知军器利害者，听诣监陈述，于是吏民献器械**法式**者甚众。第04914页 帝亦谓北边地平，可用车为营，乃诏试车法，令沿河采车材三千两，军器监定**法式**造战车以进。第04914页 七月，泾原路奏修渭州城毕，而防城战具寡少，乞给三弓八牛床子弩、一枪三剑箭，各欲依**法式**造制。第04916页 政和二年二月，诏诸路郡造军器有不用熙宁**法式**者，有司议罚，具为令。第04919页 六月，又诏并用御前军器所降**法式**，前二月指挥勿行。第04919页 宣和元年，权荆湖南路提点刑狱公事郑济奏："本路惟潭、邵二州，各有年额制造军器。今年制造已足，躬亲试验，并依**法式**，不误施用。"第04920页

续表

出现位置	上下文
艺文志三	《营造法式》二百五十册第 05136 页
艺文志五	李诚《营造法式》三十四卷第 05259 页
艺文志六	《敌楼马面法式及申明条约并修城女墙法》二卷第 05288 页
赵昌言传	先时,多遣台吏巡察群臣逾越法式者,昌言建议请准故事,令左右巡使分领之。第 09197 页
王曙传附子益柔传	凡中旨所需不应法式,有司迎合以求进者,悉论之不置。第 09634 页

(资料来源:作者自绘)

《营造法式·札子》中"送所属看详,别无未尽未便,遂具进呈"就具有"审定"的性质。梁思成提出,"'看详'的主要内容是各作制度中若干规定的理论或历史传统根据的阐释"[①],先引经据典,将各种言论汇集在一起,比较诸说及现行方法,贯穿在一起后,再确定现行的通则,称之为"条"。经过整比后确定的"条"作为规范编入"总释"以及其他各卷内,以起到指导作用。

"敕"是皇帝发布命令的一种形式,具有至高无上的法律效力。《宋史·刑法志》曰:"宋法制因唐律、令、格、式,而随时损益则有编敕。"[②]《营造法式》曰:"送所属看详、依海行敕令颁降",都说明《营造法式》是具有法律效力的规范。

作为官方修订的用以估工算料的国家法规,李明仲反复强调其编纂方法是:

臣考阅旧章,稽参众智。(进新修《营造法式》序)

臣考究经史群书,并勒人匠逐一讲说。(《营造法式·札子》)

今谨按群书及以其曹所语[③],参详去取,修立"总释"二卷,今于逐作制度篇目之下,以古今异名载于注内,修立下条。(《营造法式·看详·诸作异名》)

内四十九篇,二百八十三条,**系于经史等群书中检寻考究**。至或制度与经传相合,或一物而数名各异,已于前项逐门看详立文外,其三百八篇,三千二百七十二条,系自来工作相传,并是经久可以行用之法,**与诸作谙会经历造作工匠,详悉讲究规矩,比较诸作利害,随物之大小,有增减之法**;各于逐项"制度"、"功限"、"料例"内并行修立,并不曾条用旧文,即别无

---

① 梁思成.《营造法式注释》序.见梁思成.营造法式注释(上).北京:中国建筑工业出版社,1983.
② (元)脱脱.宋史·刑法志.北京:中华书局,1977.
③ "其曹"应该是"行业上级主管",参照(宋)李焘.续资治通鉴长编.北京:中华书局,2000.

开具看详因依，其逐作造作名件内，或有须于画图可见规矩者，皆别立图样以明制度。(《营造法式·看详·总诸作看详》)

李明仲凭借自己多年工程管理经历，参阅古代文献和旧有规章制度，集中了工匠智慧和经验，通过科学、系统的编撰，确立了具有切实指导意义的规范，其编撰体例十分完备。《四库全书总目提要》对《营造法式》有以下评价：

内四十九篇，系于经史等群书中检寻考究，其三百八篇系自来工作相传，经久可用之法，与诸作谙会工匠详悉讲究。盖其书所言虽止艺事，而能考证经传，参会众说，以合于古者饬材庀事之义。故《陈振孙书录解题》以为远出喻皓《木经》之上。

朱启钤评价：

……诸匠作名词完备，具有今世科学条理，吾国数千年来，工师不传之秘钥，藉此以存，与一般诸子百家详于理论略于实质者不同。……营造家至有价值之图籍也。[①]

适丁北宋全盛土木繁兴之际。书称工作相传经久可用。又复援据经史。研精诂训。故其完善精审。足以继往开来。[②]

谢国桢评价：

总计是书所列先为名例，次为制度，再次为功限、料例，末为图样；纲举目张，条理井然。[③]

是则《营造法式》一书，为宋以后吾国古籍中创获之作；而为研治吾国建筑之秘典已。[④]

《营造法式》作为系统化和规范化的官方文本，代表了北宋中原地区官式建筑的风格。这种风格是经过筛选、总结、提炼的产物。对于建筑做法，《营造法式》并没有贪多求全，面面俱到。此外，《营造法式》的各作做法中，以"个别"示"普遍"，提供了"固定搭配"的典型，在实际中可以交错运用，并不受到"规范"的约束。[⑤]在"彩画作"中，对比"制度"和"图样"中所反映的用

---

① 营造法式印行消息印行缘起.中国营造学社汇刊，1930，1（1）.
② 朱启钤.重刊营造法式后序.见：营造法式.上海：商务印书馆，1933.
③ 谢国桢.营造法式版本源流考.中国营造学社汇刊，1933，4（1）
④ 谢国桢.营造法式版本源流考.中国营造学社汇刊，1933，4（1）
⑤ 例如在"彩画作"部分，通常只介绍某几种构件的做法，其他构件则依此类推。《营造法式》彩画部分图文并茂，但主要只是提供了绘制方法和局部样式。《营造法式》的彩画作提供了一些色彩、纹样和绘制方法的"固定搭配"，应该是总结出来的规律性结果，在实际中可以交错使用，并未真正受到"规范"的束缚。虽然"杂间装"一篇提到各种彩画类型可以按不同的比例混合，其他篇章也零星提到彩画与构件的搭配，但对于彩画与构件的搭配关系，以及不同彩画类型之间的搭配关系的规定并不具体，或可"随宜加减"，有很大的变通余地。从《营造法式》到具体建筑之间，仍然有一个设计和发挥的过程。
参见李路珂.《营造法式》彩画研究.北京：清华大学，2006.

色方式，可以发现其中诸多变化之处，这种"图样"对"制度"的变通，正体现了《营造法式》"千变万化、任其自然"的美学原则。①《营造法式》经过"海行"和重印，在两宋时代有较强的影响力，但是现存宋代建筑实物中却没有与《营造法式》所载做法完全相同的建筑，这正是《营造法式》作为规范的指导性和非强制性的体现。② 因此，《营造法式》是北宋时期从制度和规范层面出发，对"官式建筑"的技术总结，而具体的"官式建筑"作为活的物质实体，具有超越"法式"的丰富性。

（三）传统小学思路下的中国古代建筑辞典

对语义的解释是人认识世界、体验世界的重要方式。《尔雅》开篇即为《释言》，以细密严格的词义辨析，反映出古人对语言意义的高度重视。孔子将语言的规范化问题视作与治理国家同等重要的大事，他的"正名"思想被认为是中国古代语义学领域具有开创意义的核心理论："必先正名乎！名不正则言不顺，言不顺则事不成，事不成则礼乐不兴，礼乐不兴则刑罚不中，刑罚不中则民无所措手足。"（《论语·子路》）

对语言的使用意义和实用价值的高度重视，在支配人的行为活动上具有重要作用。事实上，中国古代的"名"具有神圣性，它不仅代表了而且本身即是人的行为、活动，如"君子之名可言也，言之必可行也。君子于其言，无所苟而已矣。"（《论语·子路》）名，正确地指称了客观事物，客观事物则是名的反映对象。春秋时齐国人尹文指出："大道无形，称器有名。名也者，正形者也。形正由名，则名不可差。故仲尼云'必也正名乎！名不正，则言不顺'也。大道不称，众有必名。生于不称，则群形自得其方圆。名生于方圆，则众名得其所称也。"（《尹文子·大道上》）为了保证名称的准确性，必须注意对名与形之间关系的考察。"有形者必有名，有名者未必有形。形而不名，必失其方圆白黑之实；名而无形，不可不寻名以检其差。故亦有名以检形，形以定名，名以定事，事以检名。察以检名。察其所以然，则形名之与事物，无所隐其理矣。"（《尹文子·大道上》）语言文字这种原始的定义性，充分体现在孔子以及后世对名词概念、语言规范化的高度重视上。

---

① 李路珂.《营造法式》彩画研究.北京：清华大学，2006：73.
② 李路珂.《营造法式》彩画研究.北京：清华大学，2006：73.

　　《尔雅》等字典专门列入经部，成为其中的小学类，说明语言、文字在古代中国文化中的重要地位。这些迄今保存相对完整的字典，有利于今人准确理解中国古代文化。其中，《尔雅》作为中国第一部义类词典，以今言释古语，以方言释通语，以俗名释雅名，以通名释专名，开创了"类聚群分"的释词体例，开后世辞书、类书分类编纂之先河。仿《尔雅》体例，后世出现了一系列解释名物之书，如《埤雅》《尔雅翼》等专门解释各种动植物的辞典。自《尔雅》始，就有一套建筑词汇延续下来，其基本含义变化不大。从《尔雅·释宫》到唐代类书《艺文类聚·居处部》、宋代类书《太平御览·居处部》，再到《营造法式·总释》，《仪礼释宫》[（南宋）李如圭]，包括清代类书《古今图书集成·考工典》，始终遵循"类聚群分"的释词体例，体现了古代思维的特点。

　　在古代小学传统下，与《尔雅》名词定义的思路一脉相承，《营造法式》专辟"总释"二卷和"诸作异名"一篇，对有关营造术语进行定义和辨析，保留和记录了一批中古时期的建筑术语。术语不同于一般意义上的词语，具有专业性、精确性、单义性和系统性的特征。[①]"科学技术发展的直接结果就是大批术语的诞生；为了达到精确性，需要不断创造新的术语；为了达到规范性，往往会采取官方统一颁布术语的方式。"[②]《营造法式》一书就是官方主持建设统一的建筑术语体系的例证。由于《营造法式》是一部具有官方背景和公文性质的典籍，更加注重语言的精确性、规范性与单义性，术语在其中有着举足轻重的作用。[③]《营造法式》术语体系庞大[④]，仅就彩画作部分，即可找到术语百余条。[⑤]而如斗栱、梁、柱等《尔雅》所无的建筑名词，在文本中经常作为独立的建筑名词出现。张十庆认为，还有一些术语，在文本中未加定义和说明，但出现频率较高，并与其他术语联合表意，如"样""作""造""装""饰""华"等，其中蕴含着丰富的设计思想和比专门做法更具普遍性的概念，对今日的建筑学研究具有很高的参考价值。[⑥]

　　《营造法式》对建筑术语的规范，贯穿全书，凡一名必有源流，古今皆释；凡一名必有所指，且有大量图释。《营造法式》中的术语，有些是上古时就已经

① "术语"条目．见：中国大百科全书·语言文字卷．北京：中国大百科全书出版社，1988.
② 引自（加拿大）G·隆多著．刘钢，刘健译．术语学概论．北京：科学出版社，1985.
③ 李路珂．《营造法式》彩画研究．北京：清华大学，2006：37.
④ 《〈营造法式〉解读》整理了723个，《营造法式辞解》整理了1103个。参见潘谷西，何建中．《营造法式》解读．南京：东南大学出版社，2005；陈明达．《营造法式》辞解．天津：天津大学出版社，2010.
⑤ 这些术语又可分为基本概念、彩画制度、彩画工艺、彩画色彩、彩画纹样几种，并与大木作、小木作有关。
⑥ 张十庆．古代营建技术中的"样"、"造"、"作"．建筑史论文集（5）．北京：清华大学出版社，2002.
　　李路珂对"……之制"、"……之法"、"凡……""应……""以……为法（率、则）"几种惯用语进行了统计分析。参见李路珂．《营造法式》彩画研究．北京：清华大学，2006：67.

产生而《营造法式》继续沿用的，有些则是新产生的，由《营造法式》首先收录。对于纵向的古今异名和横向的方俗俚语，《营造法式》一一引古籍论述源流。对典籍未载的俗语，亦予以辨析，最终统一成一至两个名称，在书中使用。《营造法式》对语言的规范性和科学性的追求，集中表现在对术语进行定义（追求术语的单义性和精确性）、合并诸作异名（追求术语的唯一性）、使用规范的句式当中，这也是《营造法式》简洁明确、易于查阅、便于执行的原因。①

术语的规范化是论述、交流的基础，也反映了当时建筑技术的进步程度。建筑术语产生于现实生活，其实际传播渠道和匠派做法各有不同，《营造法式》却能够条理清晰、简明扼要地分别阐述，这也从侧面反映了宋代的建筑文化和建筑技术已达到了极高的水平。

由于《营造法式》彩画作部分重在局部样式的规定，而对建筑整体关系着墨较少，因此以术语作为文本解释的主要线索，体现为一种较为明晰的方式。② 彩画作制度的相关信息能够流传至今并被当代学者复原，术语在其中发挥了关键作用。③然而，《营造法式》彩画作部分没有"诸作异名"一节，因此同物异名、同名异物的情况时有出现。大部分纹样或色彩，仅仅出现一个名称或图样，没有任何文字解释，或许是因为这些做法已为当时的工匠所熟知，没有详细解释的必要，但后人就需要结合大量文献和实物对这些术语进行考释和辨析。④

完整、规范的术语体系，使得《营造法式》具备了诸多明显的优点。其一，《营造法式》中的相当一部分术语未见于其他历史文献⑤，可与其他文献相对照，为研究中国古代建筑及设计思想提供了线索，如宋代的《思陵录》《东京梦华录》《梦粱录》《图画见闻志》等。⑥《营造法式》"总释"部分还有稽考他书

① 李路珂.《营造法式》彩画研究.北京：清华大学，2006：57.
② 李路珂.《营造法式》彩画研究.北京：清华大学，2006：37.
③ 彩画部分的复原工作一直是建筑历史研究的重要内容，梁思成、郭黛姮等都对此有专项研究，今有吴梅、李路珂等的专项研究，李路珂对《营造法式》彩画部分作出 56 幅彩色及线描图解，在视觉上还原了《营造法式》彩画的历史图景。
参见李路珂. Interpretation and Restoration of the Illustrations on the Rules for Color Painted Works in Yingzao fashi，东亚建筑文化国际研讨会.京都，2006.
④ 李路珂.《营造法式》彩画研究.北京：清华大学，2006：68，29.
李路珂从《营造法式》原文中提取了与彩画有关的术语 100 余条，专辟一章对建筑相关术语进行辨析，结合上下文及有关史料和实例进行分析和阐释，从术语层面对《营造法式》进行系统的阐释。同时，李路珂还提取了一些与彩画基本概念有关的术语，作为探讨中国古代装饰思想的基础，对于这部分概念的探讨，在以往的研究中尚未得到充分重视。
⑤ 例如"彩画作"部分的"碾玉装""棱间装""解绿装"。参见：李路珂.《营造法式》彩画研究.北京：清华大学，2006：18.
⑥《思陵录》交割文件中记载了"丹粉赤白装造""朱红漆造""矾红油造"等装饰类型，与《营造法式》有一定差距，且未记具体做法.见：李路珂.《营造法式》彩画研究.北京：清华大学，2006：18.
"螺青"未见于画论或医书，但是在诗文中时有出现，如陆游"瓦屋螺青披雾出，锦江鸭绿抱春来"，金君卿"波漾晴光入户庭，隔湖烟扫鬓螺青"，只能综合文献和加工方法进行猜测.参见李路珂.《营造法式》彩画研究.北京：清华大学，2006：179.

之用。① 其二，《营造法式》中的术语，体现了宋代以前建筑术语演变和发展的脉络。例如"平坐，其名有五：一阁道、二飞陛、三平坐、四鼓坐、五墱道"，就为研究殿堂的结构形式及变迁提供了重要线索——阁道发源于栈道，"平坐"则是架空的结构层，清晰展示了"阁"如何从干阑建筑演变过来，又如何与"楼"合二为一成为"楼阁"，由"阁道"发展成"楼阁"则是唐宋殿堂采用金箱斗底槽结构的原因②；此外，还可以厘清"平坐"与"虎座"的关系。又如，根据王瑗和朱宇晖对藻井的研究，"藻井"与"平棊"之间的关系体现了佛教殿堂空间根据容纳佛像尺寸的需要而不断发展和演变的脉络。③ 宋代称"九脊殿"或"厦两头"为"曹殿""汉殿"，这条未说明具体出处、仅流传于工匠间的信息，为研究歇山屋顶形式提供了一个重要线索。王其亨结合时序和地理分布，分析得出"歇山起源于南方，并随历史变迁由南向北播化"的结论，廓清了歇山屋顶形式从南到北传播变异的脉络。④ 又如，《营造法式》"彩画作制度"中出现了"大额""小额"等未见于"大木作制度"的术语。这些在宋代可能是俗语的术语，却演化成清式大木术语，可能是不同匠派用词差异的体现，为研究"宋式"和"清式"术语之间的关系提供了语言方面的线索。⑤

（四）"考究群书"——对古籍文献的梳理

《营造法式》"总释"考证了多个营造术语在古代文献中的不同名称和特定时代的通用名称，归纳、确定了《营造法式》使用的统一名称，终结了过去营造术语一物多名、讹谬互传的混乱局面。《营造法式·总释》首先强调了对文献的传承，正如朱启钤所说："第一二卷，为总释。凡建筑上之通名，群书所恒用者，汇集而诠释之，以求其正确。……更总摄其大纲，则其第一步为名例。……疏举故书义训，通以今释，由名物之演嬗，得古今之会通。"⑥ 总释共 283 条，分为卷一和卷二，其所引术语及其频次如表 2-10，括号内为引用频次。

---

① 朱启钤.李明仲之纪念.中国营造学社汇刊，1930，1（1）.
　　"据此《法式》一书，不独为研究吾国建筑矩准绳之书，即其书中所引诸书，如《周髀算经》："矩出于九九八十一，万物周事，而圆方用焉"一条多出四十九字；足以是本校勘古籍。"引自谢国桢.营造法式版本源流考.中国营造学社汇刊.1933，4（1）.
② 陈明达.独乐寺观音阁、山门的大木作制度（下）.建筑史论文集（16）.北京：清华大学出版社，2002：10-30，28.
③ 王瑗，朱宇晖."藻井"的词义及其演变研究.华中建筑，2006（9）：129-130.
④ 王其亨.歇山沿革试析.古建园林技术，1991（1）：11-15.
⑤ 李路珂.《营造法式》彩画研究.北京：清华大学，2006：257.
⑥ 朱启钤.李明仲之纪念.中国营造学社汇刊，1930，1（1）.

《营造法式》"总释"所引术语及其频次　　　　表 2-10

卷一（150）	宫（11）、阙（10）、殿（9）、楼（5）、亭（3）、台榭（6）、城（10）、墙（11）、柱础（4）、定平（3）、取正（6）、材（8）、栱（7）、飞昂（5）、爵头（1）、枓（7）、铺作（7）、平坐（4）、梁（8）、柱（8）、阳马（7）、侏儒柱（5）、斜柱（5）
卷二（133）	栋（9）、两际（3）、搏风（4）、柎（3）、椽（11）、檐（14）、举折（5）、门（13）、乌头门（3）、华表（3）、窗（6）、平棊（2）、斗八藻井（4）、钩阑（6）、拒马叉子（2）、屏风（4）、槏柱（1）、露篱（3）、鸱尾（2）、瓦（6）、涂（9）、彩画（6）、阶（4）、砖（4）、井（6）

（资料来源：作者自绘）

参照与《营造法式》时代最为相近的《新唐书·艺文志》[①]，"总释"283 条并"看详"33 条具体涉及的经史群书及其在经史子集四部中的分布可列表为表 2-11，括号内为引用次数。

《营造法式》"总释"所引术语在经史子集中的分布　　　　表 2-11

经部（212）	《易·传》（4）、《易·系辞》（2）、《尚书》（7）、《诗》（12）、《诗义》（1）、《周官》（21）、《礼记》（6）、《仪礼》（3）、《国语》（1）、《春秋左氏传》（5）、《公羊传》（3）、《谷梁传》（3）、《论语》（3）、《白虎通义》（2）、《五经异义》（1）、《说文》（28）、《义训》（28）、《释名》（28）、《尔雅》（22）、《博雅》（18）、《方言》（2）、《苍吉篇》（2）、《字林》（2）、《刊谬正俗·音字》[②]（4）、《通俗文》（2）、《声类》（1）、《春秋左氏传音义》（1）
史部（18）	《史记》（3）、《前汉书》（1）、《汉书》（3）、《周书》（1）、《宋书》（1）、《吴越春秋》（1）、《山海经图》（1）、《唐六典》（2）、《汉纪》（1）、《古史考》（1）、《世本》[③]（3）
子部（37）	《风俗通义》（5）、《风俗演义》（1）、《老子》（1）、《庄子》（2）、《墨子》（3）、《管子》（5）、《傅子》（1）、《韩非子》（1）、崔豹《古今注》（2）、《吕氏春秋》（1）、《淮南子》（5）、《九章算经》（1）、《周髀算经》（1）、（唐）柳宗元《梓人传》（1）、（宋）宋祁《笔录》（2）、（唐）上官仪《投壶经》（1）、《谭宾录》（1）、《博物志》（2）、谢赫《画品》（1）
集部（49）	班固《西都赋》（2）、张衡《西京赋》（10）、弁兰《许昌宫赋》（1）、王延寿《鲁灵光殿赋》（8）、左思《吴都赋》（2）、左思《魏都赋》（1）、何晏《景福殿赋》（12）、李华《含元殿赋》（2）、司马相如《长门赋》（2）、杨雄《甘泉赋》（4）、李白《明堂赋》（1）、徐陵《太极殿铭》（1）、刘梁《七举》（1）、张景阳《七命》（1）、汉《柏梁诗》（1）

（资料来源：作者自绘）

由表 2-11 可见，引书范围覆盖经、史、子、集四部，以经部小学类《尔雅》《说文》《释名》为最多，体现了这部法规的辞解部分与小学类著作的密切关系，

---

① 北宋著名文人欧阳修主持编修的《新唐书》成书于 1060 年，早于 1103 年刊行的《营造法式》。在不同的时代，因为观念的变化，相同的书籍在归属上会有差异，比如音乐类在《新唐书·艺文志》中归在经部，在《四库全书》中降为子部。因此这里以与《营造法式》最近的《新唐书·艺文志》的归类为依据。
② 《匡谬正俗》，唐代颜师古撰。宋人诸家书目多作《刊谬正俗》，或作《纠谬正俗》，盖避太祖之讳。前 4 卷凡 55 条，皆论诸经训诂、音释。后 4 卷凡 127 条，皆论诸书字义、字音及俗语相承之异。考据极为精密。惟拘于习俗，不能知音有古今。引自四库全书总目（卷四十）。
③ 《世本》是汉代著作，经宋代整理作注，后亡佚，现有清代孙冯翼集，内有"作篇"。《明堂位正义》曰：世本，书名，有作篇，其篇记诸作事，如作宫室、作井等。还有"居篇"。

《营造法式》"看详"及"总释"引用经史子集分布

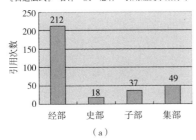

（a）

引用次数

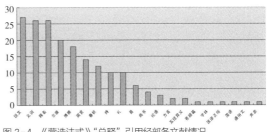

图 2-4　《营造法式》"总释"引用经部各文献情况
（资料来源：作者自绘）

《营造法式》"看详"引用经史子集分布

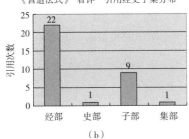

（b）

引用次数

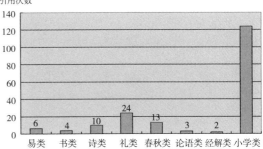

图 2-5　《营造法式》引用经部各类文献情况
（资料来源：作者自绘）

《营造法式》"总释"引用经史子集分布

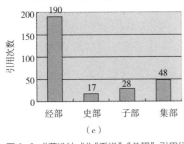

（c）

图 2-3　《营造法式》"看详""总释"引用经
史子集文献统计图（资料来源：作者自绘）

引用次数

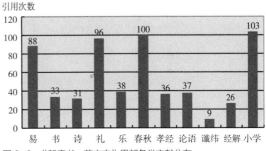

图 2-6　《新唐书·艺文志》甲部各类文献分布
（资料来源：作者自绘）

说明这是一部符合儒学正统著述理念并彰扬时代特色的技术法规。

　　从《营造法式》"看详"和"总释"部分引用经史子集频率（图 2-3）可见，看详部分共 33 条，子部居第二位，这与看详部分定功、定平等内容主要涉及《九章算经》《周髀算经》等历算类文献有关。总释部分引书共 281 条，引用经部最多，包括《尔雅》《释名》《说文》等字书以及《诗经》《尚书》《春秋》等典籍，集部文献则主要包括《西京赋》《吴都赋》等几篇描述宫殿的著名大赋（图 2-4）。

　　由图 2-5 可见《营造法式》引用经部文献主要分布在《尔雅》《释名》等小学类，参照《新唐书·艺文志》甲部 11 类文献的分布情况（图 2-6）也能得出同样结论。

语言和文字常因时代和地域改变而发生变化，同一建筑名词术语亦会因南北古今有别而相异。因为年代久远，任何名词会随着时代变迁而转义，或者随着所指称物质形态的消失而泯灭；在书籍辗转传抄、重刻中，也不免有脱简和错字。《营造法式》"总释"部分"考究经史群书"，梳理古代经典文献，归纳成独立两卷内容，明确相关建筑术语的流变，"信而有征"、"无一字无传统"，使这部专著在介绍宋代建筑相关情况的同时，也总结了宋代以前的一系列建筑术语，起到了起承转合的作用。因此，《营造法式》不仅在估工算料、建筑技术和图释上具有重要价值，还对宋代以前中国古代建筑的历史作了总结。

"总释"部分保存了宋代丰富的建筑技术俗语和术语，为研究宋代建筑术语、通语和俗语的异同变化以及语音变化，提供了宝贵材料，并使得中国营造学社在编纂建筑术语辞典时，能够有章可循："而总释中所述宫阙殿楼爵头铺作之名，博引训故，通以今释，吾国建筑术语，尚无定名，**欲编词典，舍此莫由**。"①

因此，英国的科技史学家李约瑟说："李诫没有完全成功地融合学术上的和技术上的传统。他的方法就是引述了古代的和中世纪的著作原文，放在最初的几章中以示尊敬，及后描述他的时代的实际情况，最后列明规条，**这些条文多半是基于实践，与引述的原文关系不大或者无关。介绍单元（包括看详）讨论了以往词汇的含义并紧跟制度，构成书的主体是制度**。"②另外，还有学者认为"**前面两卷是从'经史群书'中抄来的无关紧要的条文**"。③现在看来，这些观点有其历史局限性，表明作者未能深刻理解《营造法式》作者的本意。

（五）稽参众智——对工匠用语的记录

人类在漫长的进化过程中发明了语言和文字，用于人际交流、概念思维、经验储存和知识传播。语言是人类最重要的交流方式，但却受到时空限制，转瞬即逝。文字作为语言的书面载体，逐渐为受教育阶层所专有，与口头语言逐渐分离。

注重对现实生活语言的记录也是中国古代的文献学传统。《诗经·国风》由王官采集各地民谣而成④；《左传》《国语》《战国策》中也记录了不少活泼生动的

① 谢国桢．营造法式版本源流考．中国营造学社汇刊，1933，4（1）．
② Joseph Needham（英）李约瑟，Science &Civilisation in China，Volume IV:3，*Physics and Physical Technology*，*part III: Civil Engineering and nautics*，p84，Cambridge University Press，first published1971，reprinted 2000.
③ 潘谷西．《营造法式》初探（四）——关于《营造法式》的性质、特点、研究方法．东南大学学报，1990,20（5）:1-7.
④《汉书·食货志》中记载，周朝派出专门的使者，在农忙时到全国各地采集民谣，由周朝史官汇集整理后给天子看，目的是了解民情。

民间语言；《方言》记述了西汉时期中国各地的民间语言。

延续这一传统，《营造法式》中多达92%的篇幅是对工匠技术经验的总结，在引经据典的同时，"勒令人匠逐一解说"，将历史的语言和现实的语言进行分类界定，将散见于各作制度中异名较多的名词单独列在诸作异名里，审定同一建筑构件的不同名称，指明所属部分，大部分体现在各个制度、功限、料例的小注里，共"三百八篇，三千二百七十二条"。

例如"檐"，《营造法式》上举其名有14个："一曰檐，二曰宇，三曰楣，四曰屋垂，五曰櫋，六曰棩，七曰庇，八曰联櫋，九曰庌，十曰㮰，十一曰㮰，十二曰楠，十三曰檐（木奂比），十四曰庮。"《说文解字·木部》曰："楣，秦名屋橑联也。齐谓之檐，楚谓之棩。"可见，楣、橑联、棩是不同地域方言对檐的不同称谓。同理，"屋椽"的异名有4个。《营造法式·看详·诸作异名·椽》："椽，其名有四：一曰桷，二曰椽，三曰榱，四曰橑。"《说文解字·木部》曰："榱，秦名为屋椽，周谓之椽，齐鲁谓之桷。"又，唐人陆德明《经典释文》引《字林》曰："周人名椽为榱，齐鲁名榱曰桷。"这也说明了建筑术语的地域色彩，不同地区用不同树木做椽，古人建造房屋的场景一下子生动起来。[1] 类似的例子还有很多。

汴京（今开封）是宋代的政治、经济、宗教和文化中心，北宋末年已经成为当时世界上规模最大的国际化城市之一。汴京水陆交通发达，汇集了南北匠师人才，如活跃于10世纪末的著名匠师喻皓从杭州入京，主持了开宝寺塔等重要工程，将南方发达地区的先进技术带入了京师。[2] 作为一部前无古人的建筑科技著作，《营造法式》对宋朝各地匠师所掌握的先进建筑技术进行了总结，仅就"今谓""今俗谓之""今呼为""今语""今""今或谓之""今人称""今人犹谓之"等就有40余处，例如：

《营造法式·卷一》："墙，《说文》：堵，垣也，五版为一堵。墉，周垣也。垝，卑垣也。壁，垣也。垣蔽曰墙。栽，筑墙长版也，今谓之膊版。干，筑墙端木也，今谓之墙师。"

飞昂，何晏《景福殿赋》："飞昂鸟踊。又欂栌冯落以相承。李善曰：飞昂之形类鸟之飞，今人名屋四阿栱曰欂昂，欂即昂也。"《义训》："斜角谓之飞棉，今谓之下昂者，以昂尖下指故也，下昂尖面颙下平，又有上昂如昂桯挑斡者，施之

① 陈明达.古代建筑史研究的基础和发展——为庆祝〈文物〉三百期作.文物，1981（5）：69-74.
② 李路珂.《营造法式》彩画研究.北京：清华大学，2006：27.

于屋内或平坐之下。昂字又作枊或作棉者，皆吾郎切，顲，于交切，俗作凹者，非是。"

柱础，《义训》："础谓之碱，碱谓之磩，磩谓之碣，碣谓之磥，音颡，今谓之石锭，音顶。"

《营造法式·卷二》："栋，《义训》：屋栋谓之薨。今谓之榑，亦谓之檩，又谓之榜。"

两际，《义训》："屋端谓之柍桭，今谓之废。"

搏风，《义训》："搏风谓之荣，今谓之博风版。"

柎，《说文》："棼复屋栋也。《鲁灵光殿赋》：狡兔跧伏于柎侧。柎枓上横木刻兔形致木于背也。《义训》复栋谓之棼。今俗谓之替木。"

举折，《刊谬正俗·音字》："陠，今犹言陠峻也。皇朝景文公宋祁《笔录》：今造屋有曲折者，谓之庸峻。齐魏间，以人有仪矩可喜者，谓之庸峭，盖庸峻也，今谓之举折。"

《营造法式》系统、详尽地记载了前朝官式建筑制度，与元祐本相比，崇宁本《营造法式》增加了变造用材制度，即加大了"术"的比重，使之更接近技术专著而非纯文人著述。这便能够理解为什么《宋史·艺文志》中元祐本归入史部仪注类，而崇宁本归入子部术数类。

此外，《营造法式》继承汉代杨雄《方言》以来的优良传统，实事求是地调查现实语言和研究古今语言流变现象，注重对方言俗语的收集和整理，对当前的建筑研究深有启发。

《营造法式》在广集前人成说的基础上，充分利用同代人的集体智慧，以今释古，以古证今，通过加小注的形式对营造名词、术语作了阐释和补充；采用中国文献学以今语释古语的方法，以今语之音，证古语之义，而古今字之音义皆通，两相融合，从而建立起共时与历时的联系。一方面，对比各地区方言，参酌其异同；另一方面，对照古语和今语，探讨其延续与变革。其纵横交互，上下古今，从时间和空间两个维度进行研究，目的明确，方法科学，既自成体系，又符合文献学传统。

《营造法式》术语收集广泛，辨析细微，贯串条理，将搜集来的"方俗语滞"和古代书面语比较，研究古今语言由于时空变化而产生的交错演变的复杂关系。古代的通语，可能缩小范围，变成当时的方言，而当时的通语，也可能是古代方言使用范围扩大的结果。因此，以方言释古语，再以通语释方言，就能融会贯通，义无疑滞了。

北宋郭若虚著《图画见闻志》约成书于 1074 年，比《营造法式》早大概 30 年，其中提到了很多建筑术语，应皆为时人所熟，例如：

> 设或未识汉殿、吴殿、梁柱、斗栱、义（叉）手、替木、熟柱、驼峰、方莖、额道、抱间、昂头、罗花罗幔、暗制绰幕、猢狲头、琥珀枋、龟头、虎座、飞檐、扑火、膊风、化废、垂鱼、惹草、当钩、曲脊之类，凭何以画屋木也。

《图画见闻志》与《营造法式》中相同的术语很多，说明《营造法式》广泛搜集、整理和记录了当时社会上的建筑语言。部分术语见于《图画见闻志》而不见于《营造法式》，正说明了《营造法式》中的术语是经过"稽参众智"、"比较诸作利害"而逐一审定的。现实生活语言经筛选、讨论后，被确定为规范用语。

《图画见闻志》与《营造法式》术语比较　　　表 2-12

《图画见闻志》	汉殿	吴殿	梁柱	斗栱	叉手	替木	熟柱	驼峰	方莖	额道	抱间	昂头	罗花罗幔
《营造法式》	汉殿	吴殿	梁柱	斗栱	叉手	替木	蜀柱、侏儒柱	驼峰			挟屋	昂头	
备注	九脊殿的俗语	五脊殿的俗语			斜柱俗语	栅的俗语	俗语			檐额			
《图画见闻志》	暗制绰幕	猢狲头	琥珀枋	龟头	虎座	飞檐	扑水[1]	膊风	化废	垂鱼	惹草	当钩	曲脊
《营造法式》	绰幕	胡孙头		龟头	鼓坐	飞檐		搏风	华废	悬鱼	惹草	当沟	曲脊
备注					音讹			通假	通假			通假	

（资料来源：作者自绘）

表 2-12 对比了《图画见闻志》与《营造法式》中的术语。可见，当时的建筑语言并未全部收在《营造法式》中，被收录的术语相对文雅、正式。如，"悬鱼"比"垂鱼"文雅，"挟屋"比"抱间"正式，"华废"比"化废"恰当，"当沟"比"当钩"合适。显然，"熟柱""蜀柱"都是"侏儒柱"的俗语，"抱间"是"挟屋"的俗语，"垂鱼"是"悬鱼"的俗语，"化废"是"华废"的通假，"当钩"是"当沟"的通假，二者并列在一起，其关系显而易见。"猢狲头""琥珀枋""龟头""虎座""飞檐""扑水""垂鱼""惹草""当钩""曲脊"等术

---

[1]（明）方以智《通雅》卷三十八认为"扑水"即"搏风"。

语，用与动物相关的内容直接修饰名词或者用形容词对名词进行描述，更接近市井俗语。

汉语因为产生较早，很多语言径与自然环境中的动植物直接比附而产生，这也是早期文化的形态基本特征。形容词界定的偏正结构的名词有时虚指一类建筑构件，有时实指具体的建筑构件及其做法。有些俗语在当时常见，而《营造法式》未收，造成现今意义不明。例如，《图画见闻志》中的一些名词未经《营造法式》收录，导致现今意义不确，反证了《营造法式》对建筑词汇搜集整理的贡献，举例如下。

方茎：古代文献中出现大量"方茎"，用以描述植物根茎的形状，也有作为植物具体名物出现的情况："胡麻一名方茎（《抱朴子》）。"《图画见闻志》中出现的"方茎"应是方柱的通称。此观点还可以"茎"与"楹"音近为旁证——"柱"的异名有"楹"，早于"柱"。①

额道：额道见于南宋周必大《思陵录》，为建筑专门术语，与"檐额"意义相同或相近。

罗花罗幔：《营造法式》未有记载，似为某种装饰垂幔。

虎座：《营造法式·总释（上）·平坐》中记载"今俗谓之平坐、亦曰鼓坐。"可见，平坐、鼓坐是宋代的通称，据陈明达《独乐寺观音阁、山门的大木作制度》，"虎座"应是"鼓坐"的音讹。②

飞檐：据《营造法式》卷五"檐"条，飞檐是由飞子承托的挑檐部分。③

琥珀枋：尚未见于其他史料，《图画见闻志》中为孤例。

扑水：首见于北宋《道乡集》④，意义不明，又见于陆游《老学庵笔记》卷八有："蔡京赐第宏敞过甚，老疾畏寒幕帘不能御，遂至无设休处，惟扑水少低、间架亦狭，乃即扑水下作卧室。"《山东通志》卷三十五之九录宋代文字有之，次见于南宋志怪小说《夷坚志》⑤。明方以智杂考事物名称和训诂、音韵的《通雅》卷三十八则认为"扑水"即"搏风"；清沈自南《艺林汇考·栋宇篇》第八卷、清康熙中陈云龙辑类书《格物致原》对此也作了归纳。

---

① 《营造法式·看详·诸作异名》："柱，其名有二：一曰楹，二曰柱"。《诗》："其觉有楹。"《春秋·庄公二十三年》："秋，丹桓宫楹。"《说文》："楹，柱也。"《释名》："柱，住也。楹，亭也，亭亭然孤立，旁无所依也。"
引自胡正旗.《营造法式》建筑用语研究.成都：四川师范大学，2005：41.

② 陈明达.独乐寺观音阁、山门的大木作制度.建筑史论文集（16）.北京：清华大学出版社，2002：28.

③ 徐伯安，郭黛姮.宋《营造法式》术语汇释.建筑史论文集（6）.北京：清华大学出版社，1984：1-99.

④ （北宋）邹浩撰《道乡集》四十卷。浩字志完，常州晋陵人。元丰五年（1082年）进士。官终直龙图阁，赠宝文阁学士。谥曰忠。事迹具《宋史》本传。

⑤ 洪迈（1123—1202年），字景卢，别号野处。鄱阳（今江西鄱阳县）人。绍兴十五年（1145年）进士，官至端明殿学士。

华废：在《营造法式》瓦作制度中出现两次，《营造法式·瓦作制度》："凡结　至出檐仰瓦之下、小运檐之上用燕颔版，华废之下用狼牙版。"后又有："垂脊之外横施华头甋瓦及重唇瓪瓦者，谓之华废，常行屋垂脊之外顺施瓪瓦相叠者谓之剪边。"此为孤例，未见著于其他文献，"化废"也仅见于《图画见闻志》一例。①

综上，《营造法式》中很多名词，如华废、绰幕等，都是孤例，可见《营造法式》中某些词汇因为当时过于通俗简单而未做进一步解释，需要今人在研究中予以解读。

（六）"寓作于述"——承上启下的经典

"正名说"强调名实相符，循名责实，要求根据时代发展和社会进步，不断调整名词的概念与内涵，而非墨守成规，一成不变。其实质在于把握名的契约性，而非限定与控制事物。这一理论推广到营造术语的解释和定义，便形成了模糊而宽泛的定义方式，构成了属于建筑体系的开放的意义系统，能够不断接纳新定义，不断扩充新内容。《营造法式》"总释"中的名词解释，以当时的社会观念引经述典，按照经史子集的顺序排列，体现了中国文献学引经述古的传统。同时，在历史典籍中搜寻先例，加以重新解释，再根据新条件进行"突破性"的发挥，在解释中继承，在继承中发展。对此，法国学者德密那维尔（P. Demieveille）评价道：

> 故此篇中所详制度以及功限料例，皆为李氏创新，又有用以解释诸法之图样，则别立成篇，由是观之，李氏之成是书，凭藉直接经验为多，在中国诚所罕见。②

除了整理以往的名词概念，李诫还根据当时的小学成果，融入自己的理解，将当时的语言现象以"今谓""今俗谓"等条加入，并通过小注进行修改、解释和说明。③

《营造法式》中"今谓""今俗谓""今犹言""今呼为""今语""今语以""今""今或谓之""今人""今人犹谓之"等说法，除宋代《义训》中归纳的释名外，更多的是李诫对当时建筑实践经验的总结和归纳。

---

① 《逸周书》卷七："微而能发，察而能深，宽顺而恭俭，温柔而能断，果敢而能屈，曰志治者也。华废而诬，巧言令色，皆以无为有者也。"
② 法人德密那维尔（P. Demieveille）评宋李明仲营造法式．中国营造学社汇刊，1931，2（2）．
　外国学者的评述应该是当时与中国营造学社交流的结果。
③ "注"即对经书的注释和补充，它兴起于唐而完成于宋，是中国文献学的重要特点。

宋代是个综罗百代的伟大时代，科学技术艺术全面发展，学者们也及时地将时代成果收纳、总结。《营造法式》的科学性体现在多个方面。在音韵学方面，1008年（宋真宗时）由陈彭年等奉诏重修《广韵》，公元1067年（宋英宗时）由丁度、宋祁等相继修成《集韵》①，而《营造法式》里引《广韵》为书证。《山海经》是中国古代文化的元典之一，由于它不是一时一人所作，因此给相关研究带来了许多颇具争议的难题，《山海经图》的问题就是其一。宋代学者对《山海经图》的著录和论述是迄今为止较早而可信的研究资料②，《营造法式》中引用了宋代《山海经图》的研究成果。关于 π 的计算，《营造法式》采用刘徽、祖冲之的新成果，从疏率转向更精确的密率。凡此种种说明，《营造法式》是时代的集大成者，只有在宋代这样一个综罗百代的时代才有可能产生《营造法式》这样的建筑典籍。

李诚在序中称："臣考阅旧章，稽参众智。功分三等，第为粗细之差；役辨四时，用度长短之晷。以至木议刚柔，而理无不顺；土评远迩，而力易以供。类例相从，条章具在。研精覃思，顾述者之非工；按牒披图，或将来之有补。"梁思成曾译为白话文："分类举例，就可以按照规章制度办事，我虽然钻研深思，但是写述的人不是工匠。按照条文看图，将来对工作也许有点帮助。"③这里不仅强调了社会分工体系下负责管理的文人与负责具体实施的工匠如何沟通的问题，还明确了营造体系在文人世界如何传承的问题。

李诚在监理建筑工程方面有较大贡献，由"承务郎"升迁至"中散大夫"。工官制度下，身兼工程管理者身份的文人李诚，以其将作28年的身份和经验④，将工匠经验汇总并取舍有度，把250册的元祐《营造法式》"删繁就简，定其名物，一其制度，定为成法，于建筑之功不可谓不伟"⑤。李诚另外著有《续山海经》《续同姓名录》《琵琶录》《马经》《六博经》《古篆说文》，这种著述能力也是《营造法式》能成为少有的建筑专书的必不可少的条件。因此，在宋代这个人文荟萃、通才辈出，文化和科技上达到顶峰的时代，在官方可以调度工匠的工官制度体系下，熟悉工程技术并具备整理总结实践经验的李诚终于创造了《营造法式》这部中国古代罕有的建筑书籍，也为后世的继承与发展提供了极为可贵的文献基础。

① 高明.中国古文字学通论.北京：北京大学出版社，1996：17
② 张祝平.宋人所论《山海经图》辩证.见：中国历史地理论丛，2001（12）：66
③ 梁思成.《宋〈营造法式〉注释》选录.见：科技史文集第2辑——建筑史专辑.上海：上海科学技术出版社，1979：2.
④ 谢国桢.营造法式版本源流考.中国营造学社汇刊，1933，4（1）.
⑤ 谢国桢.营造法式版本源流考.中国营造学社汇刊，1933，4（1）.

（七）小结——"沟通儒匠、濬发智巧"

《尔雅》与《方言》是文献学中训诂的两个方向,前者面向经典文本,重在解经,是汉代经师解释六经训诂的汇集；后者面对现实生活,将日常方言俚语总结、提炼并升华到文本高度,使之具备"经"的意义。《营造法式》沟通了"儒"和"匠"两个阶层,融合了文学与技术两方面成果,在古代社会实为可贵。对此,朱启钤评价道：

> 然以历来文学与技术相离之辽远,此两界始终不能相接触。于是得其术者,不得其原；知其文字者,不知其形象。**自李氏书出,吾人然后知尚有居乎两端之中,为之沟通媒介者在。**①

《营造法式》中,"儒"与"匠"相互沟通,文学与技术水乳交融,"总释"和"看详"成为统领全书的纲要,与各作制度一起,构建了科学、全面的营造体系。今人在重新审视古代文献时,很重要的一点就是设身处地,还原古人思维体系,使这看似互相割裂的部分统一在营造的框架之中。

李诚不局限于旧有经史群书的记载,并且关注对现实生活的考察。由于历史的连续性,社会生活中仍包含着古代典章制度的遗存,而通晓制度的工匠则是参验古今的主要依赖,这正是李诚"稽参众智"的根本原因。李诚及诸工匠是宋代建筑技术的"活化石",即文献的"献"。将他们的语言、做法记录下来定为法式,对于后人来说又是"文"。"文"和"献"并非对立的存在,今日之"文"即昨日之"献",今日之"献"即明日之"文",这样就明确了"经史群书"与"方俗语滞"之间的关系。从《营造法式》的编修上也可以看出,在特定时代下,应用中的语言如何通过"稽参众智"、"比较诸作利害"转化为文本固定下来,并传之后世,用以规范后世的行为,而这也是《营造法式》在收集整理建筑用语方面的重要意义。

---

① 朱启钤.中国营造学社开会演词.中国营造学社汇刊,1930,1(1).

第三章

中国建筑史学的发端：中国营造学社的文献学研究

　　1920 年代至 1940 年代的中国，堪称学术上的黄金时代，人文、科学各领域精彩纷呈。中国营造学社的学术活动，正是 1920 年代"整理国故"思潮在建筑界的反映，也是当时"中国固有形式"设计思潮下，建筑史学科对于传统建筑式样诉求的回应。与 1927 年成立的中国建筑师学会、1930 年成立的上海市建筑协会相比，朱启钤特殊的身份背景和高效的管理模式使学社在短短的 8 年时间里就取得了突出的成就。

　　朱启钤凭借多年市政官员的任职经历，搜集古代营造文献遗存，为此成立了营造学社，以专门研究建筑历史。学社成立初期的研究工作，主要是对建筑类古籍的收集和整理。与当时大多数文人不同的是，营造学社主要关注考工类文献，其中不仅包括古代文人关注的上层知识——对宫殿与礼制的描述、成文的古籍文本，还囊括了以往较少关注的工匠抄本。同时，朱启钤还安排梁思成等建筑学专才直接记录并学习匠作技术，突破了传统文人的认知局限。也恰恰是这种文献梳理工作，为后学利用古籍文献圈定了最基本的文献框架，奠定了扎实的文献基础。

　　中国营造学社的研究历程，按照时间大致可分为三个鲜明的阶段：首先是 1930 年至 1932 年以文献搜集整理为主的第一阶段，建立了建筑历史古籍文献的基本框架；其次是 1932 年至 1937 年展开大规模测绘调查的第二阶段，开始了以实物结合文献的互证研究，因基础文献丰富、方法正确，建筑史学中的几个重要命题都开始显露；1937 年以后的第三阶段，受战乱影响，文献研究一方面受到极大的影响，陷入停顿，另一方面则是在刘敦桢、梁思成、刘致平等学者已形成的概念和工作方法的基础上，在研究方面屡出成果。

一、中国营造学社初期的文献研究（1930—1932 年）

　　什么是建筑类文献？早在中国营造学社建社伊始，就是学社思考的课题。凡涉及考工之属，都是学社旁涉远求的范围。

建立在物质文化基础上所有有形的、无形的文化遗产，都是学社搜求的目标，这是个庞大的系统。考工之属所涉及的大部分都是建筑，建筑是一国文化最鲜明的表征，所以朱启钤在《中国营造学社开会讲演词》中明确提出：

> 吾民族之文化进展，其一部分寄之于建筑，建筑于吾人最密切，自有建筑，而后有社会组织，而后有声名文物。其相辅以彰者，在在可以觇其年代，由此而文化进展之痕迹显焉。①

朱启钤认为，建筑是文化的表象，必须研究中国建筑方可保存中国文化。中国传统学问强调述而不作，典籍不仅仅是资料汇编，而且更重要的是历史文明的总结。通过研习建筑类典籍，能够了解建筑历史，继承营造智慧，传承民族文化。

（一）立社起因：围绕《营造法式》的版本校勘

自从 1919 年朱启钤发现嘉惠堂丁氏影宋本《营造法式》以后②，陶湘、傅增湘、罗振玉、郭葆昌、阚铎、吴昌绶、吕铸、章钰、谢国桢、陶洙③ 等诸多文献学家经过多年的共同努力，终于在 1925 年将其校勘完毕再版发行，史称"陶本"。《营造法式》出版后，社会反响巨大。朱启钤"自得李氏此书，而启钤治营造学之趣味乃愈增，希望乃愈大，发现亦渐多"④，坚定了他组建营造学社的信心。著名学者梁启超非常推崇这本著作，将它推荐给在美国读书的儿子梁思成，树立了他日后研究中国建筑史的坚定志向。同时，《营造法式》大大增加了社会各界人士对中国古代营造的兴趣和民众的爱国热情。国外汉学家也纷纷著说介绍《营造法式》。⑤

---

① 朱启钤.中国营造学社开会讲演词.中国营造学社汇刊，1930，1（1）.
② 朱启钤意外地发现《营造法式》并非偶然，深厚的学术修养和广博的文献阅读经验，使他从一开始就有了明确的判断，即在中国浩如烟海的古籍之中，一定存在湮没不闻但意义非凡的著作，能对构筑中国建筑史学理论体系和语言结构有所帮助。正是这个判断，直接导致了"文法课本"宋《营造法式》一书的发现。参见:孔志伟.朱启钤先生学术思想研究.天津：天津大学，2007：59.
③ 刘尚恒.朱氏存素堂藏书、著书和校印书.图书馆工作与研究，2005（1）：27-31.
④ 朱启钤.中国营造学社开会演词.中国营造学社汇刊，1930，1（1）.
⑤ 如（英）叶慈博士的（W. Perceval Yetts），**A Chinese Treatise on Architecture**，*Bulletin of the School of Oriental Studies*，*University of London*，Vol.4，No.3（1927），pp.473-492.
　　汉译：营造法式之评论.中国营造学社汇刊，1930，1（1）.
　　W. Perceval Yetts，**Writings on Chinese Architecture**，*The Burlington Magazine March*，1927.
　　汉译：英叶慈博士论中国建筑，中国营造学社汇刊，1930，1（1）.
　　W. Perceval Yetts，**A Note on the"YINGZAO FASHI"**，*Bulletin of the School of Oriental Studies*，*University of London*，Vol.5，No.4，pp.85680.
　　汉译：叶慈博士据永乐大典本法式图样与仿宋刊本互校记.中国营造学社汇刊，1930，1（2）.
　　再如（法）Demieville，Paul，**Che-yin Song Li Ming-tchong Ying tsao fa che**，*Bulletin*，*Ecole Francaise d'Extreme Orient* 25（1925），pp.213-264.
　　汉译：法人德密耶维尔氏评宋李明仲营造法式.越南远东学院丛刊.第一第二卷.1925：213-264；中国营造学社汇刊，1931，2（2）.编者识，此文据 1920 年石印本之《营造法式》，未及就 1925 年再版的仿宋重刊本加以评论，诚为憾事。

围绕《营造法式》的文献学研究，朱启钤组织了一群以整理国故、发扬民族建筑传统为宗旨的历史学、文献学方面的学者。为更好地研究营造之学，朱启钤在北平发起成立"中国营造学社"，他自述道：

> 启钤殚心绝学，垂廿余年，于民国八年影印宋李明仲营造法式以来，海内同志，景然风从，于是征集专门学者，商略义例，疏证句读，按图传彩，有仿宋重刊营造法式之举。嗣以清工部工程做法，有法无图，复纠集匠工，依例推求，补绘图释，以匡原著不足，中国营造学社之基，于兹成立。①

学社成立后，开始搜集与营造有关的古籍、样式雷图档②和工匠籍本，安排人员将《营造法式》"附以图解，纂成营造辞典"。在连续出版物《中国营造学社汇刊》各期的"本社纪事""社事纪要"栏目中，记录了营造学社搜求营造文献的历程。学社的研究工作就这样从收集、整理、校勘、编目、辑佚、考证与营造相关的文献开始了。

营造学社以研究中国营造为己任，奉《营造法式》编著者李诫为先师，目的在于继承《营造法式》之营造传统，并将之发扬光大。因此，中国营造学社的名字取自《营造法式》，即秉承"营造"之意。③在此过程中，以陶湘为首的历史学家和文献学家作出了重要的贡献。如果没有他们对相关历史和文献的考订整理，中国建筑史学研究就无法形成属于自己的概念体系和语言结构，学科的建立也就无从谈起。与国外的同类研究相比，深厚的文献基础正是中国学者的优势。可以说，重刊的《营造法式》是中国建筑史学研究领域内推出的第一项学术成果，而且还是一项外人无法企及的学术成果。这在一定程度上，挽回了国人在此领域内损失已久的尊严。时至今日，北宋李诫之《营造法式》与古罗马维特鲁威之《建筑十书》并称为东西方建筑学之"双璧"，这已经是国内外建筑学界的公论。还应指出，早期中国营造学社对《营造法式》的校勘工作，可以说是国学在近现代中国的突破性发展——补充了古代建筑工匠传统，使中国的传统文化更加彰显了其深厚的内涵，也纠正了世人对中国传统文化的偏见。④

① 朱启钤.本社纪事.中国营造学社汇刊，1932，3（3）.
② 朱启钤对样式雷图档的关注始于清朝末年庚子国变以后，朱启钤供职在京之时，就曾在奏牍上见过雷氏之名，深知样式雷图档的重大研究价值。民国初年，朱启钤有意访购，但未如愿，遂于中国营造学社成立前后，才再次得到图档的消息。
③ 后来梁思成先生在1946年创办清华大学建筑系，不久后改称营建系，可惜1952年院系调整后又改回建筑系的名称。营建系拟包括建筑学和市镇计划学两个学科。参见：梁思成代梅贻琦校长拟呈教育部电文稿（1948年）.见：梁思成.梁思成全集（第五卷）.北京：中国建筑工业出版社，2001：5.梁思成.清华大学营建学系（现称建筑工程学系）学制及学程计划草案.文汇报，1949-07-10—1949-07-12.
④ 孔志伟.朱启钤先生学术思想研究.天津：天津大学，2007：64.

（二）对清代官、私工程籍本的搜集和整理

1927 年已经开始整理、与《营造法式》并称为"中国建筑的两部文法课本"之一的——清工部《工程作法则例》，成为营造学社的另一个研究重点。由此，对清代官、私营造籍本的搜集和整理，也是当时主要的工作内容。尤其是对很少外传的工匠抄本的收集，如《大木大式》①，具有极为珍贵的档案价值。

清工部《工程做法则例》又名《工程做法》，全编 74 卷，清雍正十二年（1734年），官方刊刻营造专书，由果亲王允礼领衔监刻，历经三年方克告竣。王璧文（璞子）指出，《工程做法则例》是官方用以估工算料的法规，归在史部政书类通制之属下，是当时作为宫廷"内工"和地方"外工"一切房屋营造工程定式"条例"而颁布的，目的在于统一房屋营造标准，加强工程管理制度，同时又是主管部门审查工程做法、验收核销工料经费的文书依据，起着建筑法规监督限制作用。它与《清会典·工部门》所载"房屋营建规则"各条密切相关，如同刑法"律"与"例"之别。《工程做法则例》属于"事例"一类，实质上也就是典章制度在建筑方面的具体表现形式。营造行当通称其为"工部律"，说明这部官书当年具有严格的规范作用与极大的影响。②

《工程做法则例》的产生与它所处的社会、政治、经济等条件密不可分，是一定历史条件下的产物。《工程做法则例》由"做法"和"估算"两部分组成，在做法中，根据建筑的种类、规模及屋顶形式等设定了 27 种建筑；"估算"则以工种类别来划分。凡土木瓦石、搭材起重、油饰彩画、铜铁活安装、裱糊工程，都有专业条款规定及应用工料名例额限，目的在于统一房屋营造标准，加强工程管理。其应用范围主要针对官工营建坛庙、宫殿、仓库、城垣、寺庙、王府及一切房屋营造工程，使当时的建筑设计与工料估算有所准绳。③纵观前半部"做法"（卷一至四十七）的内容，其建筑部件及部件之间尺寸的确定，都可以由特定的基准尺寸法配以适当的数值进行，或者配以适当的数值加减而得出，遵循一定的模数规律。

除了《工程做法则例》这种官修的工程籍本以外，在各色建筑工匠、营造商及一些职官中间，还流传着另一大类工程籍本——匠本。匠本的体例与内容比官本纷杂，由于匠本的流散，很难窥察全貌。仅从北平图书馆藏样式雷的家传图稿

①《大木大式》是清代流传的手抄本的工程做法。见：李允鉌．华夏意匠．天津：天津大学出版社，2005：250.
② 故宫古建部编，王璞子主编．工程做法注释．北京：中国建筑工业出版社，1995：6.
③ 故宫古建部编，王璞子主编．工程做法注释．北京：中国建筑工业出版社，1995：6.

来看，除大量《工程做法》底本《堂司谕档记》《旨议（意）档》《随工册》《查工细册》《活计单》而外，尚有《营津全书》《石作择选分析做法》《石料凿打券法》《大式石作做法》《石桥牌坊分法》《大式瓦作分法》《大木作殿座房间丈尺分析做法》《大殿五间大木分法》《大木小式做法》《大木杂式目录》《歇山庑殿斗科大木大式》《斗科做法安装》《各样亭式做法》《佛像成塑做法分析》等。匠本的编撰一般出于多种目的，有出于经济利益而摘编各种官刊条例、做法等籍本的，有着眼于各式建筑做法、各部构材加工方式或有关技术操作的，也有记录国家建筑工程中各种相关管理事务的，等等。而且，匠本多属薪传底抄，往往错讹较多，还常常在流传中失之零散。但这类工程籍本，也蕴涵着非常丰富的信息，并同官本密切联系，互相影响。

朱启钤首先意识到古代相关文献与工匠结合对于研究中国古代营造学的重要性。他在《营造算例印行缘起》[1]一文中，详述了官修工程做法与民间工匠"私向传习"的情况，以及进行系统整理的必要性：

> 清代工部及内庭，均有工程做法则例之颁定，向来匠家，奉为程式，唯闻算房匠师，别有手抄小册，私相传习，近年工业不振，文献无征，吾人百计求索……此种小册，纯系算法，间标定义，颠扑不破，乃是料估专门匠家之根本大法，迥非当年颁布今日流行之工部工程做法则例、内庭工程做法则例等书，仅供事后销算钱粮之用，所可同年而语……

他还高屋建瓴地指出《营造算例》对于建筑设计的重要性：

> 营造算例本为匠家秘传手抄本，为建筑原则算法，略似"Architect's book"。其体裁为一种"原则的"解释，不似工程做法则例所用之"烹饪教科书式"体裁。[2]

在朱启钤已有大量相关研究的基础上，梁思成以清工部《工程做法则例》为课本，收集匠师世代相传的秘本，并以参加过清宫营建的工匠为师，以北京故宫为标本，借助文献、实物和匠师指点，顺利展开对清代建筑营造方法及其则例的考察研究。1932年，梁思成基本完成《工程做法则例》的图释工作[3]，1932年出版《营造算例》单行本，1934年出版《清式营造则例》。[4] 可以说，对清代建筑文本的认知，为后续的相关研究奠定了文献基础。

[1] 朱启钤.营造算例印行缘起.中国营造学社汇刊，1931，2（1）.
[2] 本社纪事.中国营造学社汇刊，1932，3（1）.
[3] 梁思成.前言.见：梁思成.清工部《工程做法则例》图解.北京：清华大学出版社，2006.
[4] 梁思成.清式营造则例.北京：中国营造学社，1934.

在这个过程中，梁思成欣喜地发现，以估工算料为主的工程籍本可以还原设计。但在算多于样的体系下，术语繁多，一种做法必有一专有名词界定，"满是怪名词，无由解读"，也曾让梁思成甚感苦恼：

> 读者除非对于中国建筑也有相当的认识，把本书（《营造算例》）打开，只见满是怪名词，无由解读。[①]

> 清式营造专有名词中有许多怪诞无稽的名称，混杂无序，难于记忆。……《营造算例》本是中国营造学社搜集的许多匠师们的秘传抄本，其主要目标在算料，而且匠师们并未曾对于任何一构材加以定义，致有许多的名词，读到时茫然不知所指。……在我个人工作的经过里，最费劲最感困难的也就是在辨认，记忆及了解那些繁杂的各部构材名称及详样。至今《营造算例》里还有许多怪异名词，无由知道其为何物，什么形状，有何作用的。[②]

为此，为配合《营造算例》，梁思成特地补图编纂了《清式营造则例》，相辅刊行。

除了梁思成的相关工作，这个阶段还有刘敦桢编纂的《牌楼算例》[③]和王璧文（璞子）编纂的《清官式石桥作法》[④]等成果。

如上所述，对大量清式建筑术语的解读，必须依据图文档案及实测数据的相互比照方可进行。当时，出于对中国古代建筑及其整体框架研究的迫切需求，营造学社对清代工程籍本的进一步研究也暂告停滞。自此，《营造算例》相关研究夙遭冷落，鲜人问津。

需要说明的是，梁思成通过整理《工程做法则例》等清代工程籍本，对清代建筑及其工匠传统有了更为直观地认识，也为其后的《营造法式》研究提供了重要的参照。而梁思成称唐宋建筑为"豪劲"的、"醇和"的，认为明清建筑属于没落的"羁直时代"，也与他对《营造法式》与《工程做法则例》的文献比较研究关系密切。

（三）"沟通儒匠"直接记录传统工艺形成文献

中国的政治文化、道德伦理等上层建筑，固然对民间行为、社会经济等方面有着居高临下的示范作用，但是民间社会经济、下层社会风气的变化，同样可以

---

① 营造算例·初版序（1932）．见：梁思成．清式营造则例．北京：中国建筑工业出版社，1981：130.
② 清式营造则例·序（1934）．见：梁思成．清式营造则例．北京：中国建筑工业出版社，1981.
③ 刘敦桢．牌楼算例．中国营造学社汇刊，1933，4（1）.
④ 王璧文（璞子）．清官式石桥作法．中国营造学社汇刊，1935，5（4）.

影响统治者、知识分子对社会、政治以及道德伦理等方面的思考。

《营造法式》以"考阅旧章，稽参众智"、"考究经史群书，并勒人匠逐一讲说"的方式，沟通了士、匠两个阶层，使得朱启钤称赞其"上导源于旧籍之遗文，下折衷于目验之时制，岿然成一家之言，襄然立一朝之典"[1]。

朱启钤独具慧眼，以其"司吏之官兼匠作之役"的切身经历，担心"西学"对传统造成冲击，蓄志旁搜"坊巷编氓、匠师耆宿"[2]口耳相传之珍贵经验：

窃我国营造之学，肇源远在三代……由是可知文质相因，道器同途，民族文化所关，初不因贵儒贱匠，遂斩其绪。……于是士大夫营造知识，日就湮塞，斯学衰微之因，盖非一朝一夕于此矣。泊自欧风东渐，社会需求，顿异曩昔，旧式法规，既因凿枘不适，日就湮废，而名师巨匠，相继凋谢，及今不治，行见文物沦胥，传述渐替。[3]

朱启钤谈到学社的首要使命就是："属于沟通儒匠、濬发智巧者"，具体方法是，尽可能地用摄影、留声机等设备记录匠师行为：

1. 讲求李书读法用法，加以演绎。节并章句，厘定表例。广罗各种营造专书，举其正例变例，以为李书之羽翼。

2. 编辑营造词汇。于诸书所载，及口耳相传，一切名词术语，逐一求其理解，制图摄影，以归纳方法，整理成书。期与世界各种科学辞典，有同一之效用。

3. 辑录古今中外营造图谱、方式变化，具有时代性及地域关系，中外互通。中西文化汇合之源流，极有研究之价值。此中图谱，一经考证，即为文化重要之史料。

4. 编译古今东西营造论著及其轶闻，以科学方法整理文字，汇通东西学说，藉增世人营造之智源。

5. 访问大木匠师、各作名工，及工部老吏样房算房专家。[4]

学社对于传统工艺的记录，对于传统匠师的技术学习和尊重，开创了保护非物质文化遗产的先河，这种保护老匠师传统工艺的做法，时至今日仍然是保护非物质文化遗产的有效方法。同时，这种尊重生活原生态的态度也使得学者养成直接在民间采风的习惯，后来梁思成寻踪赵州桥，依据的便是华北歌谣"沧州狮子

---

① 朱启钤.李明仲八百二十周忌之纪念.中国营造学社汇刊，1930，1（1）.
② 朱启钤.中国营造学社开会演词.中国营造学社汇刊，1932，1（1）.
③ 朱启钤.本社纪事·呈请教育部立案文.中国营造学社汇刊，1932，3（3）.
④ 朱启钤.中国营造学社缘起.中国营造学社汇刊，1930，1（1）.

应州塔，正定菩萨赵州桥"。①

（四）设置文献组专门从事文献的搜集整理研究

中国营造学社正式成立之后，如何合理安排人员进行学术研究活动，是朱启钤首先考虑的问题。为此，他参考了当时南京中央研究院和地处北平的古文物保管委员会的机构组织，先是设立了以阚铎为主任的文献组，负责开展古籍整理与研究。文献组基本上承袭了营造学会的大部分原有工作，最初只有阚铎、瞿兑之、刘南策三人。1931 年，单士元加入。1931 年 7 月，学社改组为文献、法式两组。1931 年 9 月，阚铎脱离学社，文献组主任改由朱启钤兼任。1932 年刘敦桢入社后，文献组主任一职则由他担任。②

至此，中国营造学社以社长朱启钤和法式组主任梁思成、文献组主任刘敦桢为核心，协同职员和社员，成为专事研究中国古代建筑的民间学术机构。法式组负责从事中国古代建筑实例的调查、测绘和法式则例研究的工作；文献组负责从事文献资料的搜集、整理和研究工作，同时编辑《中国营造学社汇刊》。曾经的文献组成员以及陆续加入的成员有：毕业于日本东亚铁路学校的阚铎、毕业于复旦大学的文学学士瞿兑之、毕业于燕京大学宗教学院社会服务专科的瞿祖豫、毕业于北京大学的历史学硕士单士元、前清附生陶洙、前清举人陈仲篪、毕业于北京大学历史系的刘汝霖、毕业于南开大学文科的古典文学家和历史学家梁启雄、毕业于清华大学国学院的文献学家和历史学家谢国桢、毕业于燕京大学的文学硕士王世襄、肄业于中法大学文学院的王璧文（璞子）③，等等。

1932 年刘敦桢、梁启雄、谢国桢的加入，大大增强了学社文献组的研究力量，后来又有陈仲篪和刘汝霖等人陆续加入。法式组致力于以清工部《工程做法则例》及匠师手抄本为基础，对照实例，探求各种建筑形式、构造、尺寸等的做法、则例，并开始将《工程做法则例》所记 27 种房屋以现代制图方法绘成图样，完成了《营造算例》《清式营造则例》④ 二书，同时还调查河北正定古建筑，参加北平故宫文渊阁等处修缮计划，为国内外学术机构制作多座建筑模型。

---

① 楼庆西 . 中国古建筑二十讲 . 北京：生活 · 读书 · 新知三联书店，2002：332.
② "本年度七月依照改组计划，分为文献法式两组，聘定社员梁思成君为法式主任，于九月一日开始工作，……文献主任由社员阚荟初君充任，十月，阚君辞职，由社长朱桂辛先生兼任。"引自朱启钤 . 本社纪事 . 中国营造学社汇刊，1932，3（1）.
③ 王璧文协助刘敦桢查找文献，但是他的编制在法式组，参见：林洙，叩开鲁班的大门——中国营造学社史略 . 北京：中国建筑工业出版社，1995.
④ 梁思成 . 清式营造则例 . 北京：清华大学出版社，2006.

由于田野考察和文献研究在操作上密不可分，梁思成、刘敦桢都是两者兼顾，在此后的 10 年中，他们作为相互支持的合作者，带领着一批青年学者展开工作，其中，刘敦桢在对其主要助手陈明达的培养过程中，也强调田野调查与文献考证的并重。在多年的野外作业中，刘敦桢同样获得了许多重要的发现。[①] 朱启钤在《本社纪事》中欣喜地表露对梁、刘二人才学之欣赏：

> 夫中国之建筑已成绝学，绝学之整理非少数人所能肩任，鄙人虽笃嗜此道，却非专家，自从创立本社以来，即抱广觅同志，各尽所能，分途并进之宗旨，……社内分作两组，法式一部，聘定前东北大学建筑系主任教授梁思成君为主任，文献一部则拟聘中央大学建筑系教授刘敦桢君兼领。梁君到社八月，成绩昭然，所编各书，正在印行。刘君亦常通函报告其所得并撰文刊布。**两君皆青年建筑师，历主讲席，嗜古知新，各有根底。就鄙人所见及精心研究中国营造足任吾社衣钵之传者南北得此二人，此可欣然报告于诸君者也。**[②]

在其《自撰年谱》中，朱启钤也说：

> 民国二十年辛未，得梁思成、刘士能两教授加入学社研究，从事论著，**吾道始行。**[③]

此阶段中国营造学社在学术上的重要突破，即是在收集整理清代营造史料的基础上，于 1933 年出版《清式营造则例》，初步理解和明确了清代工程则例的内容，逐渐发现清代建筑与宋代建筑有巨大差别，开始纠正此前形成的错误印象。此后，为试图求解宋《营造法式》及宋式建筑，学社逐步确立了以调查、测绘明清以前的建筑实例为最急迫的工作任务，研究工作逐渐从文献转向实物调查与测绘。

（五）学社初期文献研究工作详述

1. 征集及整理营造佚存图籍

《中国营造学社汇刊》每期都有征集营造文献启事，此间征集到的主要文献包括《营造正式》《梓人遗制》《元内府宫殿制作》《造砖图说》《西搓汇草》《南船纪》

---

① 费慰梅.梁思成和林徽因——一对探索中国建筑史的伴侣.北京：中国文联出版公司，1997.
② 朱启钤.本社纪事.中国营造学社汇刊，1932，3（2）.
③ 朱启钤.自撰年谱.见北京市政协文史资料研究委员会等编：蠖公纪事——朱启钤先生生平纪实.北京：中国文史出版社，1991.

《水部备考》等，为考工、营造研究建立了第一批专门的文献基础。

例如，在《汇刊》创刊号就刊载了《征求营造佚存图籍启事》①，提出开始搜集与营造有关的古籍和样式雷图档。在《建议请拨英庚款利息设研究所及编制图籍（附英文）函》中，也申明文献收集是研究的基础和关键：

> 编制营造图籍。晚近以来，兵戈不戢，遗物摧毁，匠师笃老，薪火不传，继是以往，恐不逮数年，阙失殆尽，同人为是悚惧，故敝社主要工作，即以增辑图史，广征文献，以科学方法，整理古籍为事……。②

在《中国营造学社开会演词》中，朱启钤开宗明义地提到：

> 然须先为中国营造史，辟一较可循寻之途径。使漫无归束之零星材料，得一整此之方，否则终无下手处也。启钤之有志鸠合同志，从事整理，盖始于此矣。近数年来，披阅群书，分类钞撮。其于营造有关之问题，若漆若丝若女红、若历代名工匠之事迹，略已纂辑成稿。又访购图画，摹制模型。③

征集文献与整理文献同时展开。朱启钤在 1932 年的《呈教育部立案》一文中也提到，学社开始着手整理古籍，与审定辞汇、调查古物、翻译外著、访问匠师、研究各作法式等工作并行。④

2. 收集整理样式雷图档

在陆续收集文献的过程中，朱启钤惊喜地发现了"样式雷图档"（图 3-1），并高度评价了其重要性，为样式雷图档后续的集中购置、整理和研究奠定了重要的基调。1930 年，在给文化基金会的信里说明了作为"前民艺术的表现"的样式雷图档的重要价值，还提出以圆明园、故宫及三海等著名遗产地为突破点，再扩展到陵寝，做"有系统之资料"。⑤

① 朱启钤 . 本社纪事 . 中国营造学社汇刊, 1930, 1（1）.
② 朱启钤 . 本社纪事·建议请拨英庚款利息设研究所及编制图籍 . 中国营造学社汇刊, 1932, 2（3）.
③ 朱启钤 . 中国营造学社开会演词 . 中国营造学社汇刊, 1930, 1（1）.
④ 朱启钤 . 本社纪事·呈请教育部立案文 . 中国营造学社汇刊, 1932, 3（3）.
⑤ "本年五月因样房雷旧存之宫殿苑囿陵寝各项模型图样，四出求售，有流出国外及零星散佚之虞，及朱先生乃建议于文化基金会，设法筹款，旋由北平图书馆购存，先行着手整理，将来供本社之研究，兹将建议原函，及最初目录，照录如左……在雷氏世守之工，自明初以迄清末，历代相承，有五百年历史，而所保存之图样，亦不得不视为前民艺术之表现，即如圆明园等，实物无存，得此可以考求遗迹。故宫三海等处，向守秘密，今乃藉此为公开研究，实于营造考古学，均有重要之价值，都意北平现有文化机关，如图书馆博物院，若能及时收买，再由专门家，加以整理，或择要印行，在学术上亦有相当之收获。"引自朱启钤 . 本社纪事·建议购存宫苑陵墓之模型图样 . 中国营造学社汇刊，1931, 2（3）.

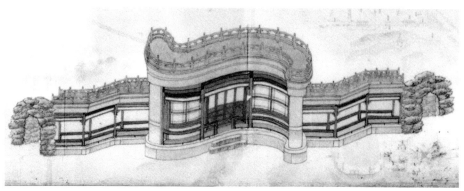

图 3-1　样式雷图档之颐和园餐秀亭改修书卷平台（福萌轩）立样，国家图书馆藏（资料来源：华夏意匠的传世绝响——清代样式雷建筑图档展）

1931 年，中国营造学社参照中海图书馆藏样式雷图档，整理了故宫文献馆藏圆明园慎德堂等处的烫样，显示出中国营造学社协调各藏馆机构的能力。

1932 年，朱启钤在《本社纪事》中总结了当时样式雷图档的收藏及分布情况，并建议汇总整理：

（子）模型一类：全在北平图书馆，……均与雷家图样故做法估册档案相合。

（丑）图样一项：在北平图书馆者约占四分之三，在中法大学者约占四分之一……。

（寅）吾人建议。希望各部分所有图型集中一处，汇合整理，……吾辈研究艺术，应具有整个之认识，甚望主持机关，同情于会合整理，以协调之精神，采用吾说也。①

这是对样式雷图档收藏和分布情况的最早论述。朱启钤高瞻远瞩，建议将图档汇集一处以"整比研究"，并促成大规模的集中收购，对于样式雷图档的完整保留起到了至关重要的作用。当时世人购得图档，均请营造学社成员鉴定真伪。②可见，中国营造学社不仅是当时样式雷研究的核心机构，也代表了当时研究的最高水平。

随着样式雷相关文献的增多，学社开始进行专项文献整理工作。其指导方针是由近及远、由点及面、以今推古，从故宫、北平城开始拓展到园林和陵寝，逐

---

① 朱启钤．本社纪事．中国营造学社汇刊，1932，3（1）．
② 1932 年中法大学将所藏样式雷图档目录一册送与中国营造学社审查。参见：本社纪事．中国营造学社汇刊，1932，3（1）．

步扩大研究范围。并以圆明园、清西陵作为个案推进样式雷的研究，而后再分专题进行扩展。其中，基于对圆明园史料的关注和挖掘，直接形成了圆明园研究的专项成果。如《中国营造学社汇刊》第二卷第一期刊载多篇有关圆明园史料整理和研究的成果。

3. 编纂"营造词汇"

编纂"营造词汇"是认识古代建筑的第一步。朱启钤在《中国营造学社缘起》中，开门见山地谈到词汇编撰的重要性：

> 营造所用名词术语，或一物数名，或名随时异。急应逐一整比，附以图释，纂成营造词汇。既宜导源训诂，又期不悖于礼制。[1]

他又在《中国营造学社开会演词》中讲到词汇编撰的方法，当是广据群书、兼访工匠大师、定其音训、考其源流。[2]

专门术语通过口耳相传而保存下来，有些不能用书面语描述；文人喜用华丽的辞藻和夸张的描述，难以一一映照现实；更何况世事变迁，同样的语汇在不同的时代又有不同的含义。因此，他当时已经料到这项工作的艰难。[3]

但是，词汇作为研究基础的索引，其编撰确是非做不可的工作：

> 中国营造学社，以纂辑营造辞汇为重要使命，年来着手准备，对于资料之征集，已有相当之成绩。特于审定名辞一切事务，进行极为慎重。此种专门辞典，纯系科学性质，吾国文化，尚未发达，兹事体大，尤不易程功。自上年下半期，每星期有两次之会议，本年更进而三次，专研究营造名词之如何撰定，如何注释，如何绘图，如何分类等事。虽不免多费时日，而创作之难，想可为世人所共谅。至于伐柯取则，欧美虽属先河，而同用汉字，不能不先假道东邻，谨以已入藏之同类辞典各种，就其体例组织，及时代性，与其背影，先作一比较观。[4]

---

[1] 朱启钤.中国营造学社缘起.中国营造学社汇刊，1930，1（1）.

[2] "首先奉献于学术界者，是曰营造词汇。是书之作，即以关于营造之名词，或源流甚远或训释甚艰，不有词典以御其繁。则征书固难，考工亦不易。故拟广据群籍，兼访工师。定其音训，考其源流。图画以彰形式，翻译以便援用。立例之初，所采颇广。一年后当可具一长编，以奉教于当世专门学者。"引自朱启钤.中国营造学社开会演词.中国营造学社汇刊，1930，1（1）.

[3] "然逆料是书之成，亦非易易，何也。古代名词，经先儒之聚讼，久难论定。以同人之学识，郎仅征而不断，固已舛漏堪虞，一也。专门术语，未必能一一传之文字。文字所传，亦未必尽与工师之解释相符，二也。历代文人用语，往往使实质与词藻不分，辨其程限。殊难确凿，三也。时代背景，有与工事有关，不能不亦加诠列者，然去取之间，难免疏略，四也。"引自朱启钤.中国营造学社开会演词.中国营造学社汇刊，1930，1（1）.

[4] 阚铎.营造辞汇纂辑方式之先例.中国营造学社汇刊，1931，2（1）.

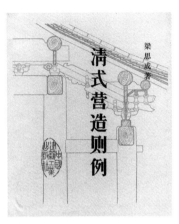

图 3-2 《清式营造则例》书影（资料来源：梁思成．清式营造则例．北京：中国建筑工业出版社，1981）

　　学社社员阚铎在这方面曾经投入了大量精力，积累了丰富资料，可惜后来离开学社，这项工作也因此中断。学社参照日本建筑辞典的编修方式对营造名词进行训诂、解释、绘图、翻译，以作为后续研究的索引。学社整理出来的清代营造词汇的相当一部分成果融入了梁思成的清式建筑研究专著《清式营造则例》（图 3-2）中。①《清式营造则例》后附《清式营造辞解》，即总结整理专用词语，分立词目，配以解释，是为编纂词汇的一次实践。

　　阚铎在《营造辞汇纂辑方式之先例》一文中叙述了在日本学习编纂工程大辞典的经验、交流的成果，以及回国后编纂营造辞汇的进展情况、资料汇集情况、术语编纂方针、著作形式、研讨程序等。他当时对词典的著书形式、工作方针都作了规定。但是此项工作因工作量巨大、人事更迭未能坚持下去，成为历史憾事。现在收藏在中国文化遗产研究院的当年的大量工作底稿，无言地诉说着词汇编撰曾经有过的宏大规模。

　　时至今日，对于营造术语的解释仍然是建筑历史研究的基础工作和建筑史专家面对的重要任务。1981 年出版的陈明达《〈营造法式〉大木作研究》篇末"绪论""总结"及"附录：宋营造则例大木作总则"的英语译文结尾列出了这几个部分所涉及的 162 个词条，并对大部分与《营造法式》大木作相关的名词作出解释。2010 年出版的陈明达《〈营造法式〉辞解》，也是对中国营造学社创始人朱启钤以《营造法式》为先导，"纂辑营造辞汇"进而编纂"中国建筑词典"这一事业的继承和发扬。②

---

① 孔志伟．朱启钤先生学术思想研究．天津：天津大学，2007：96.
② 成丽，王其亨．陈明达对宋《营造法式》的研究——纪念陈明达先生诞辰 100 周年．建筑师，2014（04）：106-116.

4. 对《营造法式》的再次校订及改编

朱启钤发现并印刷《营造法式》，在研究中国建筑的路程上立下了一个极重要的标识，也进一步激发了他治营造之学的热情，对《营造法式》的研究本身也构成了中国营造学社的重要工作内容。[①]

中国营造学社成立前，诸多顶级文献学家对《营造法式》已做了大量校勘，陶湘在"陶本"《营造法式·识语》中对其版本源流做了详细考订，与诸家记载和题跋一起附在 1925 年陶本《营造法式》中。1930 年，阚铎将"陶本"与"四库本"、"丁本"重新校对一遍，发表在《中国营造学社汇刊》第一卷第一册上，使后人能清楚了解当时校勘、取舍的原则。由阚铎完成的这次校勘是中国营造学社初期开展文献研究工作的重要组成部分，为后续研究奠定了坚实的基础。

随着 1932 年故宫本的出现，中国营造学社再次校勘《营造法式》。谢国桢《营造法式版本源流考》[②] 一文中，对版本源流做了更详细的考证和分析，并有辑佚内容。例如，"故宫本"填补了"陶本"《营造法式》卷四"大木作制度"的 46 个字，弥补了一个重大缺憾。[③] 同时，也弥补了卷三"石作制度"中《门砧限》内"城门将军石"之后还有的"止扉石：其长二尺，高八寸（注：上露一尺，下栽一尺入地）"21 字。[④]

因版本渐多，以各版本互校的工作也是《营造法式》研究绕不开的内容。对此，朱启钤在《校勘故宫本及文津阁本营造法式》一文里有详细解释。[⑤] 对于《营造法式》版本源流的梳理，学社成员阚铎、谢国桢、陈仲篪、梁思成、刘敦桢、单士元、陈明达都作出过历史性贡献。

宋《营造法式》以其全面的哲理和高深的内容呈现了中国宋代的营造智慧，解读它的另外一个任务就是将其改编为可读懂的读本：

---

① 王其亨，成丽．宋《营造法式》版本研究史述略．建筑师，2010（04）．
　 李梦思．宋《营造法式》传世版本比较研究（大木作部分）．厦门：华侨大学，2016.
② 谢国桢．营造法式版本源流考．中国营造学社汇刊，1933，4（1）．
③ 谢国桢．营造法式版本源流考．中国营造学社汇刊，1933，4（1）．
④ 陈明达．读营造法式注释（卷上）札记．见：建筑史论文集（12）．北京：清华大学出版社，2000：27.
⑤ "本社整理《营造法式》一书，除前述调查实例另绘新图外，于版本校雠，亦未忽视。本岁三月，陶兰泉先生于故宫图书馆发现抄本《营造法式》一部，原度南书房，行数字数体裁，与宋绍兴本残页像片一致，除卷六小木作制度，脱第二页全页外，其大木作'慢栱第五'一条，全文俱在，大木间架诸图，与彩画花纹颜色标注等，异常精审，能与书中原别大体符合，当为抄本中最善之一部。又热河文津阁四库全书，抄录最晚，校勘最精，现藏国立北平图书馆，所收《营造法式》一书，脱简与讹误较少，卷三十二天宫楼阁佛道帐，及天宫壁藏二页后，复有'行在吕信刊'与'武林杨润刊'题名各一行，疑当时直接录自绍兴本，惜所用宣纸过厚，致各图临摹失真，颇为遗憾。以上二书，经刘敦桢、谢国桢、单士元、林炽田四人详校二遍，于丁本陶本文字，厘正多处。"引自朱启钤．本社纪事．中国营造学社汇刊，1932，3（4）．

营造法式，自民国十四年（1924 年），仿宋重刊以来，风行一时，……
且如史家体例，改编年为纪事本末，期为学者融会贯通，其中名词有应训释
或图解者，择要附注。名曰读本，现在工作中。[1]

在阅读《营造法式》的过程中，由于语境的改变，同样的语言随着时代变
化而有了不同的内涵，给准确地理解带来困难。为了能更好地理解《营造法式》，
朱启钤意识到文献作为解读古代建筑标本的手段，必须参照实例，将实物和文本
互相对照，才能弄懂《营造法式》，这也是王国维"实物与文献相结合"的"双
重证据法"在建筑历史研究中的具体运用。自此以后，为了更好地理解文本，古
建筑测绘调查成为学社的工作重心。自梁思成从实例调查反求证于文献，有许多
真相得以揭示，文字疑难亦往往附带解决，这种互补研究很快便显示出优势，使
学社在短期内成绩斐然，令日本同行惊讶。经过多年的努力，梁思成的《〈营造
法式〉注释》于 1983 年出版，可谓是《营造法式》注释研究的一个阶段性成果。

5. 重视传播：引介国外汉学成果并翻译《汇刊》及其他成果

郑鹤春《文献学概要》一书中明确提出，翻译是当代文献学的重要内容。学
社翻译、引介了多位国外汉学家在建筑史领域的研究思想、研究方法和研究成果，
发表英、法、美、日学者论文 17 篇，已经翻译尚未出版的大概 10 种左右。因此，
《中国营造学社汇刊》一问世即表现出国际水准，在这方面的突出特点值得今人
反省。时隔近一个世纪的今天，其先进性和前瞻性仍然让人肃然起敬。相关情况
见《译印欧美关于研究中国营造之论著》：

中国营造，古视为绝学，考工记以降，专著寥寥，数千年间，不绝如缕，
自李明仲营造法式刊行以来，海外学者，争相诵习，……本社使命，重在昌
明，而文字不同，沟通为急，来于英于美于法于德，凡最近之论著，有关于
中国营造者，无不多方搜集，次第译述，与原文同时刊布，以饷国人……[2]

除了将国外的汉学成果译介到国内，学社还将国内的研究动态同步译成英文，
介绍给国外学界。《中国营造学社汇刊》中，朱启钤的重要文章——《中国营造
学社缘起》《中国营造学社开会演词》等都有系统的翻译。关于翻译的重要性，《中
国营造学社汇刊》在第三卷第二期《社事纪要》中又再次强调，学社希望通过翻

---

① 朱启钤. 社事纪要·改编营造法式为读本. 中国营造学社汇刊，1930，1（2）.
② 朱启钤. 本社纪事. 中国营造学社汇刊，1931，2（3）.

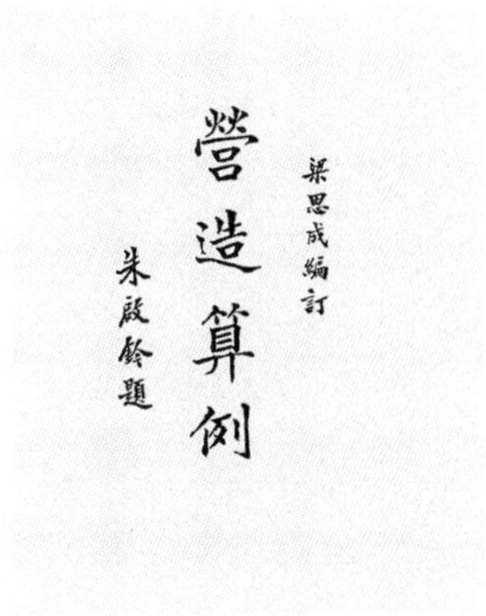

图 3-3 《营造算例》书影（资料来源：梁思成编订.
营造算例.中国营造学社，1934）

译建立联系交流，进而设置多位海外联络者。几近双语的学术刊物对于中西方之间的学术交流，其重要性显而易见，今日国内的建筑学刊物皆难以望其项背。

6. 其他文献工作

（1）收集编订《营造算例》

朱启钤在《营造算例印行缘起》一文中曾谈道《营造算例》（图 3-3）的重要意义。[①]

朱启钤还发现，营造算例不仅是对工程过程的记录，还是作为料估匠家之根本大法，具有极高的学术价值。为此，特别嘱托梁思成整理成《营造算例》，并出版刊行。

同时，朱启钤又论及解释名词和补图是研究《营造算例》的基础方法：

> 原《工程做法则例》及《营造算例》二书，前者既非做法又非则例，严格命名只能称为《木料尺寸书》；后者则为算例，对于做法，仍多不详。而二书对于建筑专门名词之定义，尤无一字之解释，使读者只见满纸怪名词而无从下手。营造则例一书，首重名词之解释，然后用准确之图，任《做法》《则例》解释之责。……于研究清式建筑初辟途径，想当为建筑界所乐睹也。[②]

因此，学社收集了大量官私工匠抄本，对营造做法、则例进行整理、注释、补图。后来，学社又收集到一些《营造算例》抄本，其中最重要的有《牌楼算

[①] 朱启钤.营造算例印行缘起.中国营造学社汇刊，1931，2（1）.
[②] 朱启钤.本社纪事·清式营造则例.中国营造学社汇刊，1932，3（1）.

例》。《牌楼算例》仅有匠师薪火相传之底本，偶尔能得。其计有木、石、琉璃数种，体裁与《工程做法则例》相似。中国营造学社多方搜求，经由刘敦桢整理，于《中国营造学社汇刊》第四卷第一期上发表。文中梳理了各种牌楼的古代称谓，如柱出头、冲天、阀阅、乌头门等，以及功能流变。

（2）整理出版重要的古代营造书籍

中国营造学社系统整理出版了多部重要的古代营造类书籍，如《园冶》（图 3-4）、《营造法原》（图 3-5）、《梓人遗制》、《工段营造录》等。[①] 此外，还校订、编辑出版了《一家言居器玩部》《燕几蝶几匡几图考》等。除了收集工匠秘籍抄本外，还搜集群经中关于宫室、寝庙、明堂、学校、轮舆等的营造著作，大概有 140 余种。[②] 这些著作的出版发行，为促进公众对营造文献的了解作出了努力。

此外，学社对收集到的《万年桥志》《京师坊巷志稿》《燕京故城考》《惠陵工程备要》《正阳门箭楼工程表》《如梦录》《长安客话》等古籍及工程籍本，也均详加整理并校阅。

（3）编撰营造丛刊和书目提要

中国自古甚为注重营造考工之事，有专书并散见于各家文集札记中。整理营造文献，首先需要将营造类书籍整理为营造丛刊，并进行编目以及编写摘要。为

---

① 《园冶》，明代吴江人计成撰。计成，字无否，1582 年出生，他多次主持造园，于崇祯年间撰写完成《园冶》。"朱启钤在《一家言居器玩部》中读到有关《园冶》的介绍，于是四出搜求。正值阚铎为编《营造词汇》出访日本，竟在日本觅得《园冶》抄本，又得知日本内阁文库藏有明刊印本，因此多方设法征得以上版本。终于又在北平图书馆发现了明刊原本，但缺第三卷，于是将以上诸书详加校勘，整理发表。使后来一些学者，在研究中国古代园林时，得到一部重要的参考资料。造园界人士推崇此书为世界造园学最古名著，受到国内外高度重视。《园冶》出版后，当代园林专家陈植、陈从周等先生倾注了大量心血，为之作注。今有中国建筑工业出版社 1988 年出版的陈植《园冶注释》，又有山西古籍出版社 2002 年出版张家骥著《〈园冶〉全释》，颇便于阅读。"引见：林洙. 叩开鲁班的大门——中国营造学社史略. 北京：中国建筑工业出版社，1995.
元代官府编纂的《经世大典》，其中工典分为 22 项，一半以上同建筑有关；另有《梓人遗制》一书，反映了元朝对建筑技术的重视，可惜两书大部分均已失传。《梓人遗制》为薛景石撰，元代中统二年（1261 年）刊行，明代《永乐大典》收入卷 18245 之 "十八样匠字诸书十四" 中。但《永乐大典》正本毁于明亡之际，副本至清咸丰时也渐散失。八国联军侵入北京，副本遭焚，后又被劫走。
《汇刊》一卷一期至后来的数期，均刊登征求营造佚存图籍的启事，其中有《营造正式》《梓人遗制》《元内府宫殿制作》《造砖图说》《西樵汇草》《南船纪》《水部备考》等。朱启钤仍寄希望于民间尚存抄本。后经北平图书馆馆长袁守和的帮助，在英国伦敦博物馆取得原本照片，可惜只有一卷（原书八卷）。经朱启钤、刘敦桢校注后，在《中国营造学社汇刊》三卷四期发表，后又出版单行本。
《工段营造录》为《扬州画舫录》的第十七卷，其内容主要是摘抄清工部《工程做法则例》，及内庭圆明园内工诸作现行则例诸书。因《画舫录》内容庞杂，因此阚铎将第十七卷《工段营造录》加以校订整理。又将其他章节中有关营造的内容摘出作为附录，列于书后。统称《工段营造录》。在《中国营造学社汇刊》二卷三期上发表，后又出单行本。
② 朱启钤. 本社纪事. 中国营造学社汇刊，1931，2（3）．

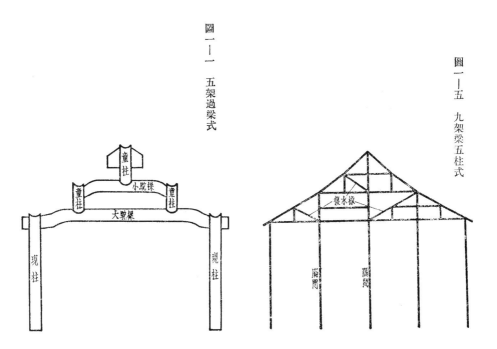

圖一一八　小五架梁式

圖一一七　九架梁前後卷式

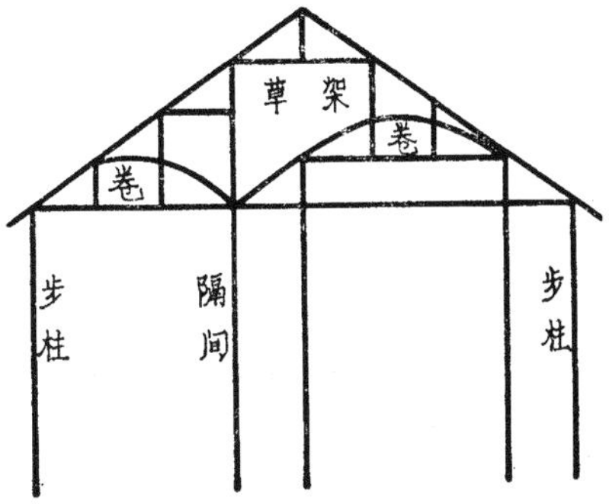

圖一一一　五架過梁式

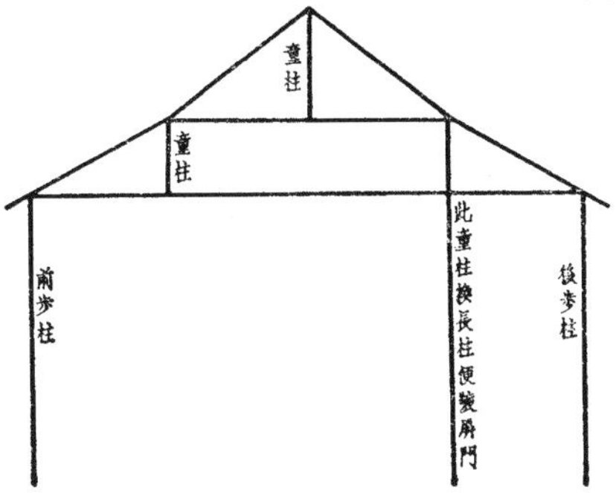

圖一一五　九架梁五柱式

童柱

童柱

前步柱

後步柱

此童柱換長柱便裝屏門

草架

卷

卷

步柱

隔間

步柱

童柱

童柱

小眼椽

童柱

大眼椽

現柱

現柱

復水椽

隔間

隔間

图 3-4　《园冶》插图（资料来源：计成著，陈植注释，杨伯超校订，陈从周审阅.《园冶》注释 . 北京：中国建筑工业出版社，1985）

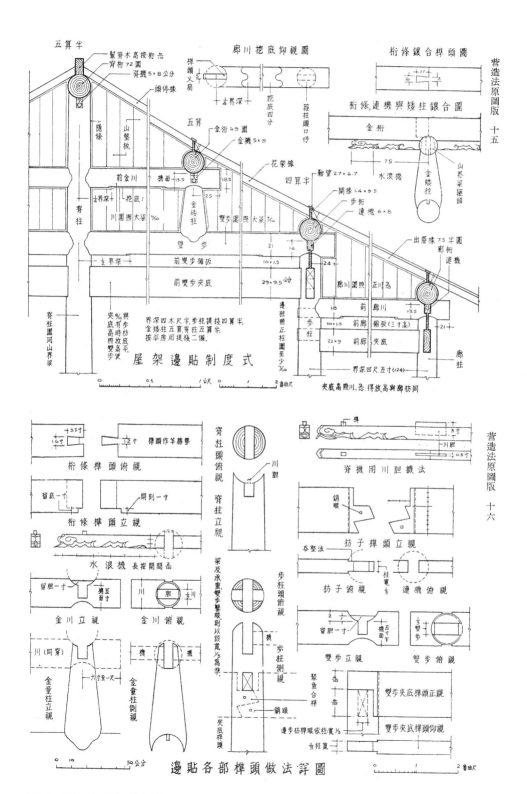

图 3-5 《营造法原》书影（资料来源：姚承祖．营造法原．北京：建筑工程出版社，1959）

此，学社特聘当时已崭露头角的文献专才谢国桢专司此职。1931年"九·一八"事变之后，原学社社员谢国桢[①]转至北平图书馆工作，同时受朱启钤之邀，在中国营造学社编撰《营造书目》[②]，为后续的研究工作打下了基础。

（4）采辑营造四千年大事表

历史学家的基础工作方法之一是编辑大事年表，中国营造学社基于营造层面，也开展了相关工作，意将中国的营造历史秩序化，如《中国营造学社汇刊》第一卷第二册《本社纪事》所记：

> 中国建筑，向无专史，东西洋学者，有以纪元前二千七百年、后二百年，划分为若干时期者，虽学说不同，断代稍异，要以文献与遗物为衡。……分宫苑、庙寺观、都市，城障、陵墓、第宅、其他各类，又分兴作、毁坏两门，分年列表，已得之料，为四千余条，现仍在采辑中。[③]

学社采辑营造大事年表，以史前、虞夏殷、周秦、汉唐等为分期方法，在具有时代性的经史百家和方志类书中搜集资料、综合归纳，按照宫苑、庙寺观、都市、城障、陵墓、第宅等归类叙述。中华人民共和国成立后刘敦桢主持编著的《中国古代建筑史》与这种分类方法类同，其学脉传承可见一斑。

（5）编辑中国古代营造史料的大纲

除了上述针对相关文献的工作，朱启钤还委托阚铎、瞿兑之、梁启雄等人对营造史料进行编辑、整理，《中国营造学社汇刊》第三卷第四期《本社纪事》对此事有所记述：

> 中国建筑史料大纲，前由社员瞿兑之君担任工作，已将两汉以前编竣。现瞿君就河北省府职，未定稿改由梁启雄君继续收集，改称建筑史料。搜集初步方法，则改用引得式，以省抄录之时间与精力。然后再编引正文，为次步工作。[④]

[①] 谢国桢，字刚主，河南省安阳人，生于光绪二十七年(1901年)阴历四月初十日(5月27日)，卒于1982年9月4日。民国十五年（1926年），考取了清华学校研究院（国学门），主要随梁启超学习和研究，次年毕业。1949年之前，曾于国立北平图书馆、国立中央大学、云南大学任职和执教。1949年之后，相继在南开大学和中国科学院哲学社会科学部（后改为中国社会科学院）历史研究所任教和从事研究工作。

[②] "我国现存营造专著，除营造法式、工程做法、园冶数种外，其历代宫室、陵寝、坛庙、制度，散见经史二部者至多。……顾瀚海无涯，初试每感纷歧，深入尤苦困顿，笃学之士，穷毕生精力犹未获崖略者，比比皆是，更无喻于由博返约之旨。本社有鉴于斯，爰登聘谢刚主先生整理社中图籍目录，并编订营造书目提要，分门析类，逐一标识内容特点，俾阅者揭卷即知书中梗概，庶无虚掷光阴翻阅全书之弊……"引自朱启钤.本社纪事·编订营造书目提要.中国营造学社汇刊，1932，3（3）.

[③] 朱启钤.本社纪事·采辑营造四千年大事表.中国营造学社汇刊，1930，1（2）.

[④] 朱启钤.本社纪事·文献之搜集整理.中国营造学社汇刊，1932，3（4）.

该项成果原称"中国建筑史料大纲",后改称"中国建筑史料"。期间为了加快进度,还先行编辑了索引。

此外,在朱启钤的指导下,学社初期开展的文献研究的相关工作还包括对历史上营造人才的编辑整理①、对珍贵建筑文物和历史记载的收集②、举办文物展览等事项。这些工作都为后人留下了丰硕的遗产。

二、中国营造学社研究方向的转移与方法的转变(1932—1937年)

当基础文献积累到一定程度,《营造法式》的校勘完成一个回合,即需要改变方式"破译"文献。对于文献求解的内在要求,朱启钤敏锐地指出,只有借鉴西方测绘的实证方法才能把中国古代建筑研究纳入一个明确的学科体系中,以可见的清代建筑反求不可见的宋代建筑。他在《中国营造学社概况》一文中首先指出了中国古代建筑的时间跨度之长与空间覆盖面积之广,由此所导致的技艺失传,须借助西方现代科学方法来还原其原貌:

> 故对其历史及技术欲加以彻底之研究,势必征之文献,符之实物然后可。故本社暂设文献、法式二组,分工合作。为工作便利计,先自研究清式宫殿建筑始。俟清式既有相当了解,然后追溯明元,进求宋唐,以期迎刃而决。为求达到上项目的,工作多以实物调查为主。其余整理首籍与编制图书,均价重实用方面,并以研究所得……。③

1932年刘敦桢迁居北平,正式加入中国营造学社并担任文献组主任,在朱启钤的领导下,与法式组梁思成密切合作,改变了过去国内史学界单纯依靠案头考证文献的研究方法。梁思成、刘敦桢率领青年助手,前往各地进行实地调查。通过测绘、摄影等技术手段,详细记录调查对象的实际情况及其重要数据,返回后再进行全面整理,绘出正式图纸,并将已知实例与文献进行比较、分析和论证,写出调查报告。"这个工作程序现在看起来极为普通,但是在当时,却使这门学科的研究取得了根本性的突破。"④

---

① 如分多期载于《中国营造学社汇刊》的《哲匠录》。
② 学社曾收集、整理明代岐阳王世家文物以及收买洪承畴故宅,并编撰《岐阳王后裔入清以后世系纪》《岐阳王世家图像考》等考证文章。
③ 朱启钤.中国营造学社概况.见:(民国)吴廷燮主编.北京市志稿(六)·文教志(下).北京:燕山出版社,1990:186-190.
④ 刘叙杰.刘敦桢.见:杨永生,刘叙杰,林洙.建筑五宗师.天津:百花文艺出版社,2005:37.

从 1932 年至 1937 年，中国营造学社的成员每年固定进行两次调查，而从 1937 年至 1945 年则十分不规律。学社的考察范围覆盖了中国 15 个省的 200 个县，对超过 2200 个实例进行了摄影和测绘研究。《中国营造学社汇刊》的内容"自第六期起内容将改前介绍古籍之主体而为研究心得之发表"。[①] 从 1933 年到 1937 年的《中国营造学社汇刊》中可以看出，主要的工作除了史料爬梳外，还有以梁思成、刘敦桢为主要作者、以测绘和文献研究为方法、以具体的建筑实例为目标的调查报告，内容涉及宫室、园林、陵墓、宗教建筑、桥梁等。

这其中，中国人对中国文献的熟知是一个潜在的素质，几年来的文献爬梳工作更奠定了后续研究的基础，尤其难得的是，《营造法式》在史学研究中起到了标尺作用，为实物研究提供了助飞的动力。成立之初的二三年间，学社在文献研究和《营造法式》校勘上取得了明显成就。当时，日本学者伊东忠太、关野贞等已完成法隆寺、东大寺等日本重要古建筑的详细调查和测绘。[②] 日本研究者所缺少的正是中国学者擅长的文献考证功力。"伊东忠太、关野贞均加入营造学社，目的就是从学术交流中加强文献查阅，充实新的研究内容。"[③] 关野贞与朱启钤商讨合作事宜，提出由营造学社负责文献研究，由日方负责实物调查测绘和研究，同时示以独乐寺观音阁与应县木塔的照片，在盛赞这些建筑的同时，说恐只有日方才有能力和经验进行如此巨大的测绘和研究工作。此事对朱启钤刺激颇大，使他深感现存大量建筑遗产之珍贵，决心引进人才，自力进行实物之调查研究，使文献、法式的研究建立在历代建筑实物的基础上。[④]

由于文献工作基础扎实，很快就在田野调查工作中得到收效。1932 年梁思成发表《蓟县独乐寺观音阁山门考》[⑤]，文中所体现出的实地调查测绘与《营造法式》印证，进而探究古代建筑遗构中包含的技术、艺术因素的研究方法，使之成为中国建筑史学研究引领风气之先的一篇重要论文，其学术水准不仅一举超过了当时欧美和日本的学者研究中国建筑的水平，而且就透过形式深入探讨古代建筑设计规律而言，也超过了日本人当时对日本建筑研究的深度。此后，日本人就不再提由他们代劳测绘研究中国古建筑实例的事了。[⑥]

中国营造学社在朱启钤高瞻远瞩的思想指引下，在学术上取得突出成绩，增强了民族自信心和自豪感，避免了日本学者妄图独揽中国建筑史研究的野心。同

① 本社纪事·过去事实.中国营造学社汇刊，1932，3（2）.
② 1930 年代，伊东忠太、关野贞等已完成法隆寺、东大寺等古建筑的详细测绘调查.
③ 引自林洙.叩开鲁班的大门——中国营造学社史略.北京：中国建筑工业出版社，1995.
④ 傅熹年.朱启钤.见：杨永生主编.建筑史解码人.北京：中国建筑工业出版社，2006：2.
⑤ 梁思成.蓟县独乐寺观音阁山门考.中国营造学社汇刊，1932，3（2）.
⑥ 傅熹年.一代宗师垂范后学.见：高亦兰主编.梁思成学术思想研究论文集.北京：中国建筑工业出版社，1996：12.

时，领导者朱启钤更深刻地洞悉，文献与实物测绘相辅相成，缺一不可，两者都不可放松。

（一）以实例调查促进对文献内涵的理解

对于《营造法式》的文本研究，单纯依赖对文献的认知来绘制建筑形象，缺少实物形象的印证，无法修正得自于文献的认知。唯有文献与实物相互印证、互相促进，才能深刻领会《营造法式》的本意。自梁思成从实例调查反求证于文献，有许多真相之发现，充分证明了引进西方科学研究方法的必要性，也说明东西方文化确有相互借鉴、取长补短的可能性。1933 年，朱启钤在《本社纪事·营造法式新释》中说道：

> 近岁社员梁思成君调查宋辽金元诸代遗构多处，以实际测量古物之结构，诠释原文，经长时间之检讨，全体比例与分件名称地位形状，旧日不易了解处大多数得以朗然大白，文字疑难亦往往随之附带解决。梁君近以石作、大木二项研究结果，编《营造法式新释》第一册，以浅近通畅文体说明艰涩难解之术语，并依据原书比例与实例所示，逐项另绘新图数十幅，俾读者图文互释知宋代建筑究作何形状，一洗诸本模棱不确之弊，此后研究李书与应用宋代建筑于实际设计者，骊珠在握，一切自能迎刃而解……。①

将文献记载与实物形象联系起来，是新时代科学的考古学方法和摄影技术对于原有历史研究方法的有力支持。对此，梁思成说：

> 以测量绘图摄影各法将各种典型建筑实物作有系统秩序的纪录是必须速做的，因为古物的命运在危险中，调查同破坏力量正好像在竞赛……研究中还有一步不可少的工作，便是明了传统营造技术上的法则……所以中国现存仅有的几部大书，如宋李诫《营造法式》，清工部《工程做法则例》，乃至坊间通行的鲁班经等等，都必须有人能明晰的用现代图释解译内中工程的要素及名称，给许多研究者以方便。研究实物的主要目的则是分析及比较冷静的探讨其工程艺术的价值，与历代作风手法的演变。②

需要强调的是，梁思成、刘敦桢等人引进西方科学方法研究古代建筑，并不是对前期版本校勘工作的否定，而是建立在前期工作基础上的新阶段。

① 朱启钤.本社纪事·营造法式新释.中国营造学社汇刊，1933，4（1）.
② 梁思成.为什么研究中国建筑.中国营造学社汇刊，1945，7（1）.

（二）依托样式雷图档展开个案专项研究

这一阶段，文献组仍然延续搜集整理文献的工作。关于史料的编辑，单士元陆续完成《明代营造史料》①；关于采辑营造四千年大事表部分，单士元、王璧文完成《明代建筑大事年表》。单士元担纲编撰的《清代建筑大事年表》到 1937 年业已形成，因避战乱转存天津时，竟遭水患，历经波折之后，《单士元集》第三卷于 2009 年由紫禁城出版社付梓面世。

在样式雷图档研究方面，朱启钤安排刘敦桢以圆明园及清西陵作为个案，开始逐步推进样式雷图档整体研究。刘敦桢凭借有关图档及内阁大库完成了《同治重修圆明园史料》《易县清西陵》等建筑史学经典论文，是样式雷图档研究的肇端。

1. 圆明园专项整理

1930 年代，离圆明园被毁的时间很近，圆明园中的很多遗址仍然存在，亲历圆明园辉煌时刻的人仍然健在，一个堪称全世界最美丽的园林在顷刻之间化为灰烬，很多人对之不舍，为之叹息，营造学社对中国古典园林的研究便在这样的环境下开展。营造学社开始对圆明园进行抢救性的史料整理工作，具体包括：整理圆明园遗物；寻找见证圆明园辉煌时刻的乾隆西洋画师，描述圆明园状况；整理史料中关于圆明园的记载，编写圆明园大事记；整理样式雷图档中关于圆明园的设计图籍、烫样；查找外国书籍中关于焚烧圆明园的记载以及关于圆明园建筑物的记载。除了对圆明园史料进行收集外，还组织人员对圆明园遗址进行测绘，完成圆明园、长春园、万春园遗址形势图。

对于圆明园史料之关注，直接形成了圆明园研究的专项成果。1933 年，刘敦桢发表《同治重修圆明园史料》②一文，从雷氏《旨意档》《堂司谕档》等工程籍本出发，比照图形、烫样及内务府档案，详细分析了重建背景、修理范围、经费及停工原因等问题，对清代建筑选址、设计、施工及管理程序都进行了初步探讨，是第一篇利用样式雷图档研究的成果，成为建筑工程个案研究的滥觞。同时，该文系统地提出了根据档案文献来鉴别样式雷有关图稿的方法，具有划时代的意义。

---

① 单士元.明代营造史料.中国营造学社汇刊，1933—1935，4（1，2，3，4），5（1，2，3）.
② 刘敦桢.同治重修圆明园史料.中国营造学社汇刊，1933，4（2）.

2. 易县清西陵专项研究

为研究清代陵寝的"平面配置"与"地宫结构"，刘敦桢带领学生莫宗江、陈明达调查测绘了清西陵各陵的平面配置，并与图档记录对照，"于是诸图中何为初稿，何为实施之图，亦得以证实"。根据这些材料撰写的《易县清西陵》，于1935年发表于《中国营造学社汇刊》第五卷第三期，"对于清西陵营建年代与平面变迁、地宫结构等，在可能范围内，做详细之叙述" [1]。《易县清西陵》开拓了陵寝研究的方向。以建筑测绘研究为依据来鉴定样式雷图档，并与其他档案文献互相补充，开创了样式雷图档鉴别与研究的重要手段。这是文献与文物相结合的"双重证据法"在样式雷图档研究中的具体运用。

需要指出的是，清代内阁大库档案也为学社的文献研究提供了方便，如刘敦桢在《同治重修圆明园史料》之"史料整理之经过"中指出，圆明园史料整理的完成曾经获得单士元等多位先生提供的内务府有关档案的帮助。此外，单士元对宫廷沿革、布局及建筑色彩、工具等史料的研究，以及他与王璧文合作编写的《清代建筑大事年表》，也是在档案整理的基础上完成的。刘敦桢的《清皇城宫殿衙署图年代考》[2] 和朱偰[3]的《北京宫阙图说》[4] 等一系列论文则是对《乾隆京城全图》、《清内府藏京城全图》《明清北京全图》以及雍正时期的《皇舆方格全图》等图纸及其所记建筑的研究。[5]

到1937年，由于战乱，内阁大库档案以及北平各级地方档案馆的资料无法利用。刚刚开始的清代陵寝等方面的研究就这样停滞了。

（三）广辑史料编辑《哲匠录》

自1925年《营造法式》校勘出版时，朱启钤已经开始关注建筑设计的主体——工匠，与阚铎、瞿兑之等开始了《哲匠录》的编辑[6]，专门对历史上的能工巧匠及工程管理官员进行了收集，共计260人左右。与以往以帝王将相史为主的史学

---

① 刘敦桢.易县清西陵.中国营造学社汇刊，1934，5（3）.

② 刘敦桢.清皇城宫殿衙署图年代考.中国营造学社汇刊，1935，6（1）.

③ 朱偰，留学欧洲取得博士学位的经济学家，他于授课之余潜心北京、南京"两京"宫苑城垣的研究，虽为正业之外的"余事"，但硕果累累，著述宏富，泽惠后人。他对北京宫阙园囿的研究，出于拳拳爱国之心，而对南京文物古迹的研究，为的是保护古城风貌。

④ 朱偰.故都纪念集第三种——北京宫阙图说.上海：商务印书馆，1938.

⑤ 刘雨亭.现存档案中的建筑资料及其相关研究简论.华中建筑，2004（02）：125-126.

⑥ 朱启钤自撰年谱："民国十四年（乙丑）创立营造学会，与阚霍初，瞿兑之搜集营造散佚书史，辑《哲匠录》。"见：北京市政协文史资料研究委员会等编.蠖公纪事——朱启钤先生生平纪实.北京：中国文史出版社，1991：6.

编纂方法不同的是，《哲匠录》以营造为纲，重新编排人物线索，不避身份高低，其中辑录的既有规划疆域的帝王大臣，又有一技之长的能工巧匠"梓匠轮舆"。[①]

《哲匠录》涉及的技艺门类计有：建筑、园林、雕塑、书画和金属工艺、玉雕、刺绣等杂项工艺品约 15 个大项，按现代学术分类，涵盖了建筑、雕塑、绘画和工艺美术这四大门类。其意义在于，突破了中国古代，视文人为高雅，而视工匠为俚俗的成见。其中特别对明清营建、造园的突出人物，如计成、张涟、张然、叶洮、李渔、戈裕良等的事迹进行了初步整理，为进一步梳理明清营造史积累了基础史料。这些简单的不需要绘图技巧的史实罗列，却是继续深入研究的基础。

《诗经》、《尚书》、《吕氏春秋》等典籍中有关于城市规划大师公刘、亶父的描述，《古今图书集成·考工典》卷五"工巧部"名流列传有大量对能工巧匠的记述。人物是历史研究的重要内容，却是后来建筑历史研究的软肋，建筑历史研究容易出现"见物不见人"的倾向。朱启钤的重要贡献之一，就在于围绕哲匠的辑录，在学社初期即确立了研究营造人物的方向。以朱启钤为首的学者的人文素养在历史研究中起到了重要作用。事实上，这为新兴的建筑师的角色找到了历史脉络。

1933 年，朱启钤在《哲匠录》的编辑过程中发表《样式雷考》[②]，开启了样式雷世家的专题研究。以传说中的样式雷始祖雷发达的事迹为起点，征求事迹，为日后梳理与之有关之工程，稽参实证，逐步厘清清代宫廷工程的施工、管理程序奠定了基础，成为建筑史中工官制度史研究的开端，开拓了建筑史研究的又一个新方向。

（四）协助购置样式雷图档并予价值鉴定

1930 年 6 月，朱启钤建议文化基金会购存样式雷图档的意见被采纳，北平图书馆以 4500 元从东观音寺雷氏住宅购置第一批样式雷图档。在此后的几年里，

---

① "论其人为圣为凡，为创为述，上而王侯将相，降而梓匠轮舆，凡于工艺上曾著一事，传一艺，显一技，立一言者，以其于人类文化有所贡献。悉数辑入，而以'哲'字嘉其称，题曰：'哲匠录.'实本表彰前贤，策励后生之旨也。……本编分十四类——营造、叠山、锻冶、陶瓷、髹饰、雕塑、仪象、攻具、机巧、攻玉石、攻木、刻竹、细书画异画，女红——每类之中又分子目。其奄有众长者则连类互见。本编次比，断代相承；又以其人之生存年代为先后。间有时代全同，难区分者，则视其所作艺事之先后为准。凡无类可归，无时代可考，事近夸诞，语涉不经……者，均剖入附录。书画篆刻，作者如林；和墨研琴，别有纪述；其余类比，卓尔不群。今略依李氏艺术家征略旧例，暂不著录"。引自朱启钤.哲匠录序.中国营造学社汇刊，1932，3（1）．
② 朱启钤.样式雷考·哲匠录续.中国营造学社汇刊，1933，4（1）．

北平图书馆又先后在雷宅购得零星图样，在五洲书局、群英书社、东华阁等 30 余个书社斋阁购得 2000 余件图样。此外，中国营造学社也一直致力于搜集散佚市面的样式雷图样，并转交北平图书馆。至 1937 年 "七·七事变"，北平图书馆收购雷氏资料的工作基本结束，共收藏样式雷图样 12180 幅册，烫样 76 具。其中，圆明园图样 2720 幅册，颐和园、香山、静明园等园林图样 840 幅册，其他园林、寺庙、王府公第及内外檐装修图 3450 幅册，陵寝图样 4820 幅册。1937 年，北平图书馆将购存的 76 具烫样寄陈历史博物馆，后来转交故宫博物院古建部。①

1937 年，居住在东水胡同的雷氏一房出售一部分图样，经北平市工务局局长汪申伯从中斡旋，为中法大学购得共 1000 余幅，中法大学撤销后，这部分图转交故宫博物院保存。故宫博物院本已收藏雷氏当年进呈的图样和烫样，数量大约有 3000 多幅册。原上海东方图书馆也搜获了散佚市面的一小部分图样。②

在样式雷图档的收集过程中，营造学社起到了核心的作用。值得一提的是，当年在雷氏四处求售之时，一些投机者仿制样式雷模型出售，也有书贾肆人偶然捡到木材加工厂的估册账簿，当作样式雷的奇货，"样子雷竟成了王麻子汪麻子之市招"③。好在有中国营造学社的专家们做鉴定，辨别了真伪，使样式雷的赝品没有立足之地，避免了以假乱真、鱼目混珠的局面，实为学术界的一大幸事。④

（五）中国建筑史学研究重要问题的浮现

以梁思成《营造算例》《清式营造则例》、刘敦桢《牌楼算例》⑤、王璧文《清官式石桥作法》⑥ 为代表的围绕清代工程做法的研究，和以朱启钤《样式雷考》⑦、刘敦桢《同治重修圆明园史料》⑧、《易县清西陵》⑨ 为代表的依托样式雷图档、内阁大库等清代宫廷档案展开的样式雷世家、皇家园林以及皇家陵寝个案研究，开创了清代建筑师、工官制度和工程个案研究的新格局。

在专项深入整理过程中，有三个突出的成果，即圆明园研究、易县清西陵研究以及哲匠样式雷研究，其依托的文献主要是样式雷图档。要想系统整理落实样

---

① 苏品红．样式雷及样式雷图．文献，1993（2）：214–225.
② 苏品红．样式雷及样式雷图．文献，1993（2）：214–225.
③ 中法大学收藏样式雷家图样目录之审定．中国营造学社汇刊，1932，3（1）.
④ 苏品红．样式雷及样式雷图，文献，1993（2）：214–225.
⑤ 刘敦桢．牌楼算例．中国营造学社汇刊，1933，4（1）.
⑥ 王璧文．清官式石桥作法．中国营造学社汇刊，1935，5（4）.
⑦ 朱启钤．样式雷考——哲匠录续．中国营造学社汇刊，1933，4（1）.
⑧ 刘敦桢．同治重修圆明园史料．中国营造学社汇刊，1933，4（2）.
⑨ 刘敦桢．易县清西陵．中国营造学社汇刊，1934，5（3）.

式雷图档的详细信息，也唯有以实际工程状况对比图档，从而逐个击破。从随后几年刘敦桢在《中国营造学社汇刊》发表的文章中可以看出，随着调查测绘任务的繁重和古建筑保护工作的日益迫切，刘敦桢、梁思成逐渐以明清以前古建筑的调查测绘及相关研究为工作重心。对于清代样式雷图档的整理工作，需要在把握中国古代建筑全局的情况下，依托大量清代建筑工程的实测数据进行，在当时的历史条件下无暇顾及。以刘敦桢为首开辟的清代皇家园林、陵寝工程个案、清代工官制度以及明清北京城[①]的研究就此停滞。可惜后来测绘工作繁重，加之战事干扰，图档留存北京，使得圆明园专项研究以及样式雷世家研究暂停中断，样式雷图档研究也因而停顿。刚刚开始的工官制度史、陵寝以及关于哲匠的研究也因此停滞。这一断，就是 50 年。

学社围绕对清工部《工程做法则例》的解读，依托样式雷图档和内阁大库的丰富档案及官私工程籍本，开始触及中国建筑史学的几个重大问题，如工官制度、工匠的职业活动、建筑术语、古建筑设计方法及图学成就、陵寝与组群设计、工程个案全案过程研究等。从中发现，中国古代确实存在一套完整的建筑设计方法，包括设计程序、设计原则、表达方式、建筑术语。在大型工程中，设计是在严格的管理体制下组织实施的，有着严格的管理机构、管理制度、施工程序及相应的管理办法。这些都是中国古代建筑史学研究的基础性问题。但是更进一步的研究必须在把握以唐宋建筑为核心的整个古代建筑体系的前提下方可深入进行。

作为中国古代建筑体系的一个环节，依托清代档案进行的清代建筑研究的成果，在当时只是作为上溯唐宋建筑的跳板，在大局尚未把握的情况下，时代较近、文献史料较全但需要测绘成果支撑的清代建筑研究被暂缓。

随后因战乱和经费短缺，中国营造学社遂告停顿，其他文献组成员失去研究环境转而另谋生路，文献组名存实亡。[②] 中国营造学社与其他文化机构关系密切，往来频繁[③]，文献组成员对于文物档案价值的鉴定功不可没。中国营造学社的解散

---

① 刘敦桢.清皇城宫殿衙署图年代考.中国营造学社汇刊，1935，6（1）.

② 1938 年以后文献组已经没有任何成员，参见中国营造学社职员一览表．见：林洙：叩开鲁班的大门——中国营造学社史略.北京：中国建筑工业出版社，1995：23.

③ 中国营造学社在选择社址时即考虑与其他文化机构的往来，"初拟在北平觅屋，须近故宫三海，且与相类之文化机关往还便利"。引自朱启钤.社事纪要——同年十一月十日致中华教育文化基金董事会函.中国营造学社汇刊，1930，1（1）.

学社与北京图书馆、北海图书馆、故宫等文化典藏机构往来密切。故宫辟专室为方便学社研究。单士元既是中国营造学社的文献编纂又是故宫工作人员。谢国桢既在北京图书馆从事馆藏丛书的编纂，同时也在中国营造学社文献组从事《营造法式》的版本研究。

除了与图书馆关系密切，中国营造学社与博物馆关系也很密切。朱启钤"兼督市政"之时，曾运送清廷承德避暑山庄所藏的文物计 20 余万件至北京故宫，开设古物陈列所（后与故宫博物院合并），创办我国第一个博物馆。朱启钤对文物如漆、漆器、丝绸、刺绣等都有收集、整理、研究。

使得"文献与文物"相结合的工作方法大打折扣。中华人民共和国成立初期，受意识形态的影响，清代皇家建筑的研究举步维艰。1958 年，中国营造学社遭到全面批判，其学术体系被彻底颠覆，史学基本的研究方法——查阅档案考证成为"故纸堆里的烦琐考证"、"向后看的阶级倒退"，这些错误观念直接造成清代建筑研究中断了 50 年。

（六）其他相关研究

这一阶段，中国营造学社的研究从原有的官式大木建筑拓展到民居、园林等领域。1934 年 3 月，中国营造学社社友龙庆忠[①] 在《中国营造学社汇刊》第五卷第一期发表《穴居杂考》，对属于民居类建筑的窑洞进行了实地踏访并绘制了平面草图。此时，龙庆忠的调研还不具备精细测绘的客观条件，他主要从古文献入手，首先整理、归纳了与"穴"有关的 70 多个中国文字，如穴、窟、窖、窨、窗、窠、窑、穿、窦等，指出现存窑洞形穴居建筑与《易经》记载的"上古先民穴居而野处，后世圣人易之以宫室，上栋下宇，以待风雨，盖取诸大壮"之间的联系和演变轨迹。这篇短文别开生面地由考证年代并不久远的民居类建筑入手，反证出中国建筑的源远流长。虽然文章篇幅不长，引证文献却有 22 种之多，包括《说文》《篇海》《玉篇》《易》《礼》《孟子》《墨子》《古史考》《路史》《日知录》《左传》《史记》《后汉书》《三国志》《北史》《隋书》《魏书》《旧唐书》《新唐书》《金史》《宋史》《洛阳伽蓝记》22 种之多。龙庆忠博览经史，在涉及礼制的最高儒学经典与关联百姓日常生活的匠作住宅之间，找到了当时学界没有注意到的契合点。

作为中国营造学社社友、梁思成留美同学的童寯，曾在 1931 年至 1937 年间，寻访上海、苏州、无锡、常熟、扬州及杭嘉湖一带的园林，于 1937 年写出划时代的造园著作——《江南园林志》（1963 年由中国建筑工业出版社出版）、《造园史纲》、《随园考》等。其中，《江南园林志》的文献利用情况见图 3-6、表 3-1。

[①] 龙庆忠（1903—1996 年），原名龙昺吟，字非了，号文行，江西永新县人，1925 年赴东瀛留学，随后考入日本东京工业大学建筑科，1931 年毕业。学成回国后，龙先生先后在东北、河南的建设部门任职，抗战时期在中央大学建筑系任教，1949 年后长期任华南理工大学（原华南理工学院）建筑系教授。

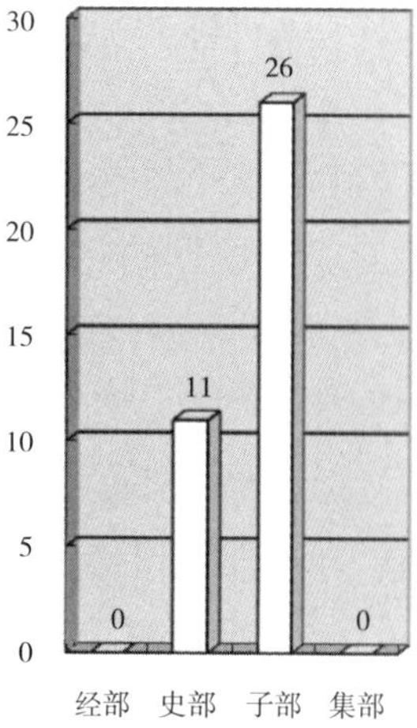

图 3-6 《江南园林志》引用经史子集文献情况（资料来源：作者自绘）

童寯《江南园林志》索引之笔记　　　　　　表 3-1

史部笔记	杨衒之《洛阳伽蓝记》、李格非《洛阳名园记》、吴自牧《梦粱录》、周密《湖山胜概》、赵之璧《平山堂图志》、陈诒绂《金陵园墅志》
子部笔记	刘义庆《世说新语》、孔平仲《续世说》、张舜民《画墁录》、沈括《梦溪笔谈》、叶梦得《石林燕语》、叶梦得《避暑录话》、袁褧《枫窗小牍》、魏泰《东轩笔录》、吴坰《五总志》、惠洪《冷斋夜话》、周辉《清波杂志》、周密《癸辛杂识》、周密《齐东野语》、周密《吴兴园林记》、庞元英《文昌杂录》、娄东《园林志》、林永麟《素园石谱》、周漫士《金陵琐事》、文震亨《长物志》、计成《园冶》、李渔《闲情偶寄》（即笠翁偶集，一家言）、谷应泰《博物要览》、李斗《扬州画舫录》、沈复《浮生六记》、钱咏《履园丛话》
集部	王世贞《游金陵诸园记》

（资料来源：作者统计）

　　童寯的海外留学经历，使他所做的相关研究不仅体现了传统文人、士大夫的诗化生活情趣，还将引经据典的范围扩展到西方文献。如日后所著《造园史纲》就引证了英国哲学家培根《论造园》（Of Gardens）、法国学者勒鲁治《英华庭园》（Jardin Anglo-Chinois）等文献[1]，故其研究视野着眼于东西方造园艺术的审美差异，试图使东方的古典园林在新的社会环境中获得新的生命。

　　虽然龙庆忠、童寯的研究在当时还不是建筑历史学界的主流，却将研究范围从原有的官式大木建筑拓展到民居、园林等领域，可以说是日后中国建筑学界民居与园林研究热潮的萌芽。

---

[1] 童寯.造园史纲.北京：中国建筑工业出版社，1983.

三、中国营造学社后期的文献研究（1937—1944 年）

（一）文献研究与实物研究分离的原因

1. 战乱使中国营造学社的文献受损

1937 年 7 月发生"卢沟桥事变"后，中国营造学社的研究因经费来源断绝，遂告停顿。当时由于事出仓促，只能先将重要图籍文物，分别检束寄顿。经社长朱启钤及梁思成、刘敦桢筹议，将贵重图籍、仪器及历年工作成绩，运存天津麦加利银行。[①]1939 年夏，天津发生水患，寄存于麦加利银行地库的物品全部遭水淹没，渍于水中达两个月之久。图籍仪器照片之类，经水污霉，大部损坏不堪。数载心血，毁于一旦。此项文物于水势退后被运往北京，在京各社员协同整理，分门别类，重为排比。图籍中除霉坏过甚已无法整理者外，对稍可修葺的都进行了揭裱或加以补正。其未经发表的照片底版多种，择其明晰完整部分，重为冲晒翻版，原稿抄件则分别缮补重录。综其事凡历三月，整理所得，不及原来十之二三，而仪器多种，竟因锈蚀无一堪用。[②]此外，1930 年代中国营造学社曾搜集到大量的清代匠师的手抄秘本，经过抗日战争已遗失殆尽。[③]学社成员大量尚未发表的研究报告也散失他处。

文献作为人类文化的载体，最是天灾人祸的晴雨表。在战争年代，文献这种文化财富积累易于遭受毁灭性破坏，而天津水患使营造学社的资料直接受损，对整个研究工作造成了无法弥补的内创，导致文献研究陷入瘫痪。

2. 战乱使学社失去依托档案的环境

战乱时期，珍藏样式雷图档的几大档案机关无法再提供正常服务，以朱启钤、刘敦桢为首开辟的工程个案研究以及样式雷图档的整理工作遂告停顿。刘敦桢随学社转战西南进行田野调查，其他文献组成员滞留北京，因失去研究环境而另谋生路。

---

① 陈雁兵，王俊明.中国营造学社及其学术活动.民国档案，2002（02）：107–109.
② 陈雁兵，王俊明.中国营造学社及其学术活动.民国档案，2002（02）：107–109.
③ 陈明达.中国建筑史学史（提纲）（未刊稿）.

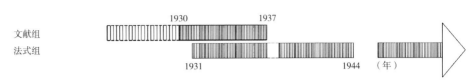

图 3-7　中国营造学社文献组与法式组时间关系图示（资料来源：作者自绘）

3.战乱使文献组成员研究生涯受创

战乱打乱了朱启钤原有的计划。"九·一八"事变及东北沦陷后，"七·七事变"爆发前，为了理清中国古代建筑遗存的基本情况，中国营造学社的工作实际上都集中在调查和测绘上。文献组因为辅助法式组从事繁重的外业测绘工作，其特点不再突出。1937 年，学社文献寄存天津麦加利银行后，文献组成员丧失了研究的环境，既无法跟随梁思成、刘敦桢南下，又无法在北平开展工作（图 3-7）。

除文献组的中坚力量谢国桢去昆明西南联大图书馆从事文献研究外，早已离开学社在政府部门就职的瞿兑之[①]，因在抗战期间曾为伪政府工作的经历，其后一生被人诟病，1949 年后在上海寓居，晚景凄凉；王璧文有亲日倾向，后半生也受此影响，默默地从事《工程做法则例》研究。他们的学术生涯都深受影响。

（二）后续文献研究与全面总结

南下四川南溪县李庄的中国营造学社进行了重组。1938 年，学社成员有梁思成、刘敦桢、刘致平、莫宗江、陈明达。罗哲文、卢绳、叶仲玑于 1940 年至 1942 年间先后加入。1943 年，王世襄作为研究生加入。[②]1938 年之后，学社继续调查测绘云南、四川地区的木构寺观、唐宋砖塔、民居、汉代石阙、崖墓等古建筑遗存，但限于条件，大规模的调查测绘宣告中断。[③]尽管如此，这一时期却是研究成果的丰收期，有如刘敦桢完成的西南地区古建筑调研报告，刘致平撰写

---

① 文献组成员（除刘敦桢、陈明达外）对营造学社期间的经历大都讳莫如深，如在网络上搜索"瞿兑之"，可以发现他著述甚丰，有 30 多部史志著作，但是无论是研究者还是他本人都只字未提中国营造学社期间的经历。这种情况也发生在谢国桢和其他成员身上，这种现象值得深思。
② 中国营造学社成员一览表。见：林洙.叩开鲁班的大门——中国营造学社史略.北京：中国建筑工业出版社，1995：23.
③ 陈明达.中国建筑史学史（提纲）（未刊稿）.

的《云南一颗印》《成都清真寺》，莫宗江撰写的《宜宾旧州坝白塔宋墓》，卢绳撰写的《螺旋殿》，王世襄撰写的《四川南溪李庄宋墓》等；而陈明达所著《崖墓建筑——彭山考古发掘报告之一》，虽迟至 60 年后才得以发表，但完稿也在这个时期；莫宗江所著 10 万字《王建墓》也在此间完成，遗憾的是文稿散佚，至今下落不明。[1]此外，梁思成撰写了《为什么研究中国建筑》等文章，思考了中国建筑历史研究的必要性，并完成了《中国建筑史》（图 3-8）、《图像中国建筑史》（英文）书稿，林徽因也开始对大量性的住宅设计展开思考。

这一时期的主要收获，在于扩大了对古代建筑的认识范围。对汉代至清代的建筑，已有概略的了解，对唐代中期至辽宋金的建筑有较系统、细致的认识，可以识别各时代的特征、则例和做法。对《营造法式》大木作已较熟悉并初步了解了宋代的材份制。因此，到 1944 年已经开始了对《营造法式》的注释工作，并开始编写简略的中国建筑史。[2]

关于《营造法式》专题，梁思成等完成了壕寨制度、石作制度、大木作制度等部分的图样，为 1949 年以后《营造法式》注释的完成奠定了坚实的基础。同时，梁思成写下我国第一部《中国建筑史》（1942 年开始，1944 年完成）。这是国内第一部建筑史专著，被立即翻译成英文版《图像中国建筑史》（A Pictorial History Chinese Architecture）（1944 年完成，1984 年在美国出版）[3]，以西方人能够理解的方式对中国建筑体系进行描述和分析，架起中西方沟通的桥梁，从而将中国的建筑历史研究推向世界。将汉语翻译成英语，对于外文程度的依赖甚至到了苛刻的地步，一般情形下，非母语背景的作者极难胜任。在这个意义上，由中英文俱佳的梁思成所写的《图像中国建筑史》，无论内容，抑或诸多中文术语的英文对译（书尾列有《技术术语一览表》），其开创性都弥足珍贵，更遑论在科技输出层面为国家赢得的体面和尊严。[4]

《中国建筑史》可谓是我国第一部结合实物研究且体例完备的建筑通史著作[5]，该书在林徽因、莫宗江、卢绳等人的协助下，于 1945 年前后完稿。全书共分 8 章，首尾二章为绪论和结语，中间 6 章以中国历代通史为时间轴线，依次论述了各个历史时期建筑的文献记载、实例遗存、艺术特征及设计思想。

---

① 陈明达 . 中国建筑史史学史（提纲）（未刊稿）.

② 陈明达 . 中国建筑史史学史（提纲）（未刊稿）.

③ 1984 年，梁思成编写的《图像中国建筑史》（A Pictorial History of Chinese Architecture）在美国麻省理工学院出版，从而在美国学术界产生了很大的影响。

④ 包志禹 . 建筑学翻译刍议 . 建筑师，2005（2）：75-85.

⑤ 之前虽有乐嘉藻《中国建筑史》，但其按照古代的训诂方式编排，并未引起多少学界的重视。

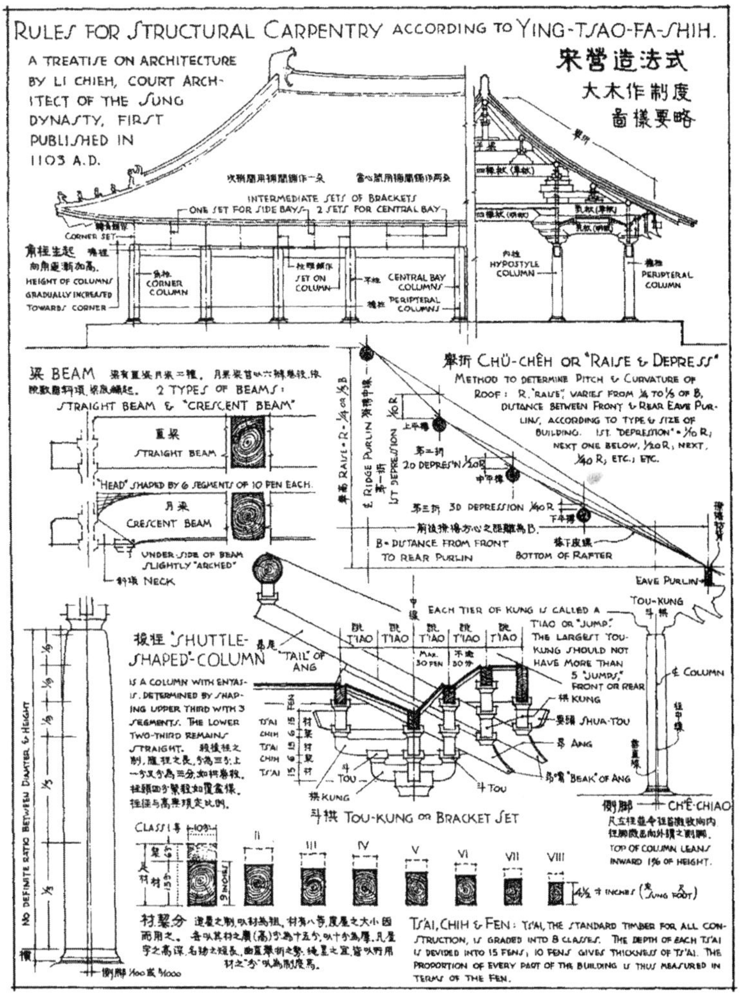

图 3-8 《中国建筑史》插图 [资料来源：梁思成 . 梁思成全集（第四卷）. 北京：中国建筑工业出版社，2001]

　　需要指出的是，尽管该书大量采信中国营造学社 1932 年至 1937 年的实物调查资料，作为立论之本，但应用这些经过科学测量所取得的建筑实证，所要论证的恰恰是历史文献所记录的建筑现象，以及由此反映出的时代思想。如以汉代石阙、崖墓等间接辅证汉代两京（西京长安、东京洛阳）的建筑活动；以唐代佛光寺、宋代正定隆兴寺、辽代独乐寺、应县木塔等对应唐宋建筑活动，并由此参悟宋《营造法式》所蕴含的建筑思想……，等等。如果说梁思成所著《中国建筑史》是中国营造学社历年工作的一个总结，那么这个工作总结也充分证明了文献考证与实例调查是建筑史学研究密不可分的两个方面。

约略同时完成的《图像中国建筑史》是梁思成用英文写就的一部简明的中国建筑史，旨在借助大量照片和图版，就中国古代建筑的结构体系及其形制的演变，向西方读者作出解说。

此外，关于清工部《工程做法则例》的研究也在继续。因为中央博物院要制作建筑方面的展览模型，所以营造学社当时的主要工作就是给中央博物院绘制模型图。卢绳负责按照《工程做法则例》详细绘制模型图纸，总共有百张之多，成为当时的一项基础性工作。[①]

四、梁思成、刘敦桢的文献研究

（一）梁思成的文献研究

梁思成作为中国第一代建筑史学的领军人物，对建筑史学科贡献巨大，同时在雕塑史、绘画史等诸多领域中造诣深厚，如梁思成的雕塑史稿，在学术史上占有重要地位。因为所受教育，特别是家庭环境的影响，梁思成除了在实物调查方面成绩卓著，在文献研究方面同样具有很强的功力。

梁思成最早发表的文章就是依托文献完成的《我们所知道的唐代佛寺与宫殿》。他提出："我们现在先以文献为根据，搜集少许资料，以求得一个宫殿与佛寺的印象，然后将伯希和与敦煌图录壁画中关于建筑的描写做一个归纳分析。"[②]这篇文章考据的文献包括：敦煌壁画、伯希和的《敦煌石窟图录》、《新唐书·太宗本纪》、《元宗本纪》、《地理志》、《图书集成·考工典·宫殿部》、《神异典·僧寺部》、《坤舆典·建都部》、《洛阳伽蓝记》、《陕西通志》、《营造法式》、伊东忠太《中国建筑》、伊藤清造《中国四建筑》、服部胜吉《日本古建筑史》、《辞源》、《白香山集》，等等。通过众多文献建构起唐代建筑的形象。

可以说，正是有《我们所知道的唐代佛寺与宫殿》（中国营造学社汇刊第三卷第一期，1932 年 3 月），以及其后的《蓟县独乐寺观音阁山门考》（中国营造学社汇刊第三卷第二期，1932 年 6 月）、林徽因的《中国建筑的几个特征》（第三卷第一期，1932 年 3 月）等学术积累，通过文献查证和工匠采访取得对古代

---

① 罗哲文先生访谈录，见：白丽丽. 卢绳研究. 天津：天津大学，2005：73.
② 梁思成. 我们所知道的唐代佛寺与宫殿. 中国营造学社汇刊，1932，3（1）.

建筑的了解，才有了梁思成在《中国营造学社汇刊》中的最后一篇文章《记五台山佛光寺建筑》中（第七卷第一期，1944 年 10 月，第七卷第二期，1945 年 10 月）对于唐代建筑的深刻认识。

梁思成通过研究清工部《工程做法则例》和工程籍本，对照故宫实例向老工匠学习，编写《清式营造则例》一书，对清官式建筑做法进行研究，初步了解了清式营造术语。1932 年 3 月，《清式营造则例》脱稿。1932 年 6 月，梁思成发表调查报告《蓟县独乐寺观音阁山门考》，对这座古寺的山门和观音阁做了详细测绘，查阅了史料，抄录了碑记，访问了老者，按总论、寺史、现状、山门、观音阁、今后保护等几部分进行整理，发表了第一篇调查报告。这是中国人第一次用科学方法对中国古建筑进行研究的成果，是用科学方法研究中国建筑的开端。"该报告内容严谨，文笔生动，其治学风格初见端倪，其中所体现的科学的方法，包括精确的测图和严密的考证，已使这第一篇报告一举超过了当时欧洲人与日本人对中国建筑的研究深度，引起国内外学术界极大反响。"[1]

调查报告的文风体例，可见于梁思成丢失多年的文稿《山西应县佛宫寺辽释迦木塔》[2]：首先是史略，陈述寺史及修缮记录，其次是外观及总平面布局，然后是构架略述、材栔、斗栱、柱、阑额及普拍枋、梁栿、承重及楼板、屋盖及其干架、椽橑及角梁、瓦、刹、藻井、装修、勾栏、楼梯、墙壁、彩画、壁画、塑像、匾额等，依项分述。梁思成文风轻快，率真又不乏幽默感。

自梁思成将近代的科学方法应用到研究中国古建筑上，建筑历史研究开始转向文献与测绘并重的理路。在第一篇调查报告《蓟县独乐寺观音阁山门考》的绪言部分，梁思成论述了"研究古建筑，非作遗物之实地调查测绘不可"的观点："近代学者治学之道，首重证据，以实物为理论之后盾……造型美术之研究，尤重斯旨。"梁思成认为，古代建筑在文献上记载很多，但不经过实地调查，即使读破万卷书，仍只能得隐约之印象及美丽之辞藻，而终不得建筑物的真实印象。[3]由此，梁思成提出了研究古代建筑最重要的方法：实地调查测绘。

在这里，可以清楚地发现，在建筑历史研究的起步阶段，那些阐发古人幽思的文献记载，无论多么美妙，都无法满足具有科学精神的梁思成等学人对古建筑的实实在在的科学研究。尽可能地记录现有的木构，以此溯源上古，是当时最为紧迫的任务。

---

① 引自楼庆西. 中国古建筑二十讲. 北京：生活·读书·新知三联书店，2002.
② 梁思成. 山西应县佛宫寺辽释迦木塔. 建筑创作，2006（4）：152-167.
③ 梁思成. 蓟县独乐寺观音阁山门考. 中国营造学社汇刊，1932，3（2）.

翌年即 1933 年，中国营造学社前往大同调研，之后梁思成、刘敦桢共同发表了《大同古建筑调查报告》。纪行部分的一段话可谓中国古代建筑研究的方法论核心：

> 我国建筑之结构原则，就今日已知者，自史后迄于最近，皆以大木架构为主体。**大木手法之变迁，即为构成各时代特征中之主要成分。故建筑物之时代判断，应以大木为标准**，次辅以文献记录，及装修，雕刻，彩画，瓦饰等项，互相参证，然后结论庶不易失其正鹄。本文以阐明各建筑之结构为唯一目的，于梁架斗栱之叙述，不厌其繁复详尽，职是故也。①

关于梁思成的文献功底，最令人佩服的是他关于佛光寺的考证。在《记五台山佛光寺建筑》② 中，关于唐代的住宅，他利用的是白香山《庐山草堂记》；关于唐代壁画的记载，他提到了《历代名画记》《益州名画录》《图画见闻志》。他还通过题字的书法风格推测书写的年代，可见其对古代书法风格变化脉络的熟悉。③同样，凭借一个供养人的雕像（图 3-9），梁思成从史料中查到其背景材料，并因此推断出建筑的建造年代：

> 佛殿梁下唐人题字，列举建殿时当地官长和施主的姓名，也是关于这座殿的**重要史料**。其中最令人注意的莫如"佛殿主上都送供女弟子宁公遇"，这姓名也见于殿前大中十一年的经幢，称为"佛殿主"，想就是出资建殿的施主。按理立幢应在殿成之后，因以推定殿之完成应当就在这年，而其兴工当较此早几年，但亦当在大中二年"复法"，愿诚"重寻佛光寺"以后。佛坛南端天王的旁边有一座等身信女像；敦煌壁画或画卷中也常有供养者侍坐画隅的例子，因此我们推定这就是供养者"女弟子宁公遇"的塑像。

可见，梁思成的研究虽重在法式，但其文献功力同样很强，在最终落实佛光寺的始建年代及缘由方面的文献考证，更起到决定性的作用。梁思成在文献研究方面的功底和造诣，从他任职于学社期间在其他机构的相关兼职也可见一斑，如1933 年曾任中央研究院的通讯研究员，1934 年任北平国立研究院研究员④，1939

---

① 梁思成，刘敦桢 . 大同古建筑调查报告 . 中国营造学社汇刊，1933，4（3、4）.
② 梁思成 . 记五台山佛光寺建筑 . 中国营造学社汇刊，1944，7（1）.
③ "费时三日，始得毕读题字原文，**颇喜字体宛然唐风**……佛殿梁下题字，以地势所限，字形率多横长。笔纹颇婉劲沉着，**意兼欧虞**，结字则时近颜柳而秀（如第二梁之'东'、'尚'、'兼'诸字近颜，第四梁'弟'近柳。）其不经意处，**犹略存魏晋遗韵**，虽云时代相近，要示风气使然，殆亦出于书手之笔。"引自梁思成 . 我们所知道的唐代佛寺与宫殿 . 中国营造学社汇刊，1932，3（1）.
④ 梁思成致 Alfred Bendiner 的三封信（1947）. 见：梁思成 . 梁思成全集（第五卷）. 北京：中国建筑工业出版社，2001：12.

图 3-9　宁公遇像 [资料来源：梁思成 . 梁思成全集（第四卷）. 北京：中国建筑工业出版社，2001]

年以后成为国家中央博物院中国古代建筑文献编辑委员会的创立者并担任主席。[1]可以说，梁思成深厚的国学功底和文献考证能力，也为他毕生从事的中国建筑史和宋《营造法式》研究提供了基石。

（二）刘敦桢的文献研究

与梁思成长于想象和假设，着力于对理论方法的探讨相比，刘敦桢更加重视文献的考证。刘敦桢出身于湖南名门世家，少年时已有深厚的国学基础，在经史考证方面尤有专功。留学日本后，又受到现代建筑学和科学的研究方法的影响。他把这两方面的特长结合起来，以建筑家的眼光，搜求、考证史料；以文史专家的深厚功力，研究建筑，取得了超过前人、独步当时的成果。[2]

刘敦桢国学功底深厚，考证缜密，融通古今中外。从刚入学社的 1932 年至 1937 年间，刘敦桢即写有大量文献考证的文章，如《法隆寺与汉、六朝建筑之关系并补注》《北京智化寺如来殿调查记》《定兴县北齐石柱》《河北省西部古建筑调查纪略》《北平护国寺残迹》《苏州古建筑调查记》《河南省北部古建筑调查记》

---

① 梁思成致 Alfred Bendiner 的三封信（1947）. 见：梁思成 . 梁思成全集（第五卷）. 北京：中国建筑工业出版社，2001：12.
② 成丽 . 刘敦桢对《营造法式》的研究（未刊稿）.

等。对于中国古建筑文献考据与整理方面作出杰出贡献的文章,如《大壮室笔记》(1932年)《东西堂史料》(1934年)《同治重修圆明园史料》(1933—1934年)[①]等,在国内外学术界引起了极大的反响。同时,他还校勘《营造法式》《营造正式》,并写有《故宫本〈营造法式〉钞本校勘记》[②]《明鲁班〈营造正式〉钞本校读记》[③]《鲁班营造正式》[④]《营造法原跋》等文章。此外,刘敦桢还像纯史家那样写过《丽江县志稿》(1940年)[⑤]。2006年,在中国文物研究所库房发现刘敦桢作于1936年前后的《河北涞水县水北村石塔》《河南济源县延庆寺舍利塔》《定县开元寺塔》《苏州罗汉院双塔》等文稿。其考证之翔实,写作之严谨,堪称学术典范,但因抗战爆发未及发表。

刘敦桢继承并发扬了传统笔记史学的研究方法,写有大量笔记体论文。除了他的第二篇重要论文《大壮室笔记》之外,1936年刘敦桢外出调研写下的《河北、河南、山东古建筑调查日记》,是有别于调查报告的日记体,除纪行和记录工作进度外,主要记录所考察实例的特别之处和在现场时的想法。其中,作者在现场的思想点滴更是实时产生的精华,值得后来的研究者重视。这种体例篇幅不长,但各种研究方法如文献、碑记、实例比照等基本齐备,是撰写正式调查报告前的极好准备,值得今后调研的工作借鉴和发扬。[⑥]刘敦桢这一时期的笔记还包括《河北古建筑笔记》《河南古建筑笔记》《河北、河南、山东古建筑调查日记》《龙门石窟调查笔记》《河南、陕西两省古建筑调查笔记》《云南西北部古建筑调查笔记》《昆明及附近古建筑调查日记》《告成庙调查日记》《川、康古建筑调查日记》《龙氏瓦砚题记》等。

此间,刘敦桢足迹遍及大江南北,先后调查了河北、山东、河南、山西、陕西等省的许多古建筑。通过测量、绘图、摄影等科学技术手段,详细记录被调查对象的实际情况及其重要数据。返回后再进行全面整理,绘出正式图纸,并将已知实例与文献、历史资料进行比较、分析和论证,最后写出调研报告。

刘敦桢在收集了大量原始资料的基础上,一共写出了总量达50万字的30多篇著作,大多都登载在《中国营造学社汇刊》的第三卷至第六卷上,其中还不包

① 刘敦桢. 同治重修圆明园史料. 中国营造学社汇刊, 1933, 4(2), 1934, 4(3、4).
② 刘敦桢. 刘敦桢文集(第一卷). 北京:中国建筑工业出版社, 1982:260.
③ 刘敦桢. 刘敦桢文集(第二卷). 北京:中国建筑工业出版社, 1984.
④ 刘敦桢. 鲁班营造正式. 文物, 1962(2):9-11. 该文介绍了明代以来各种版本的《鲁班营造正式》和《鲁班经》的主要特点与相互关系。具体地说,介绍了明代天一阁藏本鲁班营造正式、明万历刻本鲁班经匠家镜、崇祯刻本鲁班经匠家镜以及清代刻本。
⑤ 刘敦桢. 丽江县志稿. 见:刘敦桢. 刘敦桢文集(第三卷). 北京:中国建筑工业出版社, 1987.
⑥ 陈莘. 中国人对辽代建筑的研究. [EB/OL]. [2009-11-12]. http://dean.pku.edu.cn/bksky/2000xzjjlwjwk/5.doc.

括刘叙杰整理出来收录在《刘敦桢文集》中的大量笔记。涉及的内容相当广泛，有宫室、陵墓、园林、宗教建筑、桥梁等。依作品形式，亦可分为论文、调查报告、读书笔记、调查日记、书评、古建筑修缮计划等（表 3–2 ）。[①]

据刘敦桢的哲嗣刘叙杰介绍，1938 年，刘敦桢从实测资料中对比西南地区与中原地区的建筑的各自特点与风格，认为需要研究的问题很多，不但应从建筑上进行探讨，还必须从这一地区的历史发展、民族传统、地理特点、自然资源等多方面进行综合研究，才有可能得到更为全面的结果。在建筑方面，除了对于传统的佛寺、官署等继续开展调查外，对云南省内的祠堂、民居等建筑也予以关注，发表《昆明及其附近古建调查日记》及《云南的塔幢》等著作。[②]《川康古建筑调查日记》《川康之汉阙》《西南古建筑调查概况》则是对多次调查西南地区古建筑的总结性报告，对整个地区的历史、地理与人文的发展情况和各种类型建筑的变迁与特点，作了系统而概括的叙述与分析。[③]

（三）其他学者的文献研究

本时期除梁思成、刘敦桢二先生在文献应用方面成绩斐然外，其他学者也各有专擅。

龙庆忠以《穴居杂考》、《开封之铁塔》（1933 年）、《中国建筑与中华民族》（1948 年）等文章享誉学界，其治学特点在于：很敏锐地将所掌握的有限的实地调查资料与儒学经典中的核心思想相联系，提出一些发人深思的学术观点。

童寯具有学贯中西的学术根基，视野异常开阔，专门治学园林史。以其日后所著《造园史纲》为例：注释 46 条中，37 条为外国名园介绍，5 处为中国园林介绍，其中提到中文古籍 12 部，包括《初学记》《园冶》《三辅黄图》《茶经》等；在中国园林部分，则单辟两个独立章节分别讲述了《洛阳明园记》和《园冶》。这样的东西方比较研究给人的印象是：作者越是放眼中西方，其民族文化自信心就越发强烈。

中国营造学社成员中，此期已屡出成果的刘致平，则独辟蹊径，将文献记录与地方自然环境通盘考量，率先将目光投向尚不是学科主流的民居类建筑研究和历史背景更为复杂的中国清真寺建筑研究。

① 成丽.刘敦桢对《营造法式》的研究（未刊稿）.
② 刘叙杰.刘敦桢.见：杨永生，刘叙杰，林洙.建筑五宗师.天津：百花文艺出版社，2005：46.
③ 刘叙杰.刘敦桢.见：杨永生，刘叙杰，林洙.建筑五宗师.天津：百花文艺出版社，2005：48.

刘敦桢在营造学社期间学术活动及成果一览表 表3-2

	时间	主要活动	主要成果
1	1931年	翻译日本学者滨田耕作《法隆寺与汉、六朝建筑之关系》及田边泰《"玉虫厨子"之建筑价值并补注》，并作大量订正和补充	《法隆寺与汉、六朝建筑之关系并补注》、《"玉虫厨子"之建筑价值并补注》——《中国营造学社汇刊》第三卷第一期
2	1932年	7月辞去中央大学建筑系教职，赴北平中国营造学社专门从事中国古建研究。担任研究院及文献组主任	《北京智化寺如来殿调查记》——《中国营造学社汇刊》第三卷第三期 《大壮室笔记》——《中国营造学社汇刊》第三卷第三期、第四期
3	1933年	进行大量文献考证工作	《万年桥志述略》《牌楼算例》《覆艾克教授论六朝之塔》——《中国营造学社汇刊》第四卷第一期 《故宫钞本营造法式校勘记》——《科技史文集》第二辑
4	1934年	9月对北平及河北省西部定县、易县、涞水、涿县（今涿州市）等地古建进行实地调查	《定兴县北齐石柱》——《中国营造学社汇刊》第五卷第二期 《河北省西部古建筑调查纪略》——《中国营造学社汇刊》第五卷第四期
5	1935年	5月对河北省保定、蠡县、安平、安国、定县、曲阳、正定等市县及北平市古建筑进行调查考证	《北平护国寺残迹》——《中国营造学社汇刊》第六卷第二期 《河北古建筑调查笔记》——《刘敦桢文集》第三卷
6	1936年	赴河南、山东、河北及江苏作古建筑调查	《苏州古建筑调查记》——《中国营造学社汇刊》第六卷第三期 《河南省北部古建筑调查记》——《中国营造学社汇刊》第六卷第四期 《河南古建筑调查笔记》、《河北、河南、山东古建筑调查日记》——《刘敦桢文集》第三卷 《河北涞水县水北村石塔》、《河南济源县延庆寺舍利塔》、《定县开元寺塔》、《苏州罗汉院双塔》（未刊稿）
7	1937年	赴河南、陕西作古建筑遗迹田野调查	《河南、陕西两省古建筑调查笔记》——《刘敦桢文集》第三卷
8	1938年	10月起对昆明城内外古建筑进行调查。11月下旬起对云南西北部古建筑作田野调查	
9	1939年	8月下旬赴四川、西康考察	
10	1940年	2月中旬结束对四川、西康的考察。7月起再进行古建筑调查	《丽江县志稿》——《刘敦桢文集》第三卷
11	1941年	继续调查至年底	《川、康古建调查日记》、《西南古建筑调查概况》——《刘敦桢文集》第三卷
12	1942年	做居住地附近一带古建筑调查，整理积压的大量调查资料	《云南之塔幢》——《中国营造学社汇刊》第七卷第二期 《川、康之汉阙》、《云南古建筑调查记》（未完）、《四川宜宾旧州坝白塔》、《营造法原跋》——《刘敦桢文集》第三卷
13	1943年	接受中央大学建筑系聘，8月赴重庆沙坪坝任教。离开营造学社	《中国之廊桥》——《科技史文集》

（资料来源：成丽绘）

中国营造学社的另一位成员陈明达在此期间以《崖墓建筑》初展才华。不仅得益于导师刘敦桢的影响，其自身也有很深厚的家学渊源（先祖为清朝乾隆时期大学士陈大受，曾祖父为台湾提督学政陈文騄）。他注重实测资料，而对于经史文献的甄别选用，也如同对待实测数据资料一样务求准确无误。另据陈明达晚年回忆：其先祖陈大受在乾隆年间任军机大臣期间曾作《重修祁阳文昌塔记》，对建筑一座砖塔的用工人数、用料种类及数额和工程造价等均详加记录，多少反映了传统士大夫阶层也具备一定的科学实证精神。因此，他认为坚持传统的文献考据工作方法，与引进西方的科学实证方法并不矛盾，甚至是相互弥补、相得益彰的。①

小结　文献学研究奠定建筑史学的基础

《中国营造学社汇刊》共 7 卷 23 期，登载 141 篇文章，其中考证与调查类 46 篇，文献典籍整理类 30 篇，杂著类 26 篇，学术思想与理论探讨类 15 篇，图样与料例及工程作法类 13 篇，译文类 7 篇，古建筑保护类 4 篇。除《中国营造学社汇刊》外，营造学社再版了大量古籍及单行本著作，也大都与文献考证和文献整理有关。② 可见，学社的主要工作是考证、调查与整理文献典籍。就文献典籍的整理而言，通过对浩瀚的古籍进行考辨，对中国建筑的历史发展脉络有了较清醒的认识，为以后的建筑史学研究工作奠定了坚实的基础，同时也确立了卓有成效的工作方法。③

朱启钤不但是中国营造学社的缔造者，而且是建筑史研究的领航人。他凭借中国传统"士大夫"的社会责任感，敏锐地承担起记录、整理营造文化的历史使命，并以文化学的宏观视野切入建筑史研究。深厚的学术研究修养和广博的文献阅读经验使他敏感地判断出各种相关资料的学术价值，如发现宋《营造法式》、搜寻《营造算例》以及对"样式雷"世家及其建筑图档的关注，为中国建筑史学研究的开展打下坚实的文献和理论研究基础；从事市政管理的官员经历，使他"沟通儒匠"，直接记录濒于失传的匠作技术；他对"文献与实际测绘

① 据殷力欣先生转述。
② 中国营造学社编辑出版图书目录 . [EB/OL]. [2007–05–14]. http://166.111.120.55:8001/Navigation/NavigationBy Periodical. html
③ 崔勇 . 中国营造学社研究 . 上海：同济大学，2001：50.

相结合"方法的坚持和执行，既是学术上的前瞻，又是民族气节的体现。

当文献积累到一定程度，理论研究具备一定基础以后，学社转向实物与文献并重，逐步厘清了中国古代建筑的发展脉络，建立了建筑历史研究的最核心的本体部分，即形制样式研究，而梁思成深厚的文献根基和刘敦桢擅长历史考证的特色是梁刘建筑史学体系的特点之一。中国营造学社时期，既有传统史学的余韵，又有田野调查的新方法，与1949年后的建筑史学只重视形制研究的路线相比，传统史学的味道更重。建筑历史研究向形制方向发展，是建筑学学科独立摆脱纯历史学的标志，但是这种趋势此后由于各种原因被单极强化，造成了文献和法式研究的不均衡。林洙曾谈道：

> 在某种意义上甚至可以说，现在的研究工作有些失范，这与没有很好地研究中国营造学社不无关系。因为中国营造学社可以说为中国建筑史学研究树立了很好的典范作用，无论是对传统的继承革新，还是对西方科学精神的借鉴方面，都有许多值得我们学习的地方。没有好好学习中国营造学社的治学精神，以致不少人在研究过程中难免失范。[1]

中国古代建筑早在唐代以前就已经发展成熟，可是，现存宋代以前的实例非常少，仅有的几个唐代实例在当时也只不过是"中等偏下的水平"，远不能反映唐代建筑的真实面貌，这意味着关注唐以前的建筑，势必要关注史料、文物和考古[2]，"既没有实例可查，我们研究的资料不得不退一步到文献方面"[3]。中国古代建筑历史逐渐独立成为一门关于建筑本身的学科的同时，不能离开史料和文物考古，否则难以建立起完整的历史观。中国营造学社建立了一个良好的体制，将古籍整理、校勘作为建筑历史研究的基础工作。或者说，学者的人文素养，使后来的中国建筑史学研究受惠颇多，但是因为1949年以后学科分类、学者主观认识上的局限、社会大环境的影响等因素，中国营造学社在这方面的特点和贡献在一定程度上被忽视。在新的历史时期，重新强调这一点，可以使历史研究的方向更加明确。

朱启钤在具体操作中以营造为中心，整理与营造相关的典籍以及收集工匠抄本、秘籍、烫样，记录整理工匠师傅的做法等非物质文化遗产，建立了最基本的营造文献框架和宏观的文化视野。营造学社时期对文献的搜集偏向于物质文化资

① 清华大学建筑学院资料室林洙女士专访．见：崔勇．中国营造学社研究．东南大学出版社，2004：233.
② 罗德胤．梁思成之外的古建筑学——评傅熹年先生《中国古代建筑十论》．[EB/OL].[2006-07-29]. http://www.xishu. com. cn/haoshu/2004-4/29ml. asp.
③ 梁思成．我们所知道的唐代佛寺与宫殿．中国营造学社汇刊，1932，3（1）.

料的搜集和研究，对于建筑物的社会层面、礼制、社会意识形态方面的研究尚未涉及，因此虽有大量收集但少有专注和研究；对经部和子部内容的利用很少，集部的内容用得也不多；将史部与集部分得很清楚；重视史籍里如方志等关于建筑的描述，但无关建筑实物者就不列入研究范围；对待《古今图书集成》，也只是当成工具书使用，并未上升到社会文化意识层面作整体思考……这些都深受当时传统史学研究的影响，与历史学研究方法、建筑史学的研究阶段亦有关系，具有鲜明的时代特点，是收集营造文献初期所不可避免的。建筑不仅是物质的产物，同时也是精神的外化，与民族性格、信仰等非物质因素密切相关。随着文献的积累，对形而下的具体形态作深入研究的同时，必须要深入社会、文化生活等层面进行研究，方能深化建筑历史及理论。

纵观中国营造学社的研究历程，其文献组的设置对于文献、文物的收集、整理及价值认定有着独特的意义，而这也正是开展建筑历史研究的基础。随着文献组的消隐，对于文物级别的档案（如样式雷图档、工程抄本）的收集、整理以及更重要的价值认定工作也暂告停止。这种损失虽然是潜在的，但至今还影响着建筑历史研究的格局。

第四章

壮大与新生：1949年以后的建筑历史文献研究

一、1950—1966 年建筑历史文献利用经典案例分析

中国营造学社确立了一条实物考察与文献分析并举的技术路线，开展了一系列营造文献搜集、整理和古建筑调查、测绘的工作，取得了大量基础材料，为中国古代建筑史研究奠定了基础。1949 年以后，中国古代建筑史研究在文献和实物研究两方面分别取得了标志性成果：一是对唐宋建筑的解读取得了突破，二是在全国范围内开展古建筑调查研究。

近现代的第一代历史学家，大都有实证史学背景，经历了严格的学术训练，严谨的学风对他们来说已经成为职业习惯。中华人民共和国成立后，由于政治因素介入学术研究，实证史学受到了不公正对待，史料被人蔑视，考据遭人嘲笑，"以论带史"成为历史学研究的潮流与风尚。在这种学术氛围下，实证史学的优良传统很难得到坚持和继承，中国营造学社培养的一代中国建筑史学家，大多具有深厚的史学研究功底，但这种优秀传统并未被很好地继承，影响了中国建筑历史研究的进一步发展。

中国营造学社创立了中国古代建筑史学科，培养了梁思成、刘敦桢等一代建筑历史学家和建筑教育家。梁思成、刘敦桢分别创建了清华大学和东南大学的建筑系，其他成员也大多成为建筑院校建筑史学科的学术骨干，培养了几代建筑学人。中国营造学社在当时的历史条件下，开展中国古代建筑研究，后因种种原因，于抗战胜利后停止活动，但他们先进的研究理念和严谨求真的治学精神，被中国营造学社成员继承并发扬，成为建筑史学研究的宝贵财富。中国营造学社时期与此后梁思成、刘敦桢等领导的建筑教育体系相比，有着鲜明的时代特征，但也有很多优良传统未得到继承。是因为不合时代潮流，还是因为学科发展越来越系统，具体原因值得我们反思。中国营造学社在机构设置方面，下设文献组和法式组，分别开展文献考证与田野测绘调查，两组在科学分工的基础上密切协作，取得了很大成绩。但 1949 年以后的建筑历史研究中并未沿袭这种机构设置，是因为文

献组已经完成了历史使命，文献学习和研究成为个人素养，不再需要有组织的分工合作，开展文献研究工作？还是因为观念变化，认为营造之学全在法式？是因为建筑史学研究内容发生了变化，还是因为社会环境发生了改变？文献组的工作被人遗忘，不再位于后人研究视野内，是由于主观原因还是客观原因？是历史的偶然还是必然？是有意的选择还是无意的丢失？回答这些疑问，正是研究那段历史的目的所在。

总的来说，这种情况可以归结为文化价值观问题。中华人民共和国成立初期的历次政治运动对中国传统文化造成了巨大的冲击和破坏。反映在建筑历史研究领域，文献研究遭到轻视，"钻故纸堆""考据"成为贬义词和批判对象。1958年召开的中国建筑史学会议上，梁思成曾经被迫这样自我批评道："是因为与历史语言研究所比拼，才之乎者也起来，做着毫无用处的考据。"[1] 从中可以看出当时对待考据的普遍态度。为避免历次政治运动的影响，中国建筑历史研究不得不以法式研究为主，开展全国建筑遗存调查成为建筑历史研究的主流。即便如此，建筑历史研究在历次政治运动中，仍无法避免成为"厚古薄今"和"烦琐考证"的反面典型。

中华人民共和国成立后，百废待兴，建筑行业也掀起了对全国范围内建筑遗存进行摸底调查的热潮。1956年，刘敦桢《中国住宅概说》出版，大大推动了民居研究的热潮。1960年代的中国建筑历史研究，以中国建筑科学研究院建筑理论与历史研究室为核心单位，以开展实物调查为基本研究方法，以调查摸底为工作重点，以古代建筑实物资料的发掘、记录和整理为主要工作内容。[2] 一切数据来自实物测绘，无须依靠历史文献，是这一时期的鲜明特点。

中国建筑科学研究院建筑理论与历史研究室创建后，各组成员（含南京分室）在建筑断代史和类型史方面作了大量调查研究工作，内容涉及城市、村镇、民居、园林、装饰、宗教建筑、少数民族建筑等方面，不仅调查搜集了大量实例，并在此基础上开展研究，取得了前所未有的丰富史料和相应的研究成果。[3]

这一时期的建筑历史和建筑理论研究取得了较大进展，培养了大批后备人才和新生力量，但对文献整理工作却重视不足，相关研究成果仅有《文献中的建筑

---

[1] 1958年全国建筑历史学术讨论会梁思成大会发言记录（1958年10月13日）（手稿），中国建筑设计研究院建筑历史与理论研究所藏。引自：温玉清．二十世纪中国建筑史学研究的历史、观念与方法——中国建筑史学史初探．天津：天津大学，2006．

[2] 温玉清．二十世纪中国建筑史学研究的历史、观念与方法——中国建筑史学史初探．天津：天津大学，2006：168．

[3] 傅熹年，陈同滨．建筑历史研究的重要贡献．中国建筑设计研究院编：中国建筑设计研究院成立50周年纪念丛书——历程篇．北京：清华大学出版社，2002：141-149．

史料汇编》（1958—1965 年）。对于中华人民共和国成立后中国建筑历史研究的这段"黄金时期"，陈明达晚年曾经这样评论：

> 在这个阶段中，对北京、安徽等地的民居建筑，对承德、苏州等地的园林，对应县木塔等木构建筑，都做了较深入的专题研究；对一些比较完整的古代建筑遗址，如殷代盘龙城、西周凤雏宫殿、汉代辟雍、唐代含元殿等，做了复原研究的初步尝试。这些工作，分别从不同角度就古代建筑艺术、设计、构图、结构形式、城市规划思想等重大课题作较深入的探讨，开始向建筑学理论的深层面发展。而同时期文献资料的整理汇编却几乎停顿，大量实物调查测绘资料尚未系统整理发表，则是美中不足。①

中华人民共和国成立后，考古发掘工作进展迅速，成果丰硕，建筑历史研究在建筑考古复原方面也做出了很大成绩。其中，文献考证作为必不可少的研究手段仍然起着重要作用。如，白沙宋墓研究中对理气宗的风水观念的还原；在刘致平指导下，傅熹年②、杨鸿勋、王世仁③等对汉代礼制建筑、唐代建筑的复原设想；郭湖生发表《园林的亭子》④《麟德殿遗址的意义和初步分析》⑤《河南巩县宋陵调查》⑥等文章；曹汛继承了第一代建筑史学家积极考证的优良传统，在《叶茂台辽墓中的棺床小帐》⑦一文中，采用测绘、查阅文献、研究碑文题记、比照实例和《营造法式》、分析附属艺术、分析功能等方法进行综合研究，沿用中国营造学社开展大木作研究的工作方法⑧，为文物建筑的鉴定作出了贡献。

（一）《中国古代建筑史》对文献的利用

1959 年起，建筑史学界 31 位知名学者着手编著《中国古代建筑史》，1960 年至 1963 年间七易其稿，于 1964 年完成第八稿⑨，直至 1980 年才由中国建筑工业出版社正式出版。1979 年由南京工学院主编的统编教材《中国建筑史》（第一版），即在此基础上编写而成。⑩

---

① 陈明达 . 中国建筑史学史提纲（未刊稿）.
② 刘致平，傅熹年 . 麟德殿复原的初步研究 . 考古，1963（7）.
　傅熹年 . 唐长安大明宫玄武门及重玄门复原研究 . 考古学报，1977（2）.
③ 王世仁 . 汉长安城南郊礼制建筑大土门村遗址原状的推测 . 考古，1963（9）.
④ 郭湖生 . 园林的亭子 . 建筑学报，1959（6）.
⑤ 郭湖生 . 麟德殿遗址的意义和初步分析 . 考古，1961（11）：619—6301.
⑥ 郭湖生 . 河南巩县宋陵调查 . 考古，1964（4）.
⑦ 曹汛 . 叶茂台辽墓中的棺床小帐 . 文物，1975（12）.
⑧ 陈莘 . 中国人对辽代建筑的研究 .[EB/OL].[2007-04-03]. http://dean.pku.edu.cn/bksky/2000xzjjlwjwk/5.doc.
⑨ 刘敦桢 . 中国古代建筑史 . 北京：中国建筑工业出版社，1980：417—418.
⑩ 中国建筑史教材编写组 . 中国建筑史 . 北京：中国建筑工业出版社，1979.

图 4-1 刘敦桢主编的《中国古代建筑史》（第二版）书影（资料来源：刘敦桢主编. 中国古代建筑史. 北京：中国建筑工业出版社，1984）

　　刘敦桢主持编著《中国古代建筑史》，始于 1958 年 10 月，是集体大协作编写"建筑三史"——《中国古代建筑史》《中国近代建筑史》《中国解放后的建筑》工作的一部分，历时 6 年，于 1964 年 8 月完成第八稿定稿。此稿吸纳了 1949 年前后已有建筑史料和考古成果，经过反复分析、论证而成，总结了中国建筑史学科建立 30 余年的成就，代表了当时中国建筑史学研究的最高水平，后因种种原因搁置，于 1980 年正式出版。[①] 这部著作凝聚了中国建筑史学研究三代学人的心血，其延迟出版使 1949 年以来中国建筑历史研究进程形成了巨大的学术断层，造成了负面影响，至今仍影响着中国建筑史学的发展和未来趋势。[②] 其中之一就是对于古代典籍学习和利用的断层。

　　《中国古代建筑史》（图 4-1）获得国家建筑工程总局 1980 年度优秀科研成果一等奖。该书资料丰富翔实，插图精美，行文流畅，为后学树立了典范。书后注释标注了参考文献及版本，方便查阅使用，至今仍是研究中国古代建筑史的重要参考书籍。

　　梳理古籍文献中的相关叙述，一般是研究的起点。《中国营造学社汇刊》直接引用古籍文献，成就了第一批建筑史学论著。《中国古代建筑史》中，除历史典籍外，《中国营造学社汇刊》的论文成果也是其引用文献的一大来源。中国营造学社培养的建筑史家写就的相关著作和论文逐步成为基础文献，同时还包括与

---

① 温玉清. 二十世纪中国建筑史学研究的历史、观念与方法——中国建筑史学史初探. 天津：天津大学，2006：216.

② 李志荣. 刘敦桢先生关于〈关于中国古代建筑史〉的两封信（未刊稿）. 见：温玉清. 二十世纪中国建筑史学研究的历史、观念与方法——中国建筑史学史初探. 天津：天津大学，2006：212.

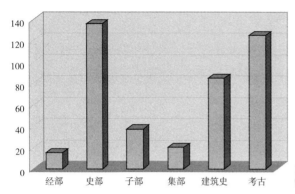

图 4-2 《中国古代建筑史》文献利用情况
（资料来源：作者自绘）

建筑史学同时成长起来的考古学相关成果。从《中国古代建筑史》的参考文献清单不难看出，这一时期建筑历史研究的参考资料来源，从中国营造学社时期完全依托历史古籍，转变为建筑历史研究成果、考古学新成果与古籍文献三部分并重的局面（图 4-2）。而支撑《中国古代建筑史》一书的大部分建筑历史研究成果来自中国营造学社时期《中国营造学社汇刊》中刊载的论文，以及中国营造学社成员在 1949 年以后的相关研究著述。

中国营造学社时期大量搜集整理古籍，刘敦桢作为文献组主任，对古籍中相关建筑的著述了如指掌，在此后《中国古代建筑史》的编写过程中起到了决定性作用。另外，《中国营造学社汇刊》中各专项成果和考古学研究成果也为《中国古代建筑史》的顺利编写作出了贡献。中华人民共和国成立后，随着考古学的蓬勃发展，考古新发现、新成果不断涌现，建筑历史研究有了更多的实物材料。考古材料比文献材料更确凿可信，许多曾经被怀疑的纸上传说成为事实，无疑为《中国古代建筑史》的编写提供了有利条件。建筑史学界与考古界密切合作，这种关系使得考古学最新成果能够迅速在建筑历史研究中得到利用。

除了《中国营造学社汇刊》奠定了学科的学术基础，中华人民共和国成立后开展的各分项研究，如各地区民居研究、宗教建筑研究等，也为编纂工作提供了大量材料，使《中国古代建筑史》的编写游刃有余、有的放矢，最终成为图文并茂、极具视觉冲击力的优秀的建筑史著作。

据笔者统计，《中国古代建筑史》对一些文献做了多次引用，如引用《史记》卷六 4 次，引用孟元老《东京梦华录》4 次，引用梁思成、刘敦桢《大同古建筑调查报告》4 次。除去重复，实则共引用文献 413 次。

统计时根据文章性质进行分类，建筑史学者尤其是中国营造学社成员发表在文物、考古类杂志上的文章仍然按建筑类计算，如梁思成《记五台山佛光寺建筑》

（《文物参考资料》，1953 年 5、6 期合刊），刘致平、傅熹年《麟德殿复原的初步研究》（《考古》1963 年 7 期），郭湖生、戚德耀等《河南巩县宋陵调查》（《考古》1964 年第 11 期），陈明达《海城县的巨石建筑》（《文物参考资料》1963 年第 10 期），罗哲文《临洮秦长城、敦煌玉门关、酒泉嘉峪关勘查简记》（《文物》1961 年第 6 期），罗哲文《江油发现宋代木构建筑》（《文物》1964 年第 3 期），祁英涛《河北省新城开善寺大殿》（《文物参考资料》，1957 年 10 期），杜仙洲《义县奉国寺大雄殿调查报告》（《文物》1961 年 2 期），等等，都划归建筑类。

作为两门学科，建筑历史学与考古学有着各自不同的理论和研究方法，面对同样题材，也有各自不同的研究重点。以赵州桥文物修复研究为例，按照发表刊物不同，划归不同类别，余鸣谦《最近竣工的赵县安济桥）（古代建筑修整所编《历史建筑》1959 年 1 期）属于建筑类，而余哲德《超县大石桥石栏的发现及修复的初步意见》（《文物参考资料》1956 年 3 期）归入考古类。

为了形象生动地说明建筑的构造，《中国古代建筑史》中绘制了大量插图，如中国建筑木构架、中国古代建筑斗栱组合等经典图示，成为教科书不可或缺的精彩内容。同时，插图还包含了从史籍中描摹出来的与古代建筑相关的各种形象，如建筑单体形象、住宅组群布局、室内家具等，为没有实物参照的部分提供了形象的案例。统计时，将从墓室壁画、石刻上收集到的形象按照引用子部文献计算。

为更好地说明问题，统计时将建筑史学及考古学的文献分开计算。根据不严格统计，从经史中析出插图 3 幅，从墓室壁画、碑刻中析出插图 30 幅，从建筑史文献中析出插图 138 幅。除去照片 31 幅，建筑史学家绘制插图 123 幅，占绝大部分，为《中国古代建筑史》的独立性、科学性、严谨性、示范性、权威性打下了坚实的基础。建筑学擅长图绘的优势也显露出来。

综上所述，加上插图以后，计算各类文献所占比重，建筑史研究成果的优势明显，成为《中国古代建筑史》教材编纂的最大内容来源。而考古类文献紧随其后，成为古代建筑史不可或缺的重要组成部分。古籍中，由于考古学科从传统史学中独立出来，史部文献不再是建筑历史研究的最大依托。同时，建筑史学自身的独立成长也使得建筑史研究成果积累增多，直接为建筑史学研究服务，体现出可喜的发展态势。建筑史学研究逐渐形成独立的文献群，是学科发展的必然。

通过统计可知，中国营造学社时期的学术成果是编纂《中国古代建筑史》的重要基础。中国营造学社时期直接凭借文献和实物研究，积累了大量研究成果，部分已在《中国营造学社汇刊》中发表，另外一部分也成为 1949 年以后在考古学期刊中大量发表建筑历史研究成果的基础。

中华人民共和国成立后发表的建筑史学研究成果中，除去对传统史籍文献的梳理外，较为突出的考古学研究成果，也成为建筑历史研究的重要参考和研究目标，很多中国营造学社时期的建筑学者也转入文物和考古系统，成为中坚力量。

中国营造学社解体后，建筑史研究独立发表论文的阵地相对缺乏。这一时期，建筑历史研究的主要阵地包括《建筑学报》《历史建筑》《南京工学院学报》，以及中国工业出版社（即中国建筑工业出版社的前身）。由于建筑历史与考古学的紧密联系，很多建筑历史学研究论文都发表在文物考古类期刊上，如《文物参考资料》《考古》。文物考古类期刊成为史部古籍之外，建筑历史研究所凭借的最大引用来源。

（二）《苏州古典园林》对文献的利用

1953 年 4 月，刘敦桢在南京工学院成立"中国建筑研究室"，在此后 10 年中，持续不断地进行苏州园林的专项研究。相关研究成果《苏州古典园林》（图 4-3）于 1964 年成稿，至 1979 年整理出版。该书介绍了苏州传统园林艺术，是中国园林建筑艺术的重要缩影，内容丰富、图文精辟，被国内学术界公认为目前研究中国古典园林的经典著作，曾获 1977 年至 1981 年度全国优秀科技图书奖和 1979 年全国科学大会奖，其引用《四库全书》文献的情况如图 4-4。

《苏州古典园林》引用了大量古籍文献，以子部和史部文献为最多。其中，除了古代文献中记述、研究园林的重要典籍，如计成《园冶》、李格非《洛阳名园记》等，以及地方志如《吴县志》之外，还引用了大量文人笔记、散文以及学术札记，如刘歆《西京杂记》、李渔《闲情偶寄》、顾炎武《日知录》，等等（表 4-1）。由于中国园林艺术以传达意境为独有的特点，根据文人笔记更能挖掘其内涵，阐明其艺术价值，突破了建筑学研究的视角，显示出开阔的研究视野。

图 4-3 《苏州古典园林》书影（资料来源：刘敦桢. 苏州古典园林. 北京：中国建筑工业出版社，1979）

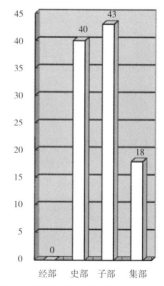

图 4-4 《苏州古典园林》引用经史子集情况（资料来源：作者自绘）

刘敦桢《苏州古典园林》引书及分类　　　　　　　　　　表 4-1

吴自牧《梦梁录》、耐得翁《都城纪胜》、周密《吴兴园林记》	史部；史部；子部
王世贞《游金陵诸园记》、《娄东园林志》及各地方志	子部；子部；史部
顾炎武《日知录》	子部
刘歆撰《西京杂记》	子部（小说家类）
《全宋词》	集部
李格非《洛阳名园记》	史部
明商浚辑《稗海》录周密《癸辛杂识》	类书；子部
《百陵学山》录黄省曾《吴风录》	丛书；史部（续修四库）
李渔《闲情偶寄》（即笠翁偶集，一家言）	子部
《古今图书集成》《元城语录》顾铁卿《清嘉录》袁学澜《苏台览胜词》	类书；子部；子部；子部
《南史》、《唐书》、《古今图书集成》、《贾氏谈录》、《宋史》、近人杨复明《石言》	史部；史部；类书；子部；史部；子部
计成《园冶》	子部
《西京杂记》卷一、卷三；《三辅黄图》卷三	子部；子部；史部
《水经注疏》	史部
《水经注》、《魏书》、《洛阳伽蓝记》	史部；史部；史部
《宋史》、《枫窗小牍》、赵佶《艮岳记》、《华阳宫纪事》、张淏《艮岳记》	史部；子部；史部；史部；子部
黄宗羲《张南垣传》、吴伟业《张南垣传》	集部；集部
计成《园冶》	子部
《营造法式》	史部
周敦颐《爱莲说》	集部
文徵明《王氏拙政园记》、中华书局《文待诏拙政园图》、王献臣《拙政园图咏跋》、潘岳《闲居赋》、（《全秦汉三国魏晋文》）	子部；子部；子部；子部；集部
文徵明《王氏拙政园记》、王献臣《拙政园图咏跋》	子部；子部
徐乾学《儋园集》《长洲县志》	集部；史部
沈德潜《复园记》、钱泳《拙政园图咏题跋》	集部；子部
《拙政园图》《八旗奉直会馆图》	子部；子部
钱大昕《寒碧庄宴集序》、范来宗《寒碧庄记》《區上记》、余樾《留园记》	子部；子部；子部；子部
袁宏道《袁中郎先生全集》	集部
欧阳玄《师子林菩提正宗寺记》、元危素《师子林记》（明释道询重编《师子林纪胜集》）	集部；集部
郑元祐《立雪堂记》、王彝《游师子林记》	集部；集部
赵翼《游狮子林题壁兼寄园主黄云衢诗》、沈复《浮生六记》、钱泳《履园丛话》、曹凯《咏狮子林八景诗》	集部；子部；子部；集部
苏舜钦《沧浪亭记》（宋范成大《吴郡志》引）	史部
沈周《草庵纪游诗并引》（清宋荦《沧浪小志》引）	史部地理类

续表

宋荦《重修沧浪亭记》	史部
宋荦《沧浪小志》、乾隆《南巡盛典》	史部；史部
张树声《重修沧浪亭记》	史部
钱大昕《网师园记》	子部
余樾《怡园记》(《吴县志》)	史部
顾震涛《吴门表隐》(《吴县志》)	史部；史部
张松斋《采风类记》、魏禧《敬亭山房记》、汪琬《姜氏艺圃记》《艺圃后记》黄宗羲《念祖堂记》(均引自《吴县志》)	史部；史部；史部；史部；史部；
《飞雪泉记》(《吴县志》)、冯桂芬《显志堂稿》	史部；集部
《中国营造学社汇刊》，黄宗羲《张南垣传》	TU；集部；
《美术丛书》载郭熙《林泉高致》	子部
《吴县志》录《拥翠山庄记》	史部
园中石刻金天羽《鹤园记》	子部

（资料来源：作者自绘）

（三）《应县木塔》《承德古建筑》对文献的利用

这一时期，基于文献利用角度，出现了陈明达著《应县木塔》和天津大学建筑系编著的《承德古建筑》这两部须予以重视的建筑史学专著。

《应县木塔》是陈明达正式出版的第一本建筑学专著，约 14 万字，210 张图纸及照片，1966 年初版，1981 年再版，被称为中国建筑历史研究的一次重大突破，与姚承祖《营造法原》、梁思成《清式营造则例》、刘敦桢《中国古代建筑史》和《中国住宅概说》、童寯《江南园林志》、刘致平《中国建筑类型及结构》等并列为 20 世纪中国建筑历史学科的经典著作。

1962 年起，陈明达率助手黄逖等赴山西应县考察佛宫寺释迦塔，在 1930 年代中国营造学社考察和陈明达本人绘制模型图的基础上，进行了更为精确、详细的测绘，并结合多年来《营造法式》的研究成果，探讨了古代建筑的设计规律。《应县木塔》中的《佛宫寺释迦塔》一文，成为揭开中国古代建筑设计之迷的关键。

此书引证的古今文献包括：《后汉书》《魏书·释老志》《洛阳伽蓝记》《水经注》《两京城坊考》《五代史》《辽史》《契丹国志》《元史》《日下旧闻考》《乾隆三十四年吴炳应州续志》《营造法原》《中国营造学社汇刊》等。尤其值得注意的是，作者的建筑实测工作与上述引证文献，实际上都是围绕破解中国建筑史学最重要的文献《营造法式》而展开的，可以说，陈明达的应县木塔专题研究，原本就是《营造法式》研究课题的重要组成部分。

　　1950 年代开始，天津大学建筑系卢绳主持完成了承德古建筑（避暑山庄和外八庙）的实地测绘，天津大学建筑系冯建逵、章又新、方咸孚、胡德瑞、杨道明及承德市文物局王世仁于 1980 年完成《承德古建筑》的编撰和出版工作。

　　《承德古建筑》10 万余字，由上篇"避暑山庄"和下篇"外八庙"两部分组成，共有测绘图 350 张，手绘插图 31 张，复原图 3 张。从地理环境、历史背景和建造者设计思想三方面，阐述了承德古建筑的建造缘由和艺术成就，分析了避暑山庄园林艺术和外八庙在建筑形式上对各民族建筑的融合，令人信服地展示了清代皇家园林和藏传佛寺取得的艺术成就。此书所引文献包括史部、集部古籍和日本学者的专著等 30 余种，其中有属于子部文献的古代绘画 15 张。

二、1980 年以来的建筑历史文献利用经典案例

　　傅熹年认为，中国建筑史学研究除了进一步拓展新的研究方向外，应注重在前人研究的基础上进行综合归纳、比较分析，尝试探索中国古代建筑设计的原则、方法及规律，全面总结历史经验，从更深层次上认识中国古代建筑的卓越成就和科学水平，以及中华民族建筑传统得以形成和延续的种种因素，以帮助城市规划和建筑设计工作者更深入、具体地了解中国古代建筑的精髓，从规划设计原则、方法上去认识传统，取得参考和借鉴。[①]

　　在 1980 年以前，有关建筑历史的出版几乎处于空白状态，1980 年代后期，则如雨后春笋般逐渐增多。而实际上，其中的很多成果是在 1980 年代以前酝酿而成的，如刘敦桢主编《中国古代建筑史》（1980 年，第二版 1984 年），梁思成等编纂《中国建筑图集》（1981 年），刘敦桢著《刘敦桢文集》（1982 年），梁思成著《中国建筑史》（1986 年），刘致平著《中国建筑类型结构》（1987 年），等等。

　　内地的出版物除教材《中国建筑史》（1982 年，第二版 1986 年）以外，还有中国建筑科学研究院编《中国古建筑》（1983 年），中国科学院自然科学史研究所主编《中国古代建筑技术史》（1985 年），西藏工业建筑勘测设计院编《大昭寺》（1985 年），潘谷西编《曲阜孔庙建筑》（1987 年）。除此以外，还有喻维国等编著《建筑史话》（1987 年），李玉明主编《山西古建筑通览》（1988 年），李采芹、王铭珍著《中国古建筑与消防》（1989 年），王振复著《中华古代文化中的建筑美》

① 傅熹年.中国古代城市规划、建筑群布局及建筑设计方法研究.北京：中国建筑工业出版社，2001：4–9.

（1989 年），李长杰主编《桂北民间建筑》（1990 年），龙庆忠著《中国建筑与中华民族》（1990 年），陈明达著《中国古代木结构建筑技术（战国—北宋）》，张驭寰、郭湖生主编《中华古建筑》（1990 年），等等。

港台地区也陆续有相关出版物问世。除香港地区李允鉌编著《华夏意匠》（1984 年）外，台湾地区建筑历史研究的出版物有：狄瑞德、华昌琳《台湾传统建筑之勘察》（1980 年），黄宝瑜编著《中国建筑史》（1980 年），王镇华著《中国建筑备忘录》（1984 年），李乾朗著《传统建筑》（1983 年）、《中国建筑史论文选辑》（明文书局，1984 年），纪国骅编著《漫谈中国建筑》（1985 年），李乾朗著《台湾建筑史》（1986 年），《金门民居建筑》（1987 年），刘奇俊著《中国古建筑》（1987 年），博伊德（A. Boyd）著、谢敏聪等编译《中国古建筑与都市》（1987 年），等等。

自 1980、1990 年代以来，中国建筑史学研究进入了一个重要的学术转型时期，表现在出现了一些具有学术转型倾向的重要学术著作。例如，傅熹年对中国建筑和建筑群构图规律的研究，罗小未对"中国建筑空间概念"的探讨，陈明达用"模数制"来分析古代木结构的《〈营造法式〉大木作研究》，以及王世仁的《理性与浪漫的交织》、侯幼彬的《中国建筑美学》、王鲁民的《中国古建筑文化探源》、萧默主编的《中国建筑艺术史》、汪德华的《中国古代城市规划文化思想》等，都从不同的侧面对中国建筑理论研究做出了可贵的尝试。可以说，"中国建筑史学界已经从'有什么''是什么'逐步进入了'为什么'的阶段"[1]，这其中，香港地区建筑师李允鉌所著《华夏意匠》，较早地运用了一些西方建筑理论方法，梳理中国建筑类型，以其独具特色的影响而广为人知，甚至一度引发了对中国建筑史学研究走向的热烈讨论，成为 1980 年代中国建筑史学研究转型期的标志性著作之一。[2]

值得说明的是，李国豪主编的《中国古代土木建筑科技史料选编——建苑拾英》（1990 年），从建筑史料的角度对《古今图书集成》进行了重新节选，为古籍的整理和利用迈出坚实的一步，为建筑史学者利用古籍提供了方便；而王振复的《中华古代文化中的建筑美》则以文科学者的视野，从文化视角开始对建筑的探索；相似地，王毅的《园林与中国文化》一书从中国文化的特征入手研究园林。

① 吴良镛.关于中国古建筑理论研究的几个问题.建筑学报，1999（4）：38-40.
② 温玉清.二十世纪中国建筑史学研究的历史、观念与方法——中国建筑史学史初探.天津：天津大学，2006：277.

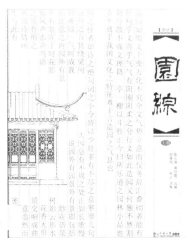

图 4-5 《园综》书影（资料来源：陈从周，蒋启霆选编．园综．上海：同济大学出版社，2004）

　　高等学校教材《中国建筑史》（第一版 1982 年，第二版 1986 年，第三版 1993 年），是以东南大学建筑系教师为主体，并联合全国各大高校的建筑史学专家、学者集体协作完成的。在过去 20 多年时间里，一直作为大多数建筑学专业学生的中国建筑史入门读物。该书针对建筑学专业教学的特点，不断推陈出新，以综述性的绪论开篇，将中国古代建筑按照类型分为城市建设、住宅与聚落、宫殿、坛庙、陵墓、宗教建筑、园林与风景，非常适合建筑学专业学生使用，影响广泛，对中国建筑教育有突出贡献。[①] 但与刘敦桢主编的《中国古代建筑史》（1980 年）相比，因为没有单独的索引注释，无形中忽略了文献的价值与意义。

　　古籍整理方面也有深入。例如陈从周《园综》（图 4-5）与《历代名园记注》一脉相承，搜罗分散在诸文集中有关园林的不易得见之笔记、散文、隽永的小品文，以园林的空间分布为序编排，选录西晋至清末 1600 余年间 217 位作家有关园林艺术的作品 322 篇，为研究园林者提供了另一种形式的工具书和资料集。该书以描述园林景观为主，兼及记述历代名园建置、兴废的有关篇章，并附有若干名园插图，大体勾勒出了中国古代园林的发展轮廓，填补了中国古典园林文化研究方面的空白。所选篇章能够反映园林风貌，且文笔华美，写景如画，既是园林记叙文，亦是风景美文。当散在各处的文字集中在一起的时候，就显示出文人的审美阐释对中国园林产生的作用和影响。综览全书，一方面能跨越时空的距离，尽情徜徉在美不胜收的古代园林世界里；另一方面又能得到古代园林文学华美篇章的

---

① 温玉清. 二十世纪中国建筑史学研究的历史、观念与方法——中国建筑史学史初探. 天津：天津大学，2006：285.

图 4-6 《中国古建筑文献指南》
书影 [资料来源:陈春生、张文辉、
徐荣编著 . 中国古建筑文献指南
(1900—1990). 北京:科学出版
社, 2000]

艺术熏陶。为便于读者阅读,每篇皆对疑难词、人名、典故略作注解,书后附有作者小传,可为知人论世之用。

陈春生等编著的《中国古建筑文献指南(1900—1990)》(图 4-6),则是检索中国古建筑文献的专题性工具书,对于中国建筑史学学科之基础建设具有特殊的意义。此部指南收录了中国 90 年间(1900—1990 年)出版和发表的有关中国古代建筑的论著、论文 9672 项(包括台湾、香港地区)。《中国古建筑文献指南(1900—1990)》在体系结构上按文献内容组织条目,共设 23 大类,大类之下设若干子目,逐级细分,层层深入。各级子目之下的文献条目,基本上以总论在前、专论在后的形式设置和编排。对同一作者或同一主题的文献加以集中,再依文献的出版年代或发表时间的先后排列。该书编者指出,其中收录的文献,主要采集自建筑、文物、考古、科技史、艺术史及相关领域的专著,以及论文集、期刊、报纸、年鉴、图录等载体;关于文献的取舍标准,以方便研究人员检索利用为主,对学术性期刊、论文集等力求全面收录,对通俗读物中的资料性文献,作选择性收录,除公开出版、发表或发行的书刊、报纸外,亦收录部分非正式渠道印行的内部资料。[1]

此外,卢嘉锡主编《中国科学技术史·论著索引卷》(科学出版社,2002 年)一书,列有 1900 年至 1997 年间有关古建筑的论文索引。《中国考古学文献目录1900—1949》[2] 也有专门针对古建筑的专题。

---

① 陈春生、张文辉、徐荣编著 . 中国古建筑文献指南(1900—1990). 北京:科学出版社,2000.
② 北京大学考古系资料室编 . 中国考古学文献目录(1900—1949). 北京:文物出版社,1991.

图 4-7　李允鉌《华夏意匠》书影（资料来源：李允鉌. 华夏意匠：中国古典建筑设计原理分析. 香港：广角镜出版社，1984）（左）

图 4-8　李约瑟《中国科学技术史》书影（资料来源：李约瑟著，汪受琪等译. 中国科学技术史：第四卷第三分册——土木工程与航海技术. 北京：科学出版社，上海：上海古籍出版社，2008）（右）

　　总之，1980 年代以来，建筑历史文献利用呈现出百花齐放、百家争鸣的特点，通过汇集刘敦桢主编《中国古代建筑史》、李约瑟《中国科学技术史》、李允鉌《华夏意匠》、王毅《园林与中国文化》、张十庆《中国江南禅宗寺院建筑》等著作的全部引书，并比较所引古籍的基本信息，可以从中了解中国建筑史研究的源头和流向。

（一）《华夏意匠》对文献的利用

　　1980 年代以后的中国建筑史学界，提到《华夏意匠》（图 4-7），就不得不提到《华夏意匠》的模板——1954 年开始陆续出版的西方科技史学家李约瑟（Sir. J. Needham）的《中国科学技术史》（Science and Civilisation in China）（图 4-8）。这部鸿篇巨著，通过丰富的史料、深入的分析和大量的东西方比较研究，全面、系统地论述了中国古代科学技术的辉煌成就及其对世界文明的伟大贡献，内容涉及哲学、历史、科学思想、数学、物理学、化学、天文学、地理学、生物学、农学、医学及工程技术等诸多领域，是迄今为止最全面、细致地整理中华文明的著作。《中国科学技术史》不仅仅是科学和技术研究的单项成果，还对产生这些科学技术的社会背景有了宏观的认识和领悟，对 1980 年代史学研究风气的改变以及建筑史学者观念的转变都影响巨大。[①]

① 李约瑟《中国科学技术史》英文名为 "The Scince and Civilisation in China"，直译过来是 "中国的科学与文明"，翻译成 "中国科学技术史"，在这翻译之间的微差中，丢掉了对文明的整体观照，这大概也是中国学者的理解，只认可技术，而没有看到比技术包络范围更大的社会文明，李约瑟将中华文明介绍到世界文化格局里面去，对中国古代整个文明进行观照，是国内科技史研究的薄弱之处。参见江晓原. 被中国人误读的李约瑟——纪念李约瑟诞辰一百周年. 自然辩证法通讯，23 卷 1 期，2001.

《中国科学技术史》厚厚的索引文献体现了国际科技史界在中国科技史方面的研究成果，具有极高的参考价值和理论水平，它是史学研究的重要组成部分，是科技论文的重要标志之一。

自 1950 年代英文版开始出版以来，《中国科学技术史》中译本也一直在陆续出版。李约瑟作为一个西方研究者，大量介绍和引用了西方汉学家研究、探讨中国古代科学文化史的成果，展现出东西方文明广阔的历史背景，架设起一座沟通中西方文化的桥梁，东西方科学与文化的交流及比较成为贯穿全书的主线。

《华夏意匠》虽成书于 1970 年代末期，但却是影响其后中国建筑史学研究学术转型的标志性著作之一。然而，《华夏意匠》最为难能可贵之处在于，作者从现代建筑设计的角度出发，学以致用地探讨中国古典建筑的设计理论，对中国古典建筑的分类、设计原理与营造方法等诸方面，均一一予以较全面的介绍，并运用中外建筑对比方法进行分析，阐述其相互影响与渊源异同。该书立论有据，图文并茂，对关乎今日继承建筑传统之种种关键问题，都颇有新颖独到的见解，对中国建筑史学更加深入、广泛的发展具有启迪思路的作用，并由此而引发了探讨中国建筑史学发展趋势的学术热潮。①

正如李允鉌在《华夏意匠》扉页上的见解所言："这是一本以现代科技的观点和建筑艺术语言来对中国传统建筑进行全面阐述和分析的理论著作。"《华夏意匠》的宏观思路旨在把中国古代建筑放到世界建筑文化的大背景中去探讨、比较，和西方各种建筑类型、建筑技术、建筑理念等进行对比，以职业建筑师的敏感和视角，对中国建筑传统及理论进行阐述和分析。从严格意义上讲，《华夏意匠》并非一部建筑史学专著，而是一部关于中国传统建筑理论及其设计方法的探索性的著作。②

正如卷首语强调的那样，作者从李约瑟《中国科学技术史》"一书中得到了启发，为了学习他的治学方法和文风，"作者"首先将他的原著第四卷第三分册房屋工程部分小心地译成了中文，"这启发是至关重要的，"做完了这项工作之后似乎由此而得到了一种突破，体裁问题似觉已经迎刃而解，思想好像突然开朗起来，结果这样才可以振笔直书下去"。可见《华夏意匠》在体裁和思路上受到李约瑟《中国科学技术史》很大的影响。赵辰认为，该书从基

---

① 王其亨. 中国建筑史学史讲稿（未刊稿）.
② 温玉清. 二十世纪中国建筑学研究的历史、观念与方法——中国建筑史学史初探. 天津：天津大学，2006：277.

本概念到结构，以及方法和主要资料来源，都与李约瑟的研究有着直接的联系。[①] 此外，与李约瑟思想基本一致的英国建筑学者博伊德（Adrew Boyd）也是李允鉌《华夏意匠》的重要参照。[②]

由此可见，西方文献开始成为中国建筑历史研究的重要思想源泉。香港地区作为国际口岸以及香港人汉语和英语兼通的优势也为西方思潮的输入打下基础，因而这部开启中国建筑史研究新风貌的著作出现在香港并不是偶然的。

《华夏意匠》的成功，与它站在中西方交流的前沿，对西方学者关于中国建筑的研究有很强的吸收能力不无关系，该书能够果断、迅速地跟踪西方关于中国建筑历史研究的动态和成果，在中西方建筑的对比中展开研究。

从《华夏意匠》的编纂可以看出，李允鉌作为建筑师，具有深厚的文、史、哲学素养。其中引用的一些古籍并不易得，如史部《三辅宫殿簿》、《齐地记》、子部《物理论》等，未在《中国古代建筑史》中引用，仲长统的《昌言》也不在刘敦桢《古建筑参考书目》中，使得这种书籍很难进入建筑史学者之眼，这也从一个侧面说明《华夏意匠》在古籍的使用范围上有所突破，同时也说明当时在香港地区对于古籍的索取和利用十分便利。

利用中国营造学社收集的成果是该书的另外一个特点，如中国营造学社收集的《大木大式》[③] 手抄本、《万年桥志》、《四库全书存目》中收录的《元内府宫殿制作》一卷等，都被《华夏意匠》引用。

《华夏意匠》引用的古籍仍然以史部为最多，这与《中国古代建筑史》的编纂是类似的（图4-9）。其中，引用《营造法式》达35次之多，这也是史部文献被引用比例较高的原因。

与《中国古代建筑史》相比，该书最大的不同在于大量利用外国学者关于建筑史研究的文献。所利用的建筑史文献中，中国学者的成果和西方学者的成果比例是46：82，接近2：1（其中还不包括香港地区中国建筑史学者的著作，如香港建筑师徐敬直写的英文论文：Gin-Djih Su. *Chinese Architecture*, Past & Contemporary）。特别是李约瑟《中国科学技术史》，被引用次数达24次（还不包括对英文原版第四卷的18次引用）。这从一个侧面说明，对外国建筑史学研究的吸收和引进是李允鉌著作成功的原因之一，也是中国学术界与世界接轨的一个必经之路。

---

① 赵辰. 域内外中国建筑研究思考. 时代建筑，1998（04）：45-50.
② 赵辰. "建筑之树"与"文化之河". 建筑师，2000（93）：92-95.
③《大木大式》是清代流传的手抄本的工程做法。参见李允鉌. 华夏意匠. 天津：天津大学出版社，2005：250.

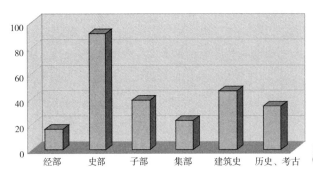

图 4-9 《华夏意匠》引用文献情况
（资料来源：作者自绘）

　　《华夏意匠》还有一个突出的特点，就是作为一本给建筑师看的书，作者兼顾了建筑师对史学文献的了解不足，在文后共列出索引 362 条，以通俗的语言对古代名词进行说明达 46 次。其引文的目的不在引用而在于解释和说明，在索引中有大量名词解释，这也是这部著作能够让建筑师普遍接受的一个原因——能够读懂。例如，第 345 条："《冬官考工记》有人说是汉代所作，郭沫若认为是'齐国所记录的官书'，见《郭沫若文集》第十六卷《冬官考工记》的年代与国别。总之，没有人认为它真的是《周礼》的一部分。"这对于历史学功力较差的工科读者来讲是必要的。又比如，"'一夫'意即百步见方，指'市'、'朝'应占的面积。"①

　　《华夏意匠》在很大程度上修正了很多人长期以来有关"民族虚无主义"的谬见，打破了在这之前许多人为设置的学术研究禁区和桎梏。例如，《华夏意匠》中言及"风水理论与建筑的联系"、"主持清代皇家建筑设计施工的建筑世家样式雷"、"清代大型皇家园林出自康熙和乾隆的大手笔计划"等，都是此前的中国建筑史研究中，长期限于意识形态或思维定式而鲜有涉足的领域。目前这些研究领域都有了长足的进展，已取得丰硕的阶段性研究成果——这些学术成绩都可以追溯到《华夏意匠》当年带给学术界的"转折态势"和思维启示。

（二）《建苑拾英》对类书《古今图书集成》的利用

　　80 册的《古今图书集成》对于某一专业学者的利用来讲，显然不是很方便。从 1988 年开始，李国豪主持编纂《建苑拾英——中国古代土木建筑科技史料汇

① 李允鉌. 华夏意匠. 天津：天津大学出版社，2005：395.

编》，历经近10年时间，共三辑四册，300余万字，其中将建筑学科最常使用的部分单独抽列，为专家、学者的研究工作提供较系统的史料，使从事土木建筑工程的科技人员从中得到启迪和借鉴，填补了国内科技史领域的空白，引起了学界的极大关注。《建苑拾英》获上海市1989年至1990年度优秀图书一等奖、国家教委首届高校出版社优秀学术著作奖、华东地区大学出版社工作研究会第二届优秀教材学术专著一等奖。

土木建筑工程，在中国古代通称土木、营建、营造，它所包含的内容很广，诸如城乡规划、房屋建筑、造园、道路、桥梁、建筑材料、水利以及工程测量等，这些都是《建苑拾英》拾取史料的范围。选编的重点则放在与工程技术有关，同时又具有一定历史价值的内容上。收选的原则是：1. 能反映当时建筑规模、特点和管理经验的内容，如历代宫殿、城池、桥梁的建设和管理、维修制度等；2. 能反映当时技术水平的内容，如设计思想、施工技术以及工具、仪器的制造等；3. 在某一方面有参考价值的内容。此外，对于与技术有关的沿革、掌故、轶闻，也适当地予以收录。[①]

编者在前言中还提到，在选编时曾遇到不少为难之处，如《堪舆部》有不少涉及土木建筑工程的选址与设计的内容，但往往又附会吉凶祸福，瑕瑜互见，难以分割。[②] 因此，考量什么是与建筑相关的，什么不是与建筑直接相关的，颇费踌躇。在这取舍之间，也反映着时代的观念和编辑者的思路。

《建苑拾英》与原典《古今图书集成》相比，在方便查阅的同时，对许多不直接相关的内容以及每个部分的详情细节都进行简省，特别是省略了篇幅巨大的看似没有直接关系的艺文，这种辑录古籍文献的方式体现了鲜明的时代特色[③]，也体现了当时观念的局限。稍晚的文科学者开始大量利用集部文人成果，参照稍后出版的王毅的《园林与中国文化》即可以清楚地看出这一变化。几年之中，观念变化之快可见一斑，学科之间的界限划分也愈见明显。

《古今图书集成》的分类编辑形式体现了古代的思维方式，每一部分都按照名词解释（定义）、发展脉络（历史上曾经有过的东西）、时空分布（全国哪些地方有）以及如何理解、如何创作等一系列的内容排列在一起，融通了经史子集四

---

① 同济大学《建苑拾英》编委会.《建苑拾英》（第三辑）. 上海：同济大学出版社，1999.
② 同济大学《建苑拾英》编委会.《建苑拾英》（第三辑）. 上海：同济大学出版社，1999.
③ 文史学科也有着相同的历史阶段，例如在有关地方志的编纂中，将艺文部分看成是可有可无的累赘而去掉。可参见饶展雄. 第二轮修志要重视艺文志. 中国地方志，2005（05）：21-24.
陈华. 第二轮修志应增补艺文志. 中国地方志，2005（11）：12-16.

部的内容，是不可割裂的完整体系。① 在总结建筑或构件的意义时，附以大量篇幅的关于该类型建筑的"艺文"。艺文是文人"文心"的表达，对于建筑审美意义的定位具有举足轻重的意义。艺文的描绘声形并茂，文字优美，更情景交汇、包容深广，将很多不便以片言只语表达的内涵完美地体现出来。这种方式，不是对建筑从尺度、形体比例到位置、做法上进行形式限定，而是采用各时期不同的权威注解来规正一些原则性的概念，允许各个时代对于建筑的认识略有出入，从而形成一个边界开放、外延较为宽松的定义方式，在字里行间的相互联系中，多方位地引导欣赏者形成对某种建筑类型的整体认识，这实在是一种非常明智的解释方式。②

以"亭"为例，先是释义，然后列出全国各地的亭，位置、名称，紧跟着附有艺文。"亭部"中关于亭的记载共有八卷不下千条，除去"汇考"记载了"释名"中对亭的释义及各地"通志"记载的名亭外，"艺文"中共收自东汉至明代的铭、碑、序、记、赋、跋等各种文体 105 篇，诗词 210 余首，篇幅巨大。

文人作为中国文化的传承者，对于解决现世的问题，以及日常生活起居的各个方面都会投以关注。建筑物虽由工匠承盖，但把已有的物化的建筑上升到"道"的层次的任务是由文人承担的。以往研究中不理解古代的思维规律，因此对中国古代建筑相应的理论表述视而不见，理解不到文人对建筑的关注，继而妄言中国古代社会不重视工匠、不重视建筑，没有相应的建筑理论著作。如果看到类书对每一类建筑及构件——砖、瓦、梁、木都有定义，就会知道以往的认识是有偏差的。

三棵柱子上覆一个顶的亭，被庄子称作"心斋"，认为它是人、情感、意志、生命精神的寓所，不仅庄子这样理解，中国古人就是这样的思维方法。流传下来的诸多"亭记"，表述了文人心中的建筑审美价值意义，界定了建筑物的空间本质特征，古人说"群山郁苍，群木荟蔚，空亭翼然，吐纳云气"，小小一亭竟能吞吐万象，统摄乾坤，成为山川灵气动荡吐纳的交点和山川精神聚积的处所。从空间意义到"吐纳云气"的宇宙生命哲理，达到画论之画龙点睛、全神凝聚之境界，如此的审美评价，只有文人能够把握。

在类书的诸子目中，艺文所占比例较大，这在一定程度上说明了其重要性。最简单的例子是，一个建筑物重要与否，与它有关的艺文的数量或可反映。梁思成在

---

① 甚至一些现代的工具书也往往受其影响，如《汉语大字典》《汉语大词典》《辞源》《辞海》等，在注释之后附上大量艺文加以定位，使读者能从多层次地去把握释义。
② 赵向东. 参差纵目琳琅宇，山亭水榭那徘徊——清代皇家园林建筑的类型与审美. 天津：天津大学，2000：32.

正定见到很高的砖台上有七楹殿，额曰"阳和楼"，指出，"全部的结构就像一座缩小的天安门"，又说"这就是县志里有多少篇重修记的名胜阳和楼"①，从这"有多少篇"的描述中即可明了这是当地人心目中的标志性建筑。

值得注意的是，作为中国独有的诠释方式，"艺文"一方面提供了前文所注释的建筑类型所处的实际生活背景，交待其作为社交、礼仪、休憩等场所所具有的不同功能，这种情景性的定位方式在各种注释文献与类书中相当普遍，反映出古人的实用理性思想；另一方面，也更为重要的是，这些艺文通常蕴含着古人对这些建筑类型的空间及审美意义的理解，这和古人重视直觉体悟的审美心态以及取象比类的诗性思维也直接相关，类书中所体现的这种对建筑的双重定义系统，正吻合于建筑"物质"与"精神"双重栖居的结构，而在后者上的绝对偏重，恰恰证明对精神审美意义的追求是古人生活的终极目标。②

"艺文"收录"以词为主，议论虽偏而辞藻可采者，皆在所录。篇多则择其精，篇少则瑕瑜皆所不弃。大抵隋唐以前从详，宋以后从略。"③所收除诗词之外，大多是史书的论赞或读史的感慨之作④，不啻从审美高度对各种类型建筑进行了定位，使得建筑由物质功能类型升华为审美化、人格化的艺术类型，具有更深刻的艺术意象。然而以往的研究，由于长期受到被认为是相当完整的西方形式逻辑体系的影响，仅仅注意到建筑概念本身，而忽略了从价值取向、审美意向等方向上的思考。⑤

具体来看，如以"梁"为例，《建苑拾英》与原典在编选上的差异主要是省略（表4-2）：《建苑拾英》梁柱部的内容大量简省，包括艺文。《古今图书集成·考工典》分册第一百三十五卷"梁柱部"在对梁进行名词解释之后，艺文中排列大量著名文人的脍炙人口的上梁文⑥，以文人的生花妙笔，表达了人们对

---

① 梁思成.正定古建筑调查纪略.中国营造学社汇刊，1933，4（2）.
② 赵向东.参差纵目琳琅宇，山亭水榭那徘徊——清代皇家园林建筑的类型与审美.天津：天津大学，2000：32.
③ （清）纪晓岚主编.古今图书集成.卷首"凡例"。
④ "今人理解'艺文'，容易错误地理解成'文艺作品'、'诗赋文集'。事实上，'艺文'乃偏正结构，为'艺之文'，即'艺文'所列诸类，均是六经的文本体现及反映之意，仍然是围绕经的阐释。以往的误读导致了人们对'艺文'某些重要问题的理解出现了偏差。"引自张朝富.《艺文志》之"文"正名.社会科学家，2005（01）：22-29.
⑤ 赵向东.参差纵目琳琅宇，山亭水榭那徘徊——清代皇家园林建筑的类型与审美.天津：天津大学，2000：32.
⑥ 上梁是汉族建房民俗。即上屋梁，也称"升梁"，为造屋中的重大工序。旧时建屋，必择吉日上梁，谓如此方能兴旺家业。上梁时，由主持的匠人口诵着吉祥辞语，工匠数人抬梁木，在鞭炮声中登梯，步步上升，至脊，安置稳妥。屋主之戚友宾客则以面点菜肴犒劳匠人。主人并以红布披于梁木之上，称为"披红"。古代上梁时之祝语，首屋皆用骈句，中有六诗，诗各三句，按四方上下分别叙之，往往请名家撰写。北魏温子昇有《闾阖门上梁祝文》："维王建国，配彼太微，大君有命，高门启扉。良辰是简，穆卜无违。雕梁乃架，绮翼斯飞。八龙吝吝，九重巍巍；居宸纳祜，就日垂衣；一人有庆，四海攸归。"为上梁文之始，可见其俗甚古。及明、清迄今，上梁之俗仍盛行，明初著名诗人高启即因为人作上梁文犯忌而被杀。《明史·高启传》："启尝赋诗，有所讽刺，帝嗛之未发。归家，以观（魏观）改修郡治，启为作上梁文，帝怒，遂腰斩于市。"可见上梁文的受重视程度。今上梁风俗，农村中犹可见，各地仪式大同小异。今仍有人编纂上梁文。

《古今图书集成》与《建苑拾英》"梁柱部"内容比较　　表4-2

《古今图书集成·经济汇编·考工典》 第一百三十五卷 梁柱部	《建苑拾英》第三十三节 梁柱部
梁柱部汇考	梁柱部汇考
梁柱部艺文（一）	梁柱部艺文
梁柱部艺文（二）（诗）	
梁柱部纪事	梁柱部纪事
梁柱部杂录	梁柱部杂录
梁柱部外编	—

（资料来源：作者自绘）

梁的坚固的期望以及对美好生活的向往，从中能体会到古人对梁的敬畏之心（否则梁的部件与其他建筑构件只有形式上的区别）。因此，"梁部"艺文里的上梁文，从审美价值观上对梁展开阐释，是对建筑沟通天地作为人与天地自然之间的中介的本体理解。

　　建筑如果仅局限于"技"的层面，就只剩下匠人的工作，而这部分在审美上只占很小的比例。三分匠，七分主，去掉文人对意境的描写部分，恰恰是去掉了"能主之人"的大部分成果。虽然叙事性的历史、某一个建筑类型的定义、时空分布等还在，但属于文人分工里的关于建筑本质的内容大都被省略掉了，只剩下"物"而没有"心"，原来传统的思维方式被割裂，并不符合中国人对建筑的理解。整理以后只剩下物化的东西，是一个很大的失误，据此研究中国建筑必有缺陷。这是过去的前理解、思维定式造成的误区，反映了时代的观念和态度。

　　从中国传统诗性思维方式出发，将建筑视作承载着精神意义的物质实体，从以往的"物"的层次的分类向"心"的层次跨越，循此厘清建筑深层美学含义，才能更深刻地理解中国古典建筑的本质。因此，把审美因素引入建筑的综合研究中来，对于挖掘设计思想、经营理念有着不可或缺的价值和作用。类书的艺文部分无疑具有弥补这一薄弱环节的重要意义。

　　《建苑拾英》提供了很多有价值的史料[1]以及建筑学理论的基础素材，解决

① 这从大量论文引《建苑拾英》为参考文献可以得见。

了很多基础问题，比如"建筑"一词的来源[1]，但其重要意义发挥得远远不够。很多建筑系学生缺乏对古文的理解能力，即便阅读古代文献，也对其含义视而不见，不经过解释更无法理解其中蕴含的古代建筑理论思想。因此即使是《建苑拾英》，也应该作为建筑史教学中的阅读教材，增加导读，以便利用。

（三）以《园林与中国文化》为例，对文献利用拓展到集部

在园林研究中，人们首先接触的是自然状态下的园林，通过史料整理和实际调研而获知自然状态下的历史园林。然后，在此基础上对园林进行设计手法和园林美学等的分析和研究。而后，随着研究的发展，人们逐渐认识到影响园林发展的深层因素——园林文化，从而展开对影响园林历史发展的社会文化背景、人物价值观的研究。在研究进展中，过程并非单一、只前不返，而是往复进行。新的研究方法、新的史料的发现会形成对自然状态下园林的新的认识，从而获得对园林文化的新的认识。与此同时，通过对园林文化的研究，又会反过来纠正先前对自然状态下园林研究中的一些误区。就在这样反反复复的研究发掘中，园林研究不断向前发展着（图4-10）。[2]

王毅著《园林与中国文化》（图4-11）一书出版于1990年，也同样受到当时文化学研究热潮的影响，是一个与时代同步的成果，涉及层面比过去传统的园林研究更广。《园冶》云："三分匠，七分主人"，"非主人也，能主之人也"。《园林与中国文化》不仅仅局限于"三分匠"而更多地深入到了"七分主人"的层面，不再单纯讲堆山造景、叠石理水的技艺，更多地触及人生理想、价值观念、审美情趣等文化的深层次，因而在建筑界受到重视。这也是此书被引频率较高的原因之一。

---

[1] 关于"建筑"一词的出处，建筑学界至今一般还认为"建筑"一词是近代由日本引进的。如中国土木建筑百科词典·建筑卷（1999）"建筑学"条目："中国古代把建造房屋及其相关土木工程活动统称'营建'、'营造'，而'建筑'一词则是从日本引入汉语的。"而在此前，建苑拾英第二辑（1997）的出版说明中已明确指出："明清时期，'建筑'一词已在广大地区流行了。所以，'建筑'一词并非来自日本，而是由我们的祖先创造的，在这方面有充分的史料可依据。"其依据主要是清代的《古今图书集成·方舆汇编职方典》，中华书局1934年影印本。现分列如下：《建筑疏稿》：嘉靖十七年11月，敕兵部左侍郎樊继祖，沙河驻跸之所，宜有城池，其往相度。"（第66册21页）"沂州城按《沂州志》：……迨康熙十二年，详情题奏，奉旨给帑节核八千余两，知州郡士重建，凡延袤广阔一如旧制，女墙楼堞建筑重新，万年之图，得以永赖。"（第80册7页）"西安府城池即隋唐时京城。……皇清顺治六年建筑满城，割会城东北隅属邑治。"（第101册10页）"峨眉县城池……则今之城基，自唐时始矣。明赵、吴两令建筑。……今于皇清康熙乙丑岁，知县房屋著奉行估修。按总志，是金事卢翙督赵铖建筑。"（第111册27页）综上所述，这已是不辩的事实。那么，为什么学术界还都说是从日本引进的呢？"一是上述'明清说'是在《建苑拾英》出版说明中写的，不为人们重视，或日没看见；二是确无人在上万卷的《古今图书集成》中去海里捞针，查核'建筑'一词的来历。今天，我们得以重新认识'建筑'一词的由来，纠正'日本说'，应该感谢《建苑拾英》一书编者们的辛劳。"引自杨永生."建筑"一词的由来.见：杨永生.建筑圈里的人和事.北京：中国建筑工业出版社，2012.

[2] 陈芬芳.中国古典园林研究文献分析——中国古典园林研究史初探.天津：天津大学，2007：115.

　　笔者对《园林与中国文化》一书 2299 条引文信息进行分析归纳，排除无效信息，并将集中在一条引注中的并列信息分别提取，共得到有效信息 2377 次，即此书明确引用各类文献 2377 次。其中运用古代文献 2117 次，占总量的 89%，现代文献 260 次，占 11%，说明该书大量征引古籍原典（图 4–12）。作者对于古籍的熟练掌握和运用，是其特点，也是此书被引频率较高的另一个原因。

　　事实上，与中国营造学社第一代建筑史学家相比，后来者普遍缺乏广博的文化背景知识和深厚的史学素养，这也是 1949 年尤其是 1952 年以来，单一化的工科教育体制形成的结果；与建筑史学人的学理不同，文科学者最突出的表现在于对历史知识的了解把握、对文献的搜集、整理和理解的功力上。尤其对文献的理解能力，是当前工科学者难以企及的基本功之一。《江南园林志》《苏州古典园林》多直接引用古籍原典，而当前建筑史学者则转而依赖文科研究成果，这使得"转引"多于"原引"。转引意味着研究的根基不牢，甚至对《园林与中国文化》一书中的观念性错误也照单全收，无力分辨。当然，建筑学人对园林的研究，专业技术性更强；与此对应的是，文史学者研究所涉及的文化层面更宽广，但欠缺建筑专门知识。

　　《园林与中国文化》一书对经部文献引征最少（引书集中在十三经原典上，对衍生的大量的注疏引征少）；对巨大的集部文献则大量引用，在此书的引用文献中占绝对突出的地位。如图 4–12 所示，可以得出结论：王毅《园林与中国文化》中大量引用了史部和集部的内容，尤其大量引用集部文献。与此形成对照的是，《苏州古典园林》、《江南园林志》主要引用的是子部文献和史部文献，极少引用集部文献。

　　可见，随着研究的不断深入，文献利用的范围也在不断变换和拓展。文以载道，古代文人所扮演的角色更多是"立言"。所谓"为天地立心，为生民立命；为往圣继绝学，为万世开太平"[1]，即传述思想。因此，要想更多地了解中国古代建筑的思想，特别是园林中的造园思想，就必须到集部、子部文献里搜寻文人的表述。这种文献分布特点是今人需要了解的。

　　通过对《园林与中国文化》的分析，以及对《江南园林志》和《苏州古典园林》的分析，可以知道集部文献进入研究视野反映着历史研究的变化[2]，同时可以清醒地看到，在历史观念上，与刘敦桢等第一辈历史学家相比，新一代建筑史学家的学究味道没有了，那种与文史考古界水乳交融的状态不见了，以非建筑形态

---

① （宋）张载. 张载集·近思录拾遗. 北京：中华书局，1978.
② 刘江峰，王其亨.《园林与中国文化》引文分析. 建筑师，2006（2）：93–95.

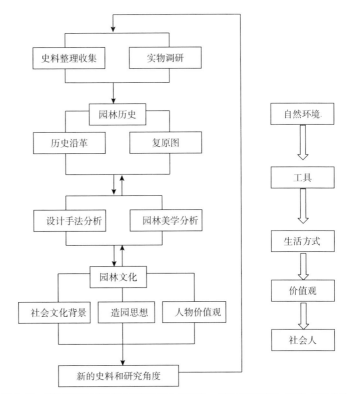

图 4-10　园林研究发展进程图（资料来源：陈芬芳，中国园林史学史，天津：天津大学，2007）

图 4-11　王毅《园林与中国文化》书影（资料来源：王毅.园林与中国文化.上海：上海人民出版社，1990）

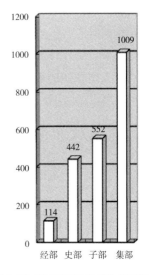

图 4-12　《园林与中国文化》引用经史子集文献情况（资料来源：作者自绘）

的文物视角进行研究的题目变得稀缺，鲜有学者能够将建筑史研究融入大的历史研究中，建筑史学开始关起门来自说自话。[①]

（四）以《中国古代建筑大图典》为例，对子部图像的采辑

图录包括古代地图、历史图谱、艺术图录、金石图录、人物图录和科技图谱，以图像或附以文字来反映各种事物、文物、艺术、自然和科技等内容。图录的文献属性是无可争议的，是绘画、器物艺术的结晶。清代戴震《考工记图》收图 54 幅，对古代工艺研究具有重要价值。《救荒本草》《天工开物》《武经总要》《便民图纂》等古籍，也是研究中国古代建筑、绘画、工艺和技术的重要文献。

中国古代很早就意识到图谱独特的文献功能，如南朝王俭（452—489 年）《七志》中列"图谱志"、南宋郑樵著《通志·图谱略》。张彦远在《历代名画记·叙画之源流》中引经据典，说明图像文献比文字文献具有更直观的教化作用，特别强调陆机所言"丹青之兴，比雅颂之述作，美大业之馨香"。但是由于图像传播较文字困难，直到 20 世纪初，照相技术、印刷术等技术手段得到迅猛发展，随着现代西方学术思想的传入以及考古学的冲击和影响，图谱的文献价值才又一次得到重视。

自 18 世纪中叶以后，西方历史学家开始认识到图像文献的重要意义，以及与文字文献相比所具有的优势。1930 年代，图像学成为美术史研究的重要分支之一。通过对图像进行分析和阐释，获得某种信息，并形成专门的学科——图像学（iconology），也称图像阐释学或视觉阐释学。强调艺术作品的文献属性，并使之与文字文献共同成为历史研究的重要内容，一方面是西方史学观念的转变，同时也是西方艺术史研究的方法的重大突破。哈斯克尔在《历史及其图像》（History and Its Images）中论述了艺术图像与文字文献之间的关系、图像在历史研究中的作用，以及如何让历史学家通过艺术作品所承载的信息去了解历史。

图录和艺术作品的文献价值在建筑历史研究中不断得到证实。木结构建筑传世的较少，而考古发现的实物数量有限。因此，绘画、工艺美术品，由于其本身的"再现性"，决定了它们具有反映特定历史时期某种客观现实的功能。艺术作品的"存形"功能决定了其具有特殊的文献价值，这种价值源于艺术的"再现性"。

---

① 随着当前学术环境的好转，考古资料的丰富性又有所改观，如李路珂《〈营造法式〉彩画研究》依托了大量的古代墓室壁画和敦煌壁画、古代绘画上的建筑装饰彩形象，拓展了《营造法式》的研究，并整理了彩画相关实例。

图 4-13 《中国古代大图典》书影（资料来源：陈同滨等主编. 中国古代建筑大图典. 北京：今日中国出版社，1996）

文字文献和图录、图像文献的相互印证，是史学研究的重要方法之一。当然，读者的视界也会影响看图的结论。

总之，图像文献因为其丰富的社会、历史信息和艺术含量，成为建筑历史的重要研究内容。相比艺术内涵，其历史信息的比重更大，艺术作品、图录作为建筑历史研究的资料，重要在于它的文献属性，而非艺术属性。

在中古以前的建筑遗存很少的情况下，图录能够提供最直观的帮助。1996年出版的《中国古代建筑大图典》（图4-13），通过收集正史、野史、杂记等资料中的图像资料——壁画、国画、画像石、画像砖等，成为建筑历史研究的直观文献资料。该书不仅包括从古墓穴出土的各种器物遗存（如铜制礼器、陶制明器等类）、砖石遗存（如画像砖石、墓穴内部的构件装饰）和墓壁画，还包括壁画、山水画、人物画、风俗画、历史画、版画与年画，以及某些器物画，实际上已经突破了历史研究必须在经史部中寻找资料的常规。图形资料的搜求更突破了官方子部图书的范围，而扩展到市井小说和野史。

中国古代建筑类的形象史料除当今现存的实物之外，尚有相当一部分以间接的表现方式留存于中国传统文化的许多领域。由于中国古代建筑及其室内装饰的早期史料甚少，地下遗存的部分就颇受建筑历史及艺术史研究者的关注，多经选择整理，编入史册；地上部分虽有大量实物留存，但多为清代式样，尚不足以反映整个中华民族在各个历史时期和不同地区的建筑形象与文化。因此，该书较为侧重清中期以前的资料收集。《中国古代建筑大图典》前言将资料来源依照绘画种类分为器皿画、画像石和画像砖、壁画、中国卷轴画、界画共五种，并分别进行了简洁的叙述。以建筑历史和文化研究的角度，试从浩瀚的古代典籍尤其是绘

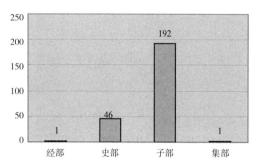

图 4-14 《中国古代建筑大图典》图像文献在经史子集四部的分类（资料来源：作者自绘）

画领域,对有关中国古代建筑、城市、园林以及室内装饰艺术（以下简称"建筑类"）的形象资料进行了初步收集,并按时间顺序编纂为图典,作为间接的形象史料提供给从事科技史、文化史和艺术史的研究工作者参考,以期对中国古代建筑类形象进行更为广泛、深入的研究,同时,亦可供社会各有关行业在涉及这一范围时取作图式参考。

该图典选取的图像文献共 240 部（图 4-14）。经部文献有《钦定书经图说》,等等。集部文献有《西堂诗集》,等等。史部文献,除《大明会典》《状元图考》《花甲闲谈》、史部地理类《海内奇观》《天下名山胜概记》以外,又从 40 部各朝地方志（如《浙江通志》、弘治《徽州府志》、嘉靖《淳安县志》、万历《钱塘县志》、乾隆《苏州府志》、同治《上饶县志》、光绪《鄞县志》、《杭州府志》）以及风景名胜志（如《西湖志》、《盘山志（御定盘山志）》、《金陵梵刹志》等）中选用了城图、府图。

子部文献包括儒家类（如《养正图解》《圣迹图》）、兵家类（如《武经总要》）、农家类（如《授衣广训》）、杂家类（如《鲁班经》）,佛教文献（如《金刚经》《佛顶心观世音菩萨大陀罗尼轮经》《大字妙法莲华经》、《妙法莲华经》等）、道教文献（如《长春宗师庆会图》）。

图录方面涉及有：《方氏墨谱》《诗余画谱／草堂诗余宣》《咏物图谱／百咏图谱》《弈谱》《酣酣斋酒牌》《闺范图说》《唐诗艳逸品》《英雄谱图赞》《历代名画大成》《环翠堂园景图》《金陵图咏》《太平山水图画》《扬州东园题咏》《莲池书院图咏》《南巡盛典图》《乾隆南巡纪游》《泛搓图》《吴友如画宝》《瓶笙馆修箫图》《费晓楼仕女面谱》《改琦白描仕女画稿》《藏族木刻佛画艺术》《马骀画谱（上、下册）》《仇画列女传》《元明戏曲叶子》《文园十景》《凝香室鸿雪因缘图记》《申江胜景图》,等等。其中大多是古籍中的珍本、善本、孤本,平日难得见到,以明代图录为主,如《帝鉴图说》《女范编》等。还有属于皇宫内廷中流传的画卷,如《耕织图》《御制避暑山庄诗图》《墟中十八图咏》《六旬万寿盛典图》《圆明园图咏（御制圆明园图咏）》等。

此外，该书还收录了大量戏曲版画、小说的内容。大量戏曲版画不在官方《四库全书》的收录范围，却反映了社会生活场景，如元、明、清戏曲、杂剧、传奇作品《吴觊翠雅》《三报恩传奇》《二奇缘》《金钿盒传奇》《明月环传奇》《诗赋盟传奇》《画中人传奇》《四声猿》《牡丹亭》《琵琶记》等百余部。涉及小说有《水浒全传》《忠义水浒传》《金瓶梅词话》《隋唐演义》《封神演义》《禅真逸史》《东西汉演义》《清夜钟》《详注聊斋志异图咏》等，甚至包括禁毁小说《隋炀帝艳史》。大部分是明朝的市井文字、小说戏曲传奇以及少见流传的宫廷图咏画册。建筑最切合实际生活，因此子部中的志怪小说、画本传奇等离市井生活最近的文献，描述了古人心目中关于世俗生活中建筑的形象，成为建筑历史研究可资利用的材料。

该书主编单位中国建筑设计研究院建筑历史研究所，前身是1958年由梁思成和刘敦桢先生创办的中国建筑研究室。在"编辑三史"时留下的丰富的文献资料，为图典的编辑创造了有利的条件。也只有在中国建筑研究院建筑历史研究所才可以有这么多《四库全书》中并不常见之图集、画册，这确实为建筑历史的研究开阔了视野，提供了建筑的直观的视觉形象信息。可见建筑历史的研究首先是资料的占有，其次才是选择。

（五）以《营造法式》为坐标的相关研究

自1919年初朱启钤在江南图书馆发现《营造法式》抄本并付印后，数代学者主要从版本研究、实物测绘、术语解读、理论探索等层面，持续不辍地对《营造法式》展开研究。此后近百年间，该书一直是中国建筑研究的一个基本出发点，梁思成还称之为中国建筑的"文法课本"。围绕《营造法式》展开的相关研究可谓是建筑史学中的显学，该书也为唐、宋、辽、金代等早期建筑的研究提供了重要的坐标和参照。

其中，梁思成《〈营造法式〉注释》①、陈明达《〈营造法式〉大木作研究》（图4-15）②以及在他去世后才发表的《〈营造法式〉辞解》③《〈营造法式〉研究札

---

① 梁思成.《营造法式》注释（上）.北京：中国建筑工业出版社，1983；梁思成.《营造法式》注释.见：梁思成.梁思成全集（第七卷）.北京：中国建筑工业出版社，2001.
② 陈明达《营造法式》大木作研究.北京：文物出版社，1981.
③ 陈明达著，丁垚等整理补注，王其亨、殷力欣审定，《建筑创作》杂志社承编.《营造法式》辞解.天津：天津大学出版社，2010.

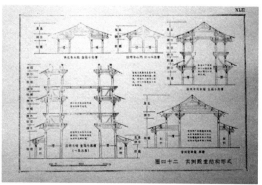

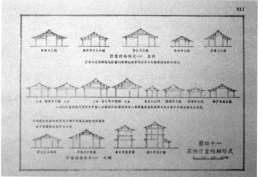

图 4-15　陈明达《〈营造法式〉大木作研究》书影（资料来源：陈明达.《营造法式》大木作研究.北京：文物出版社，1981）

记》①等，成为最引人注目的《营造法式》研究专著。刘敦桢不但对《营造法式》进行版本校勘，他的大量研究也都是以该书为参照展开的。此后，在学术传承的基础上，还有徐伯安、郭黛姮的《宋〈营造法式〉术语汇释——壕寨、石作、大木作制度部分》和《〈营造法式〉新注》②，潘谷西的《〈营造法式〉解读》③等。各大高校和研究机构也逐步形成学术梯队，从各个角度相继推出了一系列扎实的学术成果。学者们以跨学科、多视角的意识，结合新的研究方法和理念展开对《营造法式》的研究，相关成果涵盖了大木作、小木作、彩画作、石作、窑作等多个方面。2000 年以来，随着计算机新技术的发展，围绕《营造法式》研究的热度又有所提升，学者们开始用电脑模拟技术恢复唐、宋结构体系，从多方位探讨《营造法式》文本的原义，对早期建筑的理解也更加深入。

---

① 陈明达.读《〈营造法式〉注释》（卷上）札记.建筑史论文集（第 12 辑），2000：31–41；陈明达.《营造法式》研究札记（续一）.建筑史（第 22 辑），2006：1–19；陈明达.《营造法式》研究札记（续二）.建筑史（第 23 辑），2008：10–32.
② 徐伯安，郭黛姮.宋《营造法式》术语汇释——壕寨、石作、大木作制度部分.建筑史论文集，1984（6）；郭黛姮.《营造法式》新注.北京：中国建筑工业出版社，2002.
③ 潘谷西、何建中.《营造法式》解读.南京：东南大学出版社，2005.

在上述研究的基础上，清华大学的郭黛姮教授在 2003 年 "纪念宋《营造法式》刊行 900 周年暨宁波保国寺大殿建成 990 周年国际学术研讨会" 上，发表专文对《营造法式》80 年来的研究历程进行了回顾与展望[1]，为《营造法式》的后续研究提供了参考和启示。2009 年，在天津大学王其亨教授的指导下，成丽完成博士学位论文《宋〈营造法式〉研究史初探》，该文立足于学术史，细致梳理了现代以来《营造法式》已有的研究和成果，考察相关研究主体、学术流派，对《营造法式》的研究历程、学术发展理路进行了系统地分析和归纳，在总结研究目的、方法、成就和影响的基础上，彰显各个时期典型的学术思想和研究方法，明晰了当前存在的问题和今后可以深入的方向，弥补了该领域研究的空白[2]。

（六）《中国江南禅宗寺院建筑》对文献研究的专题化

随着专题研究的细化和深入，文献的选择也必须按照专题进行选取，逐步细化和专业化。以《中国江南禅宗寺院建筑》为例，作者张十庆在后记中有言：考察以禅宗为中心的南方宋元佛教禅寺建筑，在对象上，以佛教禅宗寺院建筑为重点；在地域上，侧重江南地区，在方法上采用中日对比的方式。这部著作以地域建筑为研究目标，且禅宗寺院又与禅宗文化密不可分，因此该论著选用的文献主要是方志、禅宗文献以及日本同类文献，并有插图 275 幅。《五山十刹图》是研究江南禅宗寺院的最基本的形象资料。在 275 幅图中，除去一幅中日比较图和 75 幅日本的禅宗寺图版，其余是中国禅宗寺庙相关图版。其中日本文化财图纸（即测绘图）21 幅，中国禅宗寺院测绘图 29 幅，涉及中国寺院及民居祠堂 56 处，日本寺院 31 处。

在这个对比研究中可见，由于日本本土没有战乱，寺院独立，不受社会改朝换代的影响，测绘资料管理较好，而在国内不得不以古籍爬梳为首要一点，留存于世的珍贵遗构又因为测绘图纸保存管理问题导致测绘资料无从查找而无从分析，在直接资料上非常欠缺，对研究实为不利。由此可见，现场测绘资料的有无直接影响到研究的深度，成为古建筑研究的又一瓶颈。

---

① 郭黛姮. "营造法式" 研究回顾与展望. 建筑史论文集（第 20 辑），2003：1-18. 附录列有《营造法式》研究文献.
② 成丽. 宋《营造法式》研究史初探. 天津：天津大学，2009.

（七）新技术手段支持下的典籍文献利用的新特点

陈薇在《数字化时代的方法成长——21世纪中国建筑史研究漫谈》①中谈到，由于信息化和数字化时代的到来，建筑史学研究呈现出新特征。在电脑技术的支持下可以复原古代建筑，用多媒体技术演绎唐宋建筑。然而还有一点尚未强调，即在文献利用的突破性进展上，现代化技术的最大受益者却是传统的历史学科。技术的支持使得重文献考据的史学研究升温成为可能，也为史学研究的蓬勃发展提供了契机。有古籍数据库支持的一个普通理工科学生已经可以与清代的乾嘉学者坐而论道。然而这种变化仍然要基于有学术思考的头脑，即如何运用文献成为研究者的学术思想的关键。

伴随着数字化、网络化的高速发展，文献载体的形式、结构、功能及生存环境因之发生根本性变革。"电子书、期刊网以及原始文献的数字化，作为新的史学研究手段，在提高效率、改变历史学资料收集的工作方式、及时追踪国内外最新动向、丰富资料来源、增加受众面等方面产生了革命性的变化，进而引发了史学的革命。"②"古籍类全文数据库的出现，不仅使彻底、准确的检索成为可能，而且还省却了繁重的摘抄工作，在很大程度上将史学家从这种重复劳动中解放出来，让他们去进行更为复杂、更为抽象的理论分析。"③

建筑历史文献的数字化为研究者提供了更加便捷的研究基础，例如国家级文物档案——样式雷图档，在最初收集时，多是零散购进，错杂无序，有的甚至没有文字说明，而且分散各家。70多年来，虽然不少单位和学者曾在研究中有过一些局部利用，但样式雷图档的全貌终未能被系统、清晰地揭示，既掩盖了它的巨大价值，也造成了后续利用的困难。目前采用先进的计算机技术建立电子数据库，成为可以重复利用和传播的文化载体，对样式雷图档的研究进度也随之大大加快。同时，依托这些基础数据，其他更深层次的理论研究也有望产生飞跃式的进展。

各种古籍数据库不仅提供了研究便利，还纠正了过去研究的很多不足和讹误之处。例如，以往认为"建筑"一词是20世纪初从日本传入的，从《四库全书》电子版的检索中可以得知中国在宋代就有明确记载和使用。④由于数据库的出现，

---

① 陈薇.数字化时代的方法成长——21世纪中国建筑史研究漫谈.建筑师，2005（5）：92-96.
② 罗宣.网络时代史学研究手段的革新——试论学术性数据库在史学研究中的应用.史学集刊，2003（04）：92-99.
③ 包伟民.论当前计算机信息技术对传统历史学的影响.杭州大学学报（哲学社会科学版），1998（2）：1-8.
④ 徐苏斌.中国建筑归类的文化研究——古代对"建筑"的认识.城市环境设计，2005（01）：80-84.

许多研究领域和研究方向得到拓展。例如,徐苏斌《中国建筑归类的文化研究——古代对"建筑"的认识》一文对古代人们对建筑概念的理解进行了梳理,以整个《四库全书》为考察对象,这在以往是很难想象的。

同时,需要处理的信息加大,意味着面对丰富的信息更需要谨慎的思考和清晰的头脑。否则,在检索时,一些更能说明问题的"隐性的史料"就会被遗漏。更重要的是,只检索而不读原书,对原书的内容没有直接感受,会影响研究者对史料的分析和判断,更容易望文生义。比如"建筑",最早出现在汉代《史记》里,"建"和"筑"在一起出现的意思是名字叫"建"的将领率人筑城,而不是"建"和"筑"的同义并置①,这更需要理解上下文的真实含义,以免讹误。这是"建""筑"的合集大于"建筑"一词的情况。此外,还有漏检的情况。比如,《营造法式》作者是"李诫"还是"李诚"②的问题,尚未找到解决的方案,单纯运用统计的方法检索古籍中两个名字出现的频率肯定是不可行的。

在解决旧问题的同时,也会在新形势下出现新问题。事实上,更容易发生如同将"危楼高百尺"中的虚数理解为实数的错误,而"阳马"③、"圭田"、"方亭"等各词都必须放在上下文的语境里理解。"方亭"、"圆亭"在《九章算术》中分别是四棱台和圆台的几何概念,而《营造法式》中的"阳马"与《九章算术》中的阳马既有区别又有形象上的关联,在"以物比类"的中国语言体系中,术语之间的微妙关系可以为研究提供线索。汉语的鲜明特征之一即具有表达言外之意(掩藏实现)的功能,有着"醉翁之意不在酒,在乎山水之间"的"弦外之音""言外之意""境外之象",真正的含义并不在场,醉翁、酒、山水,哪个也不是这句诗的真实意味,而能在山水间放松的心情是作者所要描述的目的,更何况汉语中还有同音假借、一词多义、通假引申等诸多特征,以及"诗性思维"的模糊不确定性。检索某个字词的字面意思并不能解决所有问题。感同身受、读原典书、真正理解文本原意仍然是治史的不二法门。

---

① 徐苏斌.中国建筑归类的文化研究——古代对"建筑"的认识.城市环境设计,2005(01):80-84.
② 关于《营造法式》的作者是李诚还是李诫,历史上就是公案,朱启钤在《李明仲八百二十周忌之纪念》(《中国营造学社文献学家的意见认定是李诫。但近年曹汛提出异议,使得这个问题又一次被提出,见:曹汛.《营造法式》崇宁本——为纪念李诫《营造法式》刊行九百周年而作.建筑师,2004(108).
③ 阳马,在《九章算术》中是底为正方形或长方形一侧棱与底垂直的四棱锥,参见白尚恕.《九章算术》注释.北京:科学出版社,1983:123.
　《营造法式·总释》:阳马,其名有五。一曰觚棱;二曰阳马;三曰阙角;四曰角梁;五曰梁抹。
　《营造法式·卷八》:阳马,今俗谓之梁抹。
　何晏《景福殿赋》:承以阳马,接以员方。(阳马,四阿长桁也。禁匾列布,承以阳马,众材相接,或员方也。)
　马融《梁将军西第赋》曰:腾极受檐,阳马承阿。

小结　建筑史学在各方面向纵深发展

　　传统史学一直以"正史"研究为主流。至 20 世纪初，受西方人文、社会科学的思潮影响，一些历史学家开始注重从"正史"之外搜集史料，如王国维的"二重证据法"，在关注"正史"等文献资料的同时，重视对考古发掘所得新资料的挖掘利用。然而，一直到 20 世纪三四十年代，学者们对于"正史"外的各种私家笔记和地方志书资料的运用，依然小心翼翼，甚至心怀疑虑，中国营造学社成立初期对私家笔记和地方志书也较少关注。这种情况到 20 世纪三四十年代之后发生了变化。由于研究内容更加多样化，一些研究者突破了以往官方"正史"典籍的局限，扩展历史资料的搜集范围，开辟了多方面的资料来源，私人笔记、小说野史、方志家谱等文献逐渐进入史学研究的视野。

　　虽然第一代建筑史学家的著作大都在 1949 年以前即开始酝酿，但出版多因客观环境而滞后，如 1979 年出版的刘敦桢《苏州古典园林》、1980 年出版的《中国古代建筑史》，以及 1984 年出版的童寯《江南园林志》。从文献利用情况上看，刘敦桢《苏州古典园林》、童寯《江南园林志》深受当时史学研究思路的影响，以子部描述客观事物为主的笔记为主要文献依据，解决"有什么""是什么"等基础问题，但尚未关注江南园林生发的文化机制、社会经济背景等，属于史志形式的建筑史学著作，与 1980 年代后史论结合的史学著作风格迥异。

　　在近百年的建筑历史研究历程中，从建筑历史文献包含的内容和运用文献的范围，可见建筑历史内容的变化甚至利用文献的发展趋势。

　　随着西方各种新观念进入中国，学者们对中国建筑理论的反思也逐渐增多，并意识到单纯地从国外输入理论并非万全之策，必须加强对本土建筑理论的发掘和开拓。随着网络和电子技术的迅猛发展，珍贵的古籍信息得以共享，为建筑史学研究提供了新的契机。

　　进入 20 世纪以后，各专门学科都发生了极大的变革，而这一变革至 20 世纪中期却出现明显的"饱和"现象。随着研究环境的改善，从中国营造学社就开始研究的课题，如样式雷图档、《营造法式》等，有大量历史信息进入建筑史学研究的视野，要求研究者以更加宽阔的学术视野、更加精深的专业知识面对日益丰富的史学遗产。

　　在这个过程中，跨学科研究极大地深化了对建筑历史的理解和认识。由于历史学本身蕴含着丰富的信息，不可能用单一方法研究穷尽。因此，在历史研究中广泛采用跨学科研究的方式，是当代史学的一个显著特征，也是历史学自身发展的必然结果，更是各专门学科深入研究后的自然需求。在未来的发展过程中，不但建筑历史研究的范围在拓展，其研究方法也将继续朝着跨学科的方向发展。而且纯历史领域的研究也会不断渗透到各种专门史中来，如陵寝、亭台楼阁、园林等不再是建筑历史研究独步的范围。

除了跨学科的研究，建筑史领域的各个专题研究也开始深入。例如民居研究，不止于测绘记录，还开始以整体概念研究聚落以及其背后的文化形态，这必然需要深入挖掘相关的历史文献。另外，各个专题在深入研究的同时，也逐步界定了各自的文献利用范围。

21 世纪以来，新思想、新观念、新方法层出不穷，在文献利用上也呈现出多姿多彩的局面。随着建筑历史研究范围的拓展，对史料文献的利用范围也在拓展。从对西方学术思潮的大面积吸收，到文科学者的跨领域交叉研究，使学界不得不重新审视以往既熟悉又陌生的文献。此外，随着研究视野的拓展和研究热点的变化，即使是相同的材料，也会有不同以往的利用价值。

一个时代的建筑是物质文化和时代精神的载体。因此，出自文学家的史料虽然主观性较强，不如实物确凿，却反映了人们的审美思想，也是历史研究不可缺少的部分。尤其在没有实物遗存的时代，不光史书是历史研究的凭证，文学作品也反映了时代特点，具有一定的参考价值。反之，一些建筑类专门的史料典籍也可以反映当时的历史文化，如宋《营造法式》和清《工程做法则例》虽然是典型的"技术专书"，却也能折射出诸多社会文化特征，可为其他领域的研究提供佐证，还有可能成为新的建筑文化发展的源泉。[①]

如何还原真实的历史，想古人当时所想，而不是以今人所学的建筑理论去揣测古人之意，是建筑史学研究者学习和利用古典文献的最大意义。但是，进入现代社会以后，由于西方诸多文化和观念涌入我国，建筑学界对中国历史文献的利用曾形成断层。1980 年代以后建筑史学的勃发，大多是在研究方法上的改变和研究思路上的拓展，但在历史文献的利用上，与之前相比则变化不大，建筑史学研究不得不依赖文科学者的成果。不过，令人欣慰的是，这种情况在现代网络和古籍史料数字化发展的过程中得到了极大的改观。而且随着研究的深入和眼界的扩大，建筑史学界逐渐强化了古代文献学是历史研究基础的观念，对文献的利用也更为主动。相信在今后的研究和探索中，古籍史料和古代文献学必将成为建筑史学的重要推动力。

---

① 赵辰 ."普利兹克奖"、伍重与《营造法式》.读书，2003（10）：109-115.

参考文献

中文论著

A

（清）爱新觉罗·弘历.清高宗（乾隆）御制诗全集 [M]. 北京：中国人民大学出版社，1993.

安作璋主编.中国古代史史料学 [M]. 福州：福建人民出版社，1998.

B

（汉）班固.汉书·艺文志 [M]. 北京：中华书局，1985.

C

曹春平.中国建筑理论钩沉 [M]. 武汉：湖北教育出版社，2004.

曹汛.《营造法式》崇宁本——为纪念李诚《营造法式》刊行九百周年而作，建筑师，2004（2）（总108期）：100–105.

曹汛.《营造法式》的一个字误.建筑史论文集（第九辑）[M]. 北京：清华大学出版社：54–57.

曹汛.《园冶注释》疑义举析.建筑历史与理论（第三、四辑）[M]. 南京：江苏人民出版社，1984：90–118.

曹汛.安阳修定寺塔的年代考证 [J]. 建筑师，2005（08）：99–106.

曹汛.沧海遗珠，涿州行宫及其假山 [J]. 建筑师 2007（03）：102–112.

曹汛.陈汝遗珍，秦汉瓦当21品 [J]. 建筑师，2006（03）：96–102.

曹汛.独乐寺认宗归亲——兼论辽代伽蓝布置之典型格局 [J]. 建设师，1984（21）：30–41.

曹汛.二龙塔考证和呼救 [J]. 建筑师，2006（02）：102–106.

曹汛.戈裕良传考论——戈裕良与我国古代园林叠山艺术的终结（上），建筑师，2004（4）：98–104.

曹汛.戈裕良传考论——戈裕良与我国古代园林叠山艺术的终结（下），建筑师，2004（5）：98–105.

曹汛.姑苏城外寒山寺——一个建筑与文学的大错结 [J]. 建筑师，1994（57）：40–49.

曹汛.计成研究——为纪念计成诞生四百周年而作 [J]. 建筑师，1982（13）：1–16.

曹汛.蒯祥的生平年代和建筑作品 [J]. 北京建筑工程学院学报，1996.Vol.12（1）：83–88.

曹汛.期望修定寺碑刻考证与建筑考古 [J]. 建筑师，2005（05）：97–104.

曹汛.清代造园叠山艺术家张然和北京的"山子张".建筑历史与理论（第二辑）[M]. 南京：江苏人民出版社，1982：116–125.

曹汛.嵩岳寺塔建于唐代 [J]. 建筑学报，1996（6）：40–45.

曹汛.网师园的历史变迁 [J]. 建筑师，2004（6）：104–112.

曹汛.问学堂论学杂著：函谷关.专业水准语泥塘操作 [J]. 建筑师，2003（4）：89–94.

曹汛.问学堂论学杂著：建筑考古的重大发现 [J]. 建筑师，2005（2）.

曹汛.问学堂论学杂著：苦海.北大开课蠹言 [J]. 建筑师，2003（3）：104–108.

曹汛.问学堂论学杂著：叶洮传考论 [J]. 建筑师，2005（1）：92–99.

曹汛.问学堂论学杂著：走进年代学 [J]. 建筑师，2004（3）：94–102.

曹汛.修定寺建筑考古又三题 [J]. 建筑师，2005（06）：106–113.

曹汛.豫中纪行.寻找失落的历史年表（续）[J]. 建筑师，2006（05）：97–104.

曹汛.豫中纪行.寻找失落的历史年表（又续）[J]. 建筑师，2006（06）：97–104.

曹汛.造园大师张南垣——纪念张南垣诞生四百周年 [J]. 中国园林，1988（1）：21.

陈春生，张文辉，徐荣编著.中国古建筑文献指南（1900—

1990）[M]. 北京：科学出版社，2000.

陈从周，蒋启霆选编，赵厚均注释. 园综 [M]. 上海：同济大学出版社，2005.

陈从周，潘洪萱，路秉杰编著. 中国民居 [M]. 北京：学林出版社，1993.

陈从周. 说园 [M]. 上海：同济大学出版社，1984.

陈从周. 苏州园林 [M]. 上海：同济大学建筑系，1956.

陈从周. 惟有园林 [M]. 天津：百花文艺出版社，1997.

陈从周. 扬州园林 [M]. 上海：上海科学技术出版社，1983.

陈从周. 园林谈丛 [M]. 上海：上海文化出版社，1980.

陈从周. 中国名园 [M]. 香港：商务印书馆，1992.

陈从周编. 苏州旧住宅 [M]. 上海：三联书店，2003.

（清）陈梦雷等编. 钦定古今图书集成：考工典 [M]. 北京：中华书局、巴蜀书社联合出版，1988.

陈明达. 陈明达古建筑与雕塑史论 [M]. 北京：文物出版社，1998.

陈明达. 古代建筑史研究的基础和发展 [J]. 文物，1981（5）：69-74.

陈明达. 建国以来所发现的古代建筑 [J]. 文物，1959（10）.

陈明达.《营造法式》大木作研究 [M]. 北京：文物出版社，1981.

陈同滨，吴东主编. 中国古代建筑大图典 [M]. 北京：今日中国出版社，1997.

陈同滨，吴东主编. 中国古典建筑室内装饰图集 [M]. 北京：今日中国出版社，1995.

陈薇. 数字化时代的方法成长——21 世纪建筑史研究漫谈 [J]. 建筑师，2005（114）：92-96.

陈薇. 天籁疑难辨历史谁可分——90 年代中国建筑史研究谈 [J]. 建筑师，1996（69）：79-82.

陈薇. 中国建筑史研究领域中的前导性突破——近年来中国建筑史研究评述 [J]. 华中建筑，1989（4）.

陈植、张公弛选注. 中国历代名园记选注 [M]. 合肥：安徽科学技术出版社，1983.

谌东飚主编. 中国古代奇书十种 [M]. 长沙：湖南出版社，1997.

辞源（修订版）[M]. 北京：商务印书馆，1979.

D

戴吾三. 汉字中的古代科技 [M]. 天津：百花文艺出版社，2004.

戴吾三. 考工记图说 [M]. 山东画报出版社，2003.

单士元. 宫廷建筑巧匠样式雷 [J]. 建筑学报，1963（2）：22-23.

刁建新，彭一刚. 中国传统文化与现代建筑理论——略谈建立中国自己的建筑理论 [J]. 天津大学学报（社科版），2003（增刊）.

董占军. 艺术文献学论纲 [M]. 北京：清华大学出版社，2006.

董占军. 艺术作品的文献属性及图录的艺术性 [J]. 齐鲁艺苑，2005（02）：9-11.

董占军. 中国古典设计文献的内容与形式特征 [J]. 设计艺术（山东工艺美术学院学报），2004（02）：18-19.

杜德逊. 文献学概要 [M]. 北京：中华书局，2005.

（唐）段成式. 寺塔记 [M]. 北京：人民美术出版社，1983.

（清）段玉裁. 说文解字注 [M]. 上海：上海古籍出版社，1981.

F

冯尔康，常建华编. 二十世纪社会科学研究与中国社会 [M]. 台北：馨园文教基金会，2000.

傅熹年. 傅熹年建筑史论文集 [M]. 北京：文物出版社，1998.

傅熹年. 中国古代城市规划、建筑群布局及建筑设计方法研究 [M]. 北京：文物出版社，2000.

傅熹年. 中国古代建筑十论 [M]. 上海：复旦大学出版社，2004.

傅熹年. 中国古代建筑外观设计手法初探 [J]. 文物，2001（1）：74-89.

G

广陵书社编.中国历代考工典 [M]. 南京：江苏古籍出版社，
　2003.

（宋）郭若虚.图画见闻志 [M]. 北京：人民美术出版社，1983.

H

汉语大词典（缩印本）[M]. 北京：汉语大词典出版社，1997.

（清）郝懿行，王念孙，钱绎，王先谦等著.尔雅·广雅·方言·释
　名——清疏四种合刊 [M]. 上海：上海古籍出版社，1989.

贺业钜.考工记营国制度研究 [M]. 北京：中国建筑工业出版社，
　1985.

贺业钜.中国古代城市规划史论丛 [M]. 北京：中国建筑工业出
　版社，1986.

胡道静.中国典籍十讲 [M]. 上海：复旦大学出版社，2004.

黄健敏.中国建筑研究书目初编 [J]. 建筑师（台湾),1981（10）.

黄希明，田贵生.谈谈"样式雷"烫样 [J]. 故宫博物院院刊，
　1984（4）：91-94.

黄永年.古籍整理概论 [M]. 西安：陕西人民出版社，1985.

J

（明）计成原著，张家骥著.园冶全释 [M]. 太原：山西古籍出
　版社，2002.

纪淑文.《新建筑》论文及其作者研究（1993 年—1998 年）[J].
　新建筑，1999（5）：16-18.

建筑工程部建筑历史与理论研究所（中国建筑技术发展中心建
　筑历史研究所）.建筑历史研究（1~3 辑）[M]. 北京：中国
　建筑工业出版社，1992.

蒋孔阳，高若海主编.中国学术名著提要·艺术卷 [M]. 上海：
　复旦大学出版社，1998.

金勋.北平图书馆藏样式雷藏圆明园及内庭陵寝府第图籍总目

[J]. 国立北平图书馆馆刊，1934，7（3-4）.

金勋.北平图书馆藏样式雷制圆明园及其他各处烫样 [J]. 国立
　北平图书馆馆刊，1934，7（3-4）.

K

《科技史文集》编辑委员会编.科技史文集——建筑史专辑 [M].
　上海：上海科学技术出版社，1979.

L

乐嘉藻.中国建筑史 [M]. 北京：团结出版社，2004.

（清）李斗撰.周春东注.扬州画舫录 [M]. 济南：山东友谊出版
　社，2001.

（宋）李昉等著.太平御览 [M]. 北京：中华书局，1960.

李国豪主编.建苑拾英（一~三辑）.中国古代土木建筑科技
　史料选编 [M]. 上海：同济大学出版社，1999.

李济.安阳 [M]. 北京：中国社会科学出版社，1990.

（宋）李明仲.营造法式 [M]. 上海：商务印书馆，1933.

李书钧编著.中国古代建筑文献注释与论述 [M]. 北京：机械工
　业出版社，1996.

（清）李渔撰.民辉译.闲情偶寄 [M]. 长沙：岳麓书社，2000.

李允鉌.华夏意匠 [M]. 香港：广角镜出版社，1985.

梁启超.中国近三百年学术史 [M]. 天津：天津古籍出版社，2003.

梁启超.中国历史研究法 [M]. 上海：上海文艺出版社，1999.

梁思成.梁思成全集 [M]. 北京：中国建筑工业出版社，2001.

梁思成.梁思成文集 [M]. 北京：中国建筑工业出版社，1980.

梁思成.清式营造则例 [M]. 北京：中国建筑工业出版社，1981.

梁思成.中国建筑史 [M]. 天津：百花文艺出版社，1998.

林洙.叩开鲁班的大门——中国营造学社史略 [M]. 北京：中国
　建筑业出版社，1995.

（清）麟庆著，汪春泉绘图.鸿雪因缘图记 [M]. 北京古籍出版社，
　1984.

刘敦桢，郭湖生 . 中国古代建筑史参考书目 [J]. 建筑师，2000（97）：23-29.

刘敦桢 . 刘敦桢文集 [M]. 北京：中国建筑工业出版社，1980.

刘敦桢 . 同治重修圆明园史料 [J]. 中国营造学社汇刊，1933，4（2，3-4）.

刘敦桢 . 易县清西陵 [J]. 中国营造学社汇刊，1935，5（3）.

刘敦桢 . 中国古代建筑史 [M]. 北京：中国建筑工业出版社，1980.

刘敦桢 . 中国住宅概说 [M]. 天津：百花文艺出版社，2004.

刘雨亭 . 近现代出土文献中的建筑资料及相关研究简论 [J]. 华中建筑，2004（05）：127-130.

刘雨亭 . 先唐与建筑有关的赋作研究 . [D]. 上海：同济大学，2004.

刘雨亭 . 现存档案中的建筑资料及其相关研究简论 [J]. 华中建筑，2004（02）：125-126.

刘雨亭 . 中国古代建筑文献浅论 [J]. 华中建筑，2003（04）：92-94，102.

刘致平 . 中国建筑类型与结构 [M]. 北京：中国建筑工业出版社，1987.

刘致平 . 中国居住建筑简史——居住、建筑、园林 [M]. 北京：中国建筑工业出版社，1990.

龙庆忠 . 中国建筑与中华民族 [M]. 广州：华南理工大学出版社，1994.

陆宗达 . 说文解字通论 [M]. 北京：北京出版社，1981.

陆宗达 . 训诂简论 [M]. 北京：北京出版社，2003.

P

裴芹 . 古今图书集成研究 [M]. 北京：北京图书馆出版社，2001.

彭林 . 文物精品与中国文化 [M]. 北京：清华大学出版社，2002.

彭怒 . 关于建筑历史、建筑学理论中几个基本问题的思考 [J]. 建筑学报，2002（6）：54-56.

Q

钱穆 . 中国历史研究法 [M]. 北京：生活・读书・新知三联书店，2001.

R

阮如舫 . 从《城市规划汇刊》出版内容看中国大陆城市发展的趋势 [J]. 城市规划汇刊，2001（2）：71-78.

S

山西省古建筑保护研究所编 . 中国古建学术讲座论文集 [M]. 北京：中国展望出版社，1986.

（清）沈源等 . 御制圆明园图咏 [M]. 石家庄：河北美术出版社，1987.

《十三经注疏》整理委员会 . 十三经注疏 [M]. 北京：北京大学出版社，1999.

史箴 . 风水与中国传统建筑浅析 [J]. 建筑师，1995（67）：66-71.

史箴，曾辉 . 归复祖制、承前启后的定陵 [J]. 西安建筑科技大学学报（社会科学版），2005（02）：12-19.

史箴，汪江华 . 清惠陵选址史实探赜 [J]. 建筑师，2004（06）：92-100.

史箴，王晶 . 临池绿丝弄清荫，麋鹿野鸭相为友——论北京南苑的独特价值 [J]. 天津大学学报（社会科学版）增刊，2004（06）：130-133.

宋永培 . 当代中国训诂学 [M]. 广州：广东教育出版社，2000.

苏品红 . 样式雷及样式雷图 [J]. 文献，1993（2）：214-225.

卢嘉锡，金秋鹏 . 中国科学技术史・人物卷 [M]. 北京：科学出版社，1998.

孙钦善 . 古典文献学史简编 [M]. 北京：高等教育出版社，2001.

孙钦善 . 中国古文献学史简编 [M]. 北京：高等教育出版社，2001.

T

唐兰.中国文字学 [M]. 上海：上海古籍出版社，1979.

陶振民主编.中国历代建筑文萃 [M]. 武汉：湖北教育出版社，
2001.

天津大学建筑工程系编.清代内廷宫苑 [M]. 天津：天津大学出
版社，1986.

天津大学建筑系，北京市园林局编著.清代御苑撷英 [M]. 天津：
天津大学出版社，1990.

天津大学建筑系，承德市文物局编著.承德古建筑 [M]. 北京：
中国建筑工业出版社，1982.

铁晶，王其亨.建筑遗产修缮工程的结构处理技术——明显陵
陵寝门的修缮 [J]. 文物保护与考古科学，2006（1）：31-
40.

童寯.江南园林志 [M]. 北京：中国建筑工业出版社，1987.

童寯.童寯文集 [M]. 北京：中国建筑工业出版社，1980.

童寯.造园史纲 [M]. 北京：中国建筑工业出版社，1983.

童明，杨永生.关于童寯 [M]. 北京：知识产权出版社、中国水
利水电出版社，2002.

W

王贵祥.方兴未艾的中国建筑史学研究 [J]. 世界建筑，1997（2）：
80-83.

王贵祥.关于建筑史学研究的几点思考 [J]. 建筑师，1996（69）：
69-71.

王贵祥.明堂、宫殿及建筑历史研究方法论问题 [J]. 北京建筑
工程学院学报，2000（01）：30-51.

王贵祥.中国建筑史研究仍然有相当广阔的拓展空间 [J]. 建筑
学报，2002（6）：57-59.

王军.城记 [M]. 北京：生活·读书·新知三联书店，2003.

王明贤，戴志中主编.中国建筑美学文存 [M]. 天津：天津科学

技术出版社，1997.

王璞子主编.工程做法注释 [M]. 北京：中国建筑工业出版社，
1995.

（明）王圻，王思义辑.三才图会 [M]. 上海：上海古籍出版社，
1988.

王其亨，项惠泉.“样式雷”世家新证 [J]. 故宫博物院刊，
1987（2）：52-57.

王其亨.明代陵墓建筑 [M]. 北京：中国建筑工业出版社，2003.

王其亨.清代皇家园林研究的若干问题 [J]. 建筑师，1995（64）：
47-50.

王其亨.清代陵墓建筑 [M]. 北京：中国建筑工业出版社，2003.

王其亨.清代陵寝地宫金井考 [J]. 文物，1986（7）：67-76.

王其亨.深化中国建筑历史研究与教学的思考 [J]. 建筑学报，
1995（8）：26-28.

王其亨.探骊折札——中国建筑传统及理论研究杂感 [J]. 建筑
师，1990（37）：10-19.

王其亨.天坛祈年殿《工程做法》研究.中国紫禁城学会第四
次学术讨论会.北京，2002.

王其亨.歇山沿革试析 [J]. 古建园林技术，1991（1）：11-15.

王其亨.样式雷世家新考.故宫博物院八十华诞暨中国明清宫
廷建筑国际学术研讨会.北京，2005.

张宝章等编.建筑世家样式雷 [M]. 北京：北京出版社，2003.

王其亨主编.风水理论研究 [M]. 天津：天津大学出版社，1992.

王其明.中国建筑图书书目初编 [J].《古建园林技术》合订本
（四）.

王世仁.建筑历史理论文集 [M]. 北京：中国建筑工业出版社，
2001.

王世仁.理性与浪漫的交织：中国建筑美学论文集 [M]. 北京：
中国建筑工业出版社，1987.

王世仁.宣南鸿雪图志 [M]. 北京：中国建筑工业出版社，2002.

王毅.园林与中国文化 [M]. 上海：上海人民出版社，1995.

王镇华 . 中国建筑参考书目初编 [J]. 建筑师，1980（3、4）.

王子今 . 20 世纪中国历史文献研究 [M]. 北京：清华大学出版社，2002.

（唐）魏征主编 . 隋书·经籍志 [M]. 北京：中华书局，1985.

闻人军 . 考工记译注 [M]. 上海：上海古籍出版社，1993.

吴枫 . 中国古典文献学 [M]. 济南：齐鲁书社，1982.

吴良镛 . 关于中国古建筑理论研究的几个问题 [J]. 建筑学报，1999（4）：38–40.

吴庆洲 . 中国建筑史学近 20 年的发展及今后展望 [J]. 华中建筑，2005（3）：126–133.

X

肖旻 . 中国建筑史的古典文献研究例说 [J]. 新建筑，1996（1）：67–68.

萧默 .《中国建筑艺术史》引论 [M]. 北京：文物出版社，1999.

萧默 . 当代史学潮流与中国建筑史学 [J]. 新建筑，1989（3）.

萧默 . 敦煌建筑研究 [M]. 北京：文物出版社，1989.

谢国桢 . 史料学概论 [M]. 福州：福建人民出版社，1985.

（唐）徐坚等著 . 初学记 [M]. 北京：中华书局，2004.

徐苏斌 . 关于建筑学史之研究 [D]. 北京：清华大学，1998.

徐苏斌 . 日本对中国城市与建筑的研究 [M]. 北京：中国水利水电出版社，1999.

徐苏斌 . 中国建筑归类的文化研究——古代对'建筑'的认识 [J]. 城市环境设计，2005（01）：80–84.

许结 . 赋体文学的文化阐释 [M]. 北京：中华书局，2005.

（汉）许慎 . 说文解字 [M]. 上海：上海教育出版社，2003.

Y

杨鸿勋 . 宫殿考古通论 [M]. 北京：紫禁城出版社，2001.

杨鸿勋 . 建筑考古学论文集 [M]. 北京：文物出版社，1987.

杨鸿勋 . 江南园林论 [M]. 上海：上海人民出版社，1994.

杨鸿勋 . 中国"建筑考古学"的创立和发展 [N]. 中国文物报，1999–10–20.

杨宽 . 中国古代都城制度史研究 [M]. 上海：上海人民出版社，2003.

杨宽 . 中国古代陵寝制度史研究 [M]. 上海：上海古籍出版社，1985.

杨琳 . 古典文献及其利用 [M]. 北京：北京大学出版社，2004.

杨永生 . 中国四代建筑师 [M]. 北京：中国建筑工业出版社，2002.

姚名达 . 中国目录学史 [M]. 上海：上海古籍出版社，2002.

（清）永瑢等 . 四库全书总目 [M]. 北京：中华书局，1965.

（清）于敏中 . 日下旧闻考 [M]. 北京：古籍出版社，1983.

余嘉锡 . 目录学发微 [M]. 北京：中国人民大学出版社，2004.

余健，薛小宁 . 从中国建筑史研究引文分析的初步结果看其学科的发展趋势 . 建筑师，1990（37）：20–24.

Z

张宝章等 . 建筑世家样式雷 [M]. 北京：北京出版社，2003.

张家骥 . 园冶全释 [M]. 太原：山西古籍出版社，1993.

张良皋 . 匠学七说 [M]. 北京：中国建筑工业出版社，2002.

张十庆 .《作庭记》译注与研究 [M]. 天津：天津大学出版社，1993.

张十庆 . 日本之建筑史研究概观 [J]. 建筑师，1995（64）：35–46.

张十庆 . 五山十刹图与江南禅寺 [M]. 南京：东南大学出版社，2000.

张十庆 . 中国江南禅宗寺院建筑 [M]. 武汉：湖北教育出版社，2001.

张舜徽 . 中国文献学 [M]. 上海：上海古籍出版社，2005.

（唐）张彦远 . 历代名画记 [M]. 北京：人民美术出版社，1983.

（清）张之洞撰 . 范希曾补 . 书目答问 [M]. 上海：上海古籍出版

社，2004.

赵立瀛.试论园冶的造园思想、意境和手法 [J]. 建筑师，1982
　　（13）.

赵益.古典数术文献述论稿 [M]. 北京：中华书局，2005.

郑鹤声，郑鹤春编.中国文献学概要 [M]. 上海：上海书店，
　　1983.

中国大百科全书总编辑委员会.中国大百科全书·建筑、园林、
　　城市规划卷 [M]. 北京：中国大百科全书出版社，1988.

《中国建筑史》编写组.中国建筑史 [M]. 北京：中国建筑工业

出版社，1986.

中国科学院自然科学史研究所.中国古代建筑技术史 [M]. 北京：
　　科学出版社，1985.

中国营造学社.中国营造学社汇刊（一～七卷）[J]. 1930—
　　1944.

周维权.中国古典园林史 [M]. 北京：清华大学出版社，1990.

北京市政协文史资料研究委员会等编.蠖公纪事——朱启钤先
　　生生平纪实 [M]. 北京：中国文史出版社，1991.

译著及外文原著

[美] 拉波波特（Amos Rapoport）著，常青等译.文化特性与建
　　筑设计 [M]. 北京：中国建筑工业出版社，2004.

[美] 拉普卜特著.黄兰谷等译.建成环境的意义：非言语表达
　　方法 [M]. 北京：中国建筑工业出版社，1992.

[英] 勃罗德彭特等著，乐民成等译.符号、象征与建筑 [M]. 北
　　京：中国建筑工业出版社，1991.

[英] 马凌诺斯基著，费孝通译.文化论 [M]. 北京：华夏出版社，

2001.

[英] Joseph Needham, Science &Civilisation in China, Volume
　　IV:3, Physics and Physical Technology , part Ⅲ : Civil
　　Engineering and nautics, Cambridge University Press, first
　　published1971, reprinted 2000.

[日] 伊东忠太.中国建筑史 [M]. 上海：上海书店，1984.

学位论文

陈芬芳 . 中国园林史研究 [D]. 天津：天津大学，2007.

崔山 . 期万类之义和，思大化之周浃——康熙造园思想研究 [D]. 天津：天津大学，2004.

崔勇 . 中国营造学社研究 [D]. 上海：同济大学，2001.

戴建新 . 连延楼阁仿西洋，信是熙朝声教彰——清代皇家园林中的西洋建筑 [D]. 天津：天津大学，1997.

丁垚 . 隋唐园林研究——园林场所和园林活动 [D]. 天津：天津大学，2003.

傅晶 . 魏晋南北朝园林 [D]. 天津：天津大学，2003.

官巍 . 松桧阴森绿映筵，可知风阙有壶天——清代皇家园林内廷园林研究 [D]. 天津：天津大学，1996.

韩洁 . 北京先农坛建筑研究 [D]. 天津：天津大学，2005.

何蓓洁 . 样式雷世家研究 [D]. 天津：天津大学，2007.

何捷 . 随山依水揉辐齐，石秀松苍别一区——清代皇家园林园中园设计分析 [D]. 天津：天津大学，1996.

胡正旗 .《营造法式》建筑用语研究 [D]. 成都：四川师范大学，2005.

黄波 . 平地起蓬瀛，城市而林壑——清代皇家园林与都城规划 [D]. 天津：天津大学，1994.

姜东成 . 秋月春风常得句，山容水态自成图——清代皇家园林自然美创作意象与审美 [D]. 天津：天津大学，2001.

孔志伟 . 朱启钤先生学术思想研究 [D]. 天津：天津大学，2007.

李洁 . 清代帝陵个案研究——兼昌西陵、慕东陵个案研究 [D]. 天津：天津大学，2005.

李路珂 . 营造法式彩画研究 [D]. 北京：清华大学，2006.

李倩枚 . 何分西土东天，倩它装点名园——清代皇家园林中宗教建筑的类别意义 [D]. 天津：天津大学，1994.

李峥 . 平地起蓬瀛，城市而林壑——北京西苑研究 [D]. 天津：天津大学，2006.

梁航琳 . 中国古代建筑的人文精神——建筑文化语言初探 [D]. 天津：天津大学，2004.

刘彤彤 . 问渠哪得清如许，为有源头活水来——中国古典园林的儒学基因 [D]. 天津：天津大学，1999.

马立东 . 两宋时期城市制度之变革 [D]. 北京：清华大学，1995.

潘灏源 . 愿为君子儒，不作逍遥游——清代皇家园林中的仕人思想与仕人园 [D]. 天津：天津大学，1998.

任军 . 中国传统庭院体系分析与继承 [D]. 天津：天津大学，1996.

盛梅 . 画意诗情景无尽，春风秋月趣常殊——清代皇家园林景观的构成与审美 [D]. 天津：天津大学，1997.

苏怡 . 平地起蓬瀛，城市而林壑——清代皇家园林建筑与北京城市生态研究 [D]. 天津：天津大学，2003.

孙炼 . 汉代园林研究 [D]. 天津：天津大学，2003.

唐栩 . 甘青地区传统建筑工艺特色初探 [D]. 天津：天津大学，2004.

铁晶 .《帝陵图说》研究校勘及注释 [D]. 天津：天津大学，2005.

汪江华 . 清代惠陵建筑工程全案研究 [D]. 天津：天津大学，2005.

王戈 . 移植中的创造：清代皇家园林创作中的类型学与现象学 [D]. 天津：天津大学，1993.

王晶 . 绿丝临池弄清荫，麋鹿野鸭相为友——清南苑研究 [D]. 天津：天津大学，2004.

王蕾 . 清代定东陵建筑工程全案研究 [D]. 天津：天津大学，2005.

温玉清 . 二十世纪中国建筑史学研究的历史、观念与方法——中国建筑史学史初探 [D]. 天津：天津大学，2006.

吴葱 . 在投影之外——文化视野下的建筑图学研究 [D]. 天津：天津大学，1999.

吴莉萍 . 先秦园林研究 [D]. 天津：天津大学，2003.

吴晓冬 . 张掖大佛寺及山西会馆建筑研究 [D]. 天津：天津大学，2006.

吴晓敏 . 效彼须弥山，作此曼拿罗——清代皇家园林中藏传佛教建筑的原型撷取与再创作 [D]. 天津：天津大学，1997.

邢锡芳 . 竹秀石奇参道妙，水流云在示真常——清代皇家园林中的寺庙园林环境 [D]. 天津：天津大学，1998.

许莹 . 观光问俗式旧典，湖光月色资新探——清代皇家园林研究 [D]. 天津：天津大学，2001.

亚白杨 . 北京社稷坛建筑研究 [D]. 天津：天津大学，2005.

阎凯 . 北京太庙建筑研究 [D]. 天津：天津大学，2004.

阴帅可 . 青海贵德玉皇阁古建筑群建筑研究 [D]. 天津：天津大学，2006.

殷亮 . 宜静原同明静理，此山近接彼山青——清代皇家园林静宜园、静明园研究 [D]. 天津：天津大学，2006.

永昕群 . 两宋园林史 [D]. 天津：天津大学，2003.

张凤梧 . 重构枕平川，湖山万景全——《样式雷图档》所反映的圆明园变迁史 [D]. 天津：天津大学，2006.

张龙 . 济运疏名泉，延寿创刹宇——乾隆时期清漪园山水格局分析及建筑布局初探 [D]. 天津：天津大学，2006.

张向炜 . 新时期中国建筑理论发展状况及前瞻 [D]. 天津：天津大学，2004.

张宇 . 中国传统建筑与音乐共通性史例探究 [D]. 天津：天津大学，2006.

赵春兰 . 周裨瀛海诚旷哉，昆仑方壶缩地来——乾隆造园思想研究 [D]. 天津：天津大学，1998.

赵熙春 . 明代园林 [D]. 天津：天津大学，2003.

赵向东 . 参差纵目琳琅宇，山亭水榭哪徘徊——清代皇家园林建筑的类型与审美 [D]. 天津：天津大学，2000.

赵晓峰 . 廊如明圣应相让，心寄空澄天地宽——禅与中国清代皇家园林 / 兼论中国古典园林艺术的禅学渊源 [D]. 天津：天津大学，2003.

曾辉 . 清代定陵建筑工程全案研究 [D]. 天津：天津大学，2005.

朱蕾 . 境惟幽绝尘，心以静堪寄——清代皇家园林静寄山庄研究 . [D]. 天津：天津大学，2004.

庄岳 . 数典宁须述古则，行时偶以志今游——清代皇家园林创作的解释学意象探析 [D]. 天津：天津大学，2000.

庄岳 . 中国古代园林创作的解释学传统 [D]. 天津：天津大学，2006.